ENTRE SANGUE E RESINA

COLONIZAÇÃO E DEVASTAÇÃO AMBIENTAL NO SUDOESTE DO PARANÁ (1935-1975)

Catalogação na Fonte
Elaborado por: Josefina A. S. Guedes
Bibliotecária CRB 9/870

P645e Pin, André Egidio
2024 Entre sangue e resina: colonização e devastação ambiental no sudoeste do Paraná (1935-1975) / André Egidio Pin. – 1. ed. – Curitiba: Appris, 2024.
278 p. : il ; 23 cm. – (Coleção Ciências Sociais. Seção História).

Inclui lista de abreviaturas e siglas
Inclui referências
Inclui fontes
ISBN 978-65-250-6030-9

1. História ambiental. 2. Araucaria angustifólia. 3. História do Paraná 4. Colonização. I. Pin, André Egidio. II. Título. III. Série.

CDD – 981.62

Livro de acordo com a normalização técnica da ABNT

Editora e Livraria Appris Ltda.
Av. Manoel Ribas, 2265 – Mercês
Curitiba/PR – CEP: 80810-002
Tel. (41) 3156 - 4731
www.editoraappris.com.br

Printed in Brazil
Impresso no Brasil

André Egidio Pin

ENTRE SANGUE E RESINA

COLONIZAÇÃO E DEVASTAÇÃO AMBIENTAL NO SUDOESTE DO PARANÁ (1935-1975)

FICHA TÉCNICA

EDITORIAL Augusto Coelho
Sara C. de Andrade Coelho

COMITÊ EDITORIAL Marli Caetano
Andréa Barbosa Gouveia - UFPR
Edmeire C. Pereira - UFPR
Iraneide da Silva - UFC
Jacques de Lima Ferreira - UP

SUPERVISOR DA PRODUÇÃO Renata Cristina Lopes Miccelli

PRODUÇÃO EDITORIAL Bruna Holmen

REVISÃO Katine Walmrath

DIAGRAMAÇÃO Andrezza Libel

CAPA Eneo Lage

Dedico esta obra, com força, inspiração, amor e carinho, ao meu filho, Francisco Pin, à minha filha, Cecí Pin, e ao meu filho, Itiberê Pin.

AGRADECIMENTOS

Agradeço primeiramente aos pais, a Zuba e o Pin, por sempre terem me ensinado o caminho do estudo. Minha vida acadêmica é fruto do amor dos meus pais.

Pela eterna inspiração, agradeço aos meus filhos, Chico, Cecí e Itiberê, e aos meus afilhados, Gabriel e Mariana.

Agradeço a Emilia Pereira Simon, minha companheira.

Agradeço à Dr.ª Jheniffer Danieli Severo, que me ajudou a acessar o Processo 76/70 na Vara Civil da Comarca de Chopinzinho.

Agradeço à senhora Soeli Dartora, ex-assessora da Câmara de Vereadores de Pato Branco, pela atenção, pelos documentos e livros sobre a história de Pato Branco que voluntária e gentilmente me cedeu no ano de 2019.

Agradeço à senhora escrivã Tânia Maria Adams de Castro Amorim, que viabilizou minhas pesquisas no arquivo da Vara Criminal da Comarca.

Agradeço à técnica jurídica Franciele Bacchi, que me apresentou à senhora escrivã Tânia Maria Adams de Castro Amorim.

Agradeço à senhora analista jurídica Fabieli Molinete Costa, que durante minhas pesquisas na Vara Criminal da Comarca de Pato Branco exercia a função de escrivã e que viabilizou minhas atividades no seu cartório.

Agradeço à professora Eloína Ribas Rodrigues pela aula sobre a história de Palmas, município em que nasceu e mora até os dias atuais.

Agradeço ao secretário municipal de Desenvolvimento Econômico de Palmas (2019), senhor Felipe Zanoello, que autorizou minhas pesquisas no Arquivo Geral do Município de Palmas.

Agradeço à senhora bibliotecária Josiane Maria Comarella do Instituto Federal do Paraná, que me permitiu pesquisar no acervo do Arquivo de Palmas, sob gestão da biblioteca do IFPR Campus Palmas no ano de 2019.

Agradeço ao jornalista e escritor Ivo Pegoraro, que há décadas se dedica ao tema da história do sudoeste paranaense, a promover publicações da literatura regional e que colaborou compartilhando contatos de madeireiros residentes em Francisco Beltrão.

Agradeço à professora Dr.ª Liliane da Costa Freitag e ao professor Dr. José Ronaldo Mendonça Fassheber, que me apontaram direções nos meus primeiros passos como pesquisador nos anos de 2009 e 2010.

Os brancos não se perguntam de onde vem o valor de fertilidade da floresta. [...] Devem pensar que as plantas crescem sozinhas, à toa. Ou então acham mesmo que são tão grandes trabalhadores que poderiam fazê-las crescer apenas com o próprio esforço! Enquanto isso, chegam a nos chamar de preguiçosos, porque não destruímos tantas árvores quanto eles!

(Davi Kopenawa Yanomami, 2015, p. 468-469)

APRESENTAÇÃO

Em sua obra *A queda do céu*, o xamã e intelectual Davi Kopenawa Yanomami, em uma espécie de antropologia sobre os não indígenas, argumenta que nós temos memória fraca e por isso é que necessitamos das "peles de papel", como denomina os livros, nas quais desenhamos nossas "próprias palavras" (KOPENAWA, 2015, p. 76) para não perdermos os rumos de nossos pensamentos. Aceitando os ensinamentos de Kopenawa, este livro tem o intuito de auxiliar nossa memória ao representar o processo histórico de destruição das florestas com araucária do sudoeste do Paraná por meio da colonização da região, para que a utilização predatória da natureza não caia em esquecimento.

A formação do sudoeste do Paraná, ocorrida entre os anos de 1935 e 1975, contou com fluxos migratórios de colonos, madeireiros e companhias colonizadoras privadas dos estados do Rio Grande do Sul e de Santa Catarina, em sua maioria, e causou a devastação da sua vegetação original que era majoritariamente composta pela Floresta Ombrófila Mista, com espécies como a *Araucaria angustifolia* (Bertol.) Kuntze ocupando a região há pelo menos 13.400 anos antes do presente, além da Floresta Estacional Semidecidual. Diante disso, dediquei-me a investigar como o estabelecimento da sociedade conformada por migrantes desmatou, em cerca de 40 anos, mais de 3 milhões de araucárias adultas, entre outras espécies vegetais, substituindo os bosques regionais por áreas rurais e urbanas.

Observei que anteriormente à década de 1930, quando a região era habitada predominantemente pelas sociedades Kaingang, Guarani e cabocla, o manejo da natureza apresentava impactos inferiores àqueles proporcionados pela presença dos agentes colonizadores através do desmatamento das florestas. A devastação ambiental teve três principais motivos. Um deles esteve atrelado à percepção das companhias imobiliárias e das serrarias sobre a vegetação como recurso industrializável com alto valor econômico. Não obstante a percepção semelhante aos demais agentes colonizadores quanto às árvores, entre os colonos as práticas predatórias se deram com a venda de madeira e com o intuito de desenvolver atividades agropecuárias nas áreas florestadas, em alguns casos, e, em outros, como uma estratégia de manutenção da posse da terra em litígios contra companhias que grilaram imóveis extensos, conformando as outras duas motivações.

Sob o enfoque da história ambiental global, analisei fontes pesquisadas em fóruns, prefeituras, câmaras municipais e arquivos locais e no Arquivo Nacional do Ministério da Justiça. A partir da documentação, depreendi que um dos principais meios de penetração legal das madeireiras no sudoeste foi o município de Palmas/PR no ano de 1935; que conflitos sociais como a Revolta dos Colonos de 1957 tiveram como fatores preponderantes a disputa por terras e por árvores; e que outras tensões socioambientais oriundas de disputas desse gênero não foram resolvidas com a atuação do Grupo Executivo de Terras para o sudoeste do Paraná, que teve sua jurisdição limitada às glebas Missões e Chopim.

Crimes de grilagem de terras e de araucárias na Reserva Indígena Mangueirinha e nos imóveis Missões, Chopim e Chopinzinho deflagraram um cenário marcado pela violência e pelo terror socioambiental no qual a devastação foi normalizada e socialmente aceita por intermédio de interesses políticos e econômicos, embora existisse esclarecimento público, desde o final da década de 1940, sobre o acelerado decréscimo e acentuado risco de extinção das populações de espécies milenares como a da *Araucaria angustifolia* (Bertol.) Kuntze.

PREFÁCIO

Os estudos envolvendo história e natureza no Brasil têm ampliado nos últimos anos os horizontes de abordagens, geografias e temporalidades. E de maneira muito evidente, esse cenário efervescente tem contribuído para o fortalecimento e a consolidação da história ambiental brasileira. De forma institucional, percebemos uma ampliação dos grupos e das linhas de pesquisas que têm trabalhado muito diretamente com a história ambiental. Mas alguns centros em particular têm repercutido na formação de pesquisadores muito envolvidos com esse tipo de abordagem historiográfica, e alinhados, sobretudo, com a direção e o pensamento latino-americano sobre como produzir uma história ambiental que englobe os problemas e os desafios de nossa América. No ano de 2023, por exemplo, a Sociedad Latinoamericana y Caribeña de Historia Ambiental (Solcha) completa 20 anos de existência. Nessas duas décadas vimos como avançaram institucionalmente as pesquisas e os olhares para o campo histórico destinado a refletir sobre a temática ambiental. A diversidade e riqueza das abordagens refletem a pujança dessa organização nessas duas décadas. Este livro reflete muito esse cenário efervescente e evidencia o papel do grupo de trabalho e das pesquisas vinculadas ao Laboratório de Imigração, Migração e História Ambiental da Universidade Federal de Santa Catarina (LABIMHA), sobretudo sob a supervisão da professora Dra. Eunice Nodari.

André Egidio Pin, em seu *Entre sangue e resina: colonização e devastação ambiental no sudoeste do Paraná (1935-1975)*, procurou refletir esse cenário de diversidade de abordagens que envolve formações ecológicas distintas, conflitos socioambientais, e processos de ocupação da fronteira, evidenciando uma temática recorrente na América Latina, mas com particularidades muito pertinentes e originais. Nesta obra o autor se propõe a investigar a fronteira em uma área de colonização no sudoeste do Paraná, na Região Sul do Brasil, entre os anos de 1935 e 1975. Além de abordar processos típicos da história da fronteira, como os fluxos migratórios e atividade colonizadora, este estudo abrange diferentes agentes envolvidos na empreitada de ocupação demográfica, envolvendo atores sociais muito particulares, como colonos, madeireiros e companhias colonizadoras privadas originárias de outros estados do Sul do Brasil, como Rio Grande do Sul e Santa Catarina.

Esses estados, por sua vez, passaram por processos de ocupação europeia intensos desde o século XIX, que refletem um tipo de intercambio biológico muito específico dessa região brasileira.

Por sua vez, a expansão da fronteira resultou em frentes migratórias para aquilo que no meu livro chamei como ficção geográfica do "Oeste", pois, nesse caso, mais específico, era caracterizado como uma marcha no sentido sul para norte, do Rio Grande do Sul e de Santa Catarina para o sudoeste do Paraná. Assim, a obra nos auxilia na compreensão da complexa relação entre migração, colonização e desflorestamento. E, particularmente, de um tipo de formação florestal muito específica, a Floresta Ombrófila Mista, de predominância da espécie *Araucaria angustifolia* (Bertol.) Kuntze. Essa observação nos ajuda a perceber a riqueza dos estudos históricos ambientais e suas conexões com a ecologia, a botânica e mesmo a história natural. O resultado é devastador, como ocorreu com outras formações florestais únicas, como com o Mato Grosso de Goiás. O livro nos mostra que mais de 3 milhões de araucárias adultas, além de outras espécies vegetais, foram devastadas, tanto para o uso madeireiro quanto para a substituição da paisagem ombrófila por áreas de ocupação rural e urbana nessa parte do Paraná.

Além dessas questões, o livro nos evidencia, com base em rico material documental, as questões socioambientais envolvendo sociedades indígenas e caboclas, e os processos típicos de violência na fronteira. A documentação farta sobre dados criminais e as relações que qualificam a fronteira como um espaço de dominação fundiária — muito bem apresentado para o contexto latino-americano por Alistair Hennessy — contrastam com a visão romântica da fronteira apresentada pela tese clássica de F. J. Turner. Por essas reflexões que ultrapassam o sentido regional da obra, compreendo ser uma leitura fundamental e esclarecedora sobre os estudos da fronteira e natureza no Brasil, a partir dos estudos sobre a colonização pioneira, desflorestamento e violência socioambiental no sudoeste do Paraná.

Goiânia (GO), dezembro de 2023

Sandro Dutra e Silva

Autor de No Oeste, a terra e o céu: a expansão da fronteira agrícola no Brasil Central (2017)

LISTA DE ABREVIATURAS E SIGLAS

ABNT	Associação Brasileira de Normas e Técnicas
AP	Antes do Presente
Braviaco	Companhia Brasileira de Viação e Comércio
CANGO	Colônia Agrícola Nacional General Osório
CGI	Comissão Geral de Investigações
CITLA	Clevelândia Industrial Territorial Ltda.
CNS	Conselho Nacional de Segurança
CPOGML	Concretização do Plano de Obras do Governo Moysés Lupion
DGTC	Departamento de Geografia, Terras e Colonização
DAOP	Departamento Administrativo do Oeste do Paraná
EFSPRG	Estrada de Ferro São Paulo-Rio Grande
FES	Floresta Estacional Semidecidual
FOA	Floresta Ombrófila Aberta
FOD	Floresta Ombrófila Densa
FOM	Floresta Ombrófila Mista
FPCI	Fundação Paranaense de Colonização e Imigração
IBDF	Instituto Brasileiro de Desenvolvimento Florestal
IFPR Palmas	Instituto Federal do Paraná Campus Palmas
INIC	Instituto Nacional de Imigração e Colonização
Incra	Instituto Nacional de Colonização e Reforma Agrária
INP	Instituto Nacional do Pinho
Ipardes	Instituto Paranaense de Desenvolvimento Econômico e Social
HA	hectares
SBPC	Sociedade Brasileira para o Progresso da Ciência

SEIPN	Superintendência das Empresas Incorporadas ao Patrimônio Nacional
SNI	Serviço Nacional de Informações
SPI	Serviço de Proteção ao Índio

SUMÁRIO

INTRODUÇÃO

Esta é uma obra sobre a devastação da vegetação do sudoeste do Paraná, que era majoritariamente composta pela Floresta Ombrófila Mista (FOM), além da Floresta Estacional Semidecidual (FES), ocorrida entre os anos de 1935 e 1975. Nesse período, a região recebeu milhares de migrantes oriundos, em sua maioria, dos estados do Rio Grande do Sul e de Santa Catarina, que se estabeleceram como colonos e madeireiros, além de companhias colonizadoras. A presença desses agentes colonizadores proporcionou o desmatamento massivo das florestas por diferentes motivos. As companhias imobiliárias e as serrarias percebiam a vegetação como recurso industrializável com alto valor econômico. Os colonos, em alguns casos, desmataram os seus lotes para desenvolver atividades agropecuárias e, em outros casos, como uma estratégia de manutenção da posse da terra. As análises, sob o enfoque da história ambiental global, assinalam que o fluxo das madeireiras para o sudoeste teve início no município de Palmas e que os casos de grilagem de terras e de araucárias (*Araucaria angustifolia* (Bertol.) Kuntze) na Reserva Indígena Mangueirinha e nos imóveis Missões, Chopim e Chopinzinho, que deram origem a grande parte dos municípios regionais, deflagram um cenário marcado pela violência socioambiental.

As primeiras ideias que dariam a origem a esta pesquisa foram apresentadas a mim na década de 1990 e no início dos anos 2000, durante a minha infância e adolescência. Ao acompanhar meu pai em seu trabalho itinerante por municípios e suas comunidades rurais em todo o sudoeste, ouvi muitas de suas memórias sobre os locais que eram populados por florestas com araucária e que, no início dos anos 2000, estavam reocupadas por extensos cultivos agrícolas de gêneros alimentícios. Entre essas pequenas viagens aos municípios vizinhos a São João, onde nasci e morei até o ano de 2007, são recorrentes as lembranças de quando eu ia com meu pai para a cidade de Sulina e tínhamos que passar com o automóvel por dentro do rio Capivara, pois não havia ponte sobre ele no trecho São João-Vila Paraíso-Sulina.

Outra memória que marcou minha trajetória e, inconscientemente, me levou a desenvolver esta obra, diz respeito a uma ocasião de quando ingressei no ensino fundamental 2[1]. Na oportunidade, uma professora do

[1] Ensino fundamental 2 refere-se às séries do ensino básico que vão do 6º ao 9º ano e antecedem o ensino médio. No período em que estudei, a formação ia do 5º ao 8º. Mais informações podem ser acessadas em: http://basenacionalcomum.mec.gov.br/historico.

Colégio Princesa Isabel, colégio público de São João, levou a minha turma para uma excursão na Reserva Indígena Mangueirinha para conhecer o povo Kaingang e fazer uma trilha no meio da floresta com araucária que lá existe e é conservada pela sociedade indígena até os dias atuais. Eu já havia passado inúmeras vezes pela BR-373, ao lado da referida Reserva, com meu pai, que sempre me falava: "essa é a maior reserva de pinheiros do mundo", e a excursão do colégio me possibilitou conhecer aquela floresta que avistávamos de longe e com a qual estávamos muito impressionados.

No ano de 2007, ingressei em um curso de graduação em história que acabou por me distanciar das minhas memórias afetivas com as araucárias. Ao participar de um projeto de extensão chamado "Memória da Agricultura Familiar e Campesina", que tinha como preponente a Fundação Rureco de Guarapuava/PR[2], tive a oportunidade de conhecer muitas famílias de posseiros, de faxinalenses, de campesinos e de agricultores familiares na região centro-oeste do Paraná e, com isso, me reaproximar de temas sobre as araucárias.

No ano de 2011, escrevi as primeiras linhas de um texto que daria origem, posteriormente, ao projeto de pesquisa que submeti à seleção para o curso de doutorado ofertado pelo Programa de Pós-Graduação em História da Universidade Federal de Santa Catarina (PPGH-UFSC) em 2017. Ainda em 2011, entretanto, tive a possibilidade de escrever outro projeto para desenvolver uma pesquisa de mestrado em história sobre a introdução da educação escolar entre o povo Javaé da Ilha do Bananal no estado do Tocantins.

Deslumbrado pelo ensejo de conhecer os Javaé e a maior ilha fluvial do mundo, me distanciei novamente do projeto de pesquisa sobre as araucárias e ingressei na Universidade Federal de Goiás (UFG) para realizar o curso de mestrado sobre a educação escolar do povo supracitado. Essa escolha mudou minha iniciante vida acadêmica e, o que eu não poderia imaginar, me fez voltar ao tema das araucárias. Com os Javaé apreendi, definitivamente, que era necessário pesquisar as questões relacionadas à devastação das araucárias no sudoeste.

Com isso, ao longo dos anos de 2015 e 2016, redigi um projeto de pesquisa de doutorado que foi selecionado pelo PPHG-UFSC em 2017 e deu origem a este livro. A pesquisa teve como objetivo geral compreender como se deu o processo de ruralização e urbanização que causou, por meio

[2] Mais informações sobre a Fundação Rureco podem ser acessadas no seguinte endereço: http://www.rureco.org.br/.

das atividades de serrarias, a devastação da Floresta Ombrófila Mista (FOM) no sudoeste do Paraná entre as décadas de 1940 e 1970, sob a perspectiva da história ambiental global.

Com o levantamento de fontes na região em foco, o recorte temporal foi ampliado e concentrei minhas análises entre os anos de 1935 e 1975, por detectar que o registro legal de serrarias no município de Palmas em 1935 e 1975 foi o último de corte massivo de araucárias em Sulina, então distrito do município de Chopinzinho.

Para cumprir o propósito geral, estabeleci como objetivos específicos e complementares da pesquisa a compreensão sobre a percepção de meio ambiente e as condições da sociedade de migrantes que se estabeleceram no sudoeste; a percepção de fenômenos globais, como a migração e o crescimento populacional; a análise da normalização de uma forma de desenvolvimento socioeconômico pautada em incentivos dos governos federal e estadual e o mapeamento das áreas de desmatamento da FOM.

Desde a elaboração do projeto de pesquisa, ficou claro que as atividades madeireiras e agropecuárias desenvolvidas por migrantes foram decisivas para que, em aproximadamente 40 anos, a paisagem de vegetação predominante no sudoeste até a década de 1940, ou seja, grandes áreas de FOM, fosse drasticamente alterada. Com o decorrer da pesquisa, tornou-se notável que os problemas de titulações de terras na região foram, igualmente, categóricos para a quase extinção das florestas com araucárias originárias na região.

Pelas araucárias, ou pelos pinheiros, como são chamados no sudoeste, colonos, madeireiros e companhias colonizadoras assistiram a inúmeros conflitos sociais violentos. A violência desses conflitos foi transpassada para a natureza, que era concebida apenas como matéria-prima com valor econômico. Essa concepção sobre a natureza partiu não apenas dos colonos e dos madeireiros, como de figuras políticas e empresariais que ocuparam cargos de alta relevância no Paraná, como o governo do estado, a Assembleia Legislativa do Estado do Paraná, prefeituras e câmaras de vereadores de vários municípios paranaenses, envolvidos em grilagens da Reserva Indígena Mangueirinha e dos imóveis Missões, Chopim e Chopinzinho, que ocupavam quase toda a região.

A conjuntura acima descrita é analisada sob a perspectiva da história ambiental global. Concebo esse campo de estudos, inspirado em Donald Worster (2011, p. 233), como uma forma analítica que transcende fronteiras nacionais e preocupações locais e temporais para compreender a existência de elementos do mundo natural e como diferentes grupos humanos lidaram ou lidam com os ecossistemas nos quais estão inseridos.

A análise da constituição do sudoeste do Paraná sob a perspectiva da história ambiental global possibilitou o entendimento de que a migração e o crescimento populacional são fenômenos que ocorreram de maneira semelhante, ainda que por motivos distintos, em várias partes do planeta, e causaram desequilíbrios na natureza em níveis desiguais, conforme as análises dos historiadores John McNeill e Peter Engelke (2014, p. 55–61).

Nesse sentido, em outro trabalho, McNeill (2011, p. 14) enfatizou que o historiador ambiental para fazer um trabalho com caráter global necessita analisar através das regiões e de todas as eras para perceber as diferentes ações humanas em lugares distintos e procurar aí oportunidades. A história da devastação da floresta de araucária pode ser inserida nesse contexto e analisada sob a perspectiva da história ambiental global, já que a sua exploração ao longo do século XX esteve relacionada a eventos globais como as migrações, a presença de companhias multinacionais e, posteriormente, a monocultura.

Ultrapassando as barreiras temporais e nacionais, percebi que a atual ocupação do sudoeste, embora consolidada, pode ser considerada relativamente nova, pois, antes das frentes de migrações estabelecidas ao longo do século XX, a região era povoada por povos indígenas e sociedades caboclas. Além desses povos, habitava a região grande população de araucárias, em conjunto com outras espécies típicas da FOM, bem como da FES.

Algumas análises de pesquisadores(as) sobre o sudoeste do Paraná, como Foweraker (1982), Gomes (1986), Chaves (2008), Mondaro (2009, 2012), Flavio (2011) e Vaninni e Kummer (2018), consideraram que a sua ocupação após a década de 1940 foi desordenada e confusa. Nesse caso, a história ambiental propicia uma visão mais ampla. Embora não se negue a existência de certo caos na construção do sudoeste do Paraná, incluir e tornar as florestas personagens da análise histórica oferece subsídios para o entendimento de elementos guias que normalizaram a devastação ambiental praticada em meio aos conflitos de interesses entre migrantes, fossem agricultores ou madeireiros, grandes empresários e políticos paranaenses e as populações originárias.

Para viabilizar esta obra, realizei o levantamento de fontes em instituições de várias cidades e na rede mundial de computadores. No mês de fevereiro de 2019, concentrei as pesquisas nas prefeituras e câmaras municipais de São João, de Pato Branco, de Palmas, de Itapejara D'Oeste e de Chopinzinho. Nesses espaços, foram feitas cópias das atas das sessões ordinárias e extraordinárias de câmaras municipais; inscrições e contribuições fiscais de serrarias nos municípios; cópia de discursos de deputados e de leis municipais. Na Câmara Municipal de Pato Branco, a ex-assessora da Casa, a senhora Sueli Dartora, gentilmente cedeu biografias, por ela documentadas, de cidadãos considerados "pioneiros" daquela cidade, entre outros documentos e livros de seu acervo pessoal.

No município de Palmas, além dos arquivos da Prefeitura, foi possível acessar o acervo histórico do Arquivo de Palmas sob gestão do Instituto Federal do Paraná, Campus Palmas, no qual consultei e fotografei livros de alvarás desde o final do século XIX até a década de 1960. Ainda nesse município, conversei com a professora Eloína Ribas Rodrigues, que me ofereceu uma aula gratuita sobre a história de Palmas e me indicou o nome de vários proprietários e ex-proprietários de serrarias na região. Seu marido era motorista de caminhão e transportava madeira de araucária e imbuia para Brasília e Manaus no passado, segundo seu relato. O casal, receptivo e atencioso, não quis gravar entrevistas, infelizmente.

Tive acesso a documentos relevantes nas varas Criminal e Cível da Comarca de Chopinzinho e na Vara Criminal de Pato Branco. Na Comarca de Chopinzinho, localizei processos sobre furto de araucárias e disputas de terras florestadas entre colonos, madeireiros e companhias colonizadoras. Processos semelhantes a esses foram encontrados na Vara Criminal da Comarca de Pato Branco. Não se pode dizer o mesmo sobre o arquivo da Vara Cível da referida comarca, a qual, por meio de sua escrivã, impediu o acesso aos cerca de 70 processos que eram de interesse para este livro. Desencontros semelhantes ocorreram na Vara Civil da Comarca de Francisco Beltrão e no acervo histórico da prefeitura da mesma cidade. Há dois pontos em comum nesses três casos: a) tanto nos cartórios quanto no arquivo histórico os argumentos para me impedir de pesquisar foi de que as instituições passavam por momentos de reorganização; e b) esses impedimentos refletiram nesta pesquisa, sobretudo para o capítulo 3, pois os processos civis poderiam ampliar os resultados do estudo.

Durante o levantamento desses dados, tive a oportunidade de agendar encontros com ex-madeireiros para o mês de julho de 2020. Nesses encontros, eu teria a possibilidade de realizar entrevistas e conhecer acervos pessoais. Não foi possível cumprir essa agenda em virtude da pandemia de

SARS-CoV-2 (Covid 19). Com o intuito de resolver essa situação, recorri à utilização de comunicação em tempo real por meio de celulares e computadores. Algumas das pessoas que estavam dispostas a colaborar nas visitas agendadas não apresentaram a mesma confiança para a realização de entrevistas remotas. Outras apresentaram certa confusão quanto ao tema das entrevistas oriunda, aparentemente, do atual panorama político, atribuindo pechas a políticos protagonistas no presente ao responder perguntas específicas sobre as décadas de 1950, 1960 ou 1970. Com isso, optou-se por dar continuidade à pesquisa sem os depoimentos.

Quanto aos acervos disponíveis na rede mundial de computadores, localizei fontes que confirmaram o conteúdo daquelas encontradas em municípios do sudoeste, no ano de 2019, e permitiram a ampliação das análises. Essas fontes dizem respeito a processos judiciais e comunicações entre órgãos do governo federal, como o Conselho de Segurança Nacional, o Serviço Nacional de Informações e o Ministério da Justiça, além do relatório da Comissão Própria de Investigação (CPI) sobre as Terras do sudoeste do Paraná, que o Senado Federal iniciou em dezembro de 1957, digitalizados e disponibilizados no Sistema de Informações do Arquivo Nacional do Ministério da Justiça do Brasil; relatórios e mapas da década de 1930 no arquivo do Instituto de Água e Terra do Paraná, relatórios do governo do Paraná disponíveis no *Center of Research Libraries* da Universidade de Chicago e no Arquivo Público do Paraná; e artigos científicos do final da década de 1960 e início da década de 1970 no site do periódico *Floresta* do Centro de Pesquisas Florestais da Faculdade de Florestas da Universidade Federal do Paraná[3].

Apesar da pandemia de SARS-CoV-2 (Covid-19), consegui reunir documentos produzidos nos municípios do sudoeste, pelo governo do Paraná, pela União e pelas justiças locais e federais. A documentação ultrapassou duas mil páginas e permitiu a complementariedade de documentos locais, estaduais e nacionais analisados sob a perspectiva da história ambiental global.

A presente obra está dividida em quatro capítulos. No primeiro capítulo são contextualizadas as florestas no sudoeste do Paraná, com ênfase para as araucárias, demonstrando que essa espécie desencadeou grande ambição de madeireiros e representou obstáculos para os migrantes que queriam terras para o desenvolvimento de atividades agropecuárias e para a manutenção da posse da terra. São realizadas as localizações

[3] Atualmente a revista é gerida pelo Programa de Pós-Graduação em Engenharia Florestal da UFPR.

socioespaciais e históricas da região, além de discutir sobre a construção de representações que estigmatizaram a região como sertão inóspito e lugar de vazio demográfico.

Contém, no mesmo capítulo, a apresentação dos povos Kaingang e Guarani Mbyá e seus territórios, assim como das sociedades caboclas e de migrantes, destacando-se os impactos ambientais de um crescimento populacional sem precedentes na região a partir da década de 1950. Em virtude dos povos indígenas Kaingang e Guarani possuírem ligações transcendentais com espécies da FOM, como a araucária, contextualizei, brevemente, aspectos gerais de suas cosmologias.

Ainda no primeiro capítulo, guiado pelo trabalho da historiadora ambiental Eunice Nodari (2013), dissertei sobre a noção de violência ambiental, que além dos seus efeitos físicos também foi uma maneira de normalização da devastação ambiental no sudoeste. Não obstante, foi possível realizar reflexões sobre os alertas para o fim da Floresta Ombrófila Mista na região desde a década de 1950.

No capítulo 2, concentrei os estudos na relevância do caminho de Palmas para a entrada da devastação ambiental no sudoeste do Paraná através das atividades madeireiras. Identifiquei que as primeiras serrarias da região foram regularizadas no município de Palmas no ano de 1935. A análise das fontes em contraste com a literatura elucidou que os madeireiros adentraram aquele município a partir de União da Vitória/PR, epicentro da devastação da Floresta Ombrófila Mista e região onde atuou a *Southern Brazil Lumber and Colonization*, como demonstrou Carvalho (2010). A ligação entre Palmas e os municípios de União da Vitória/PR e Porto União/SC foi o meio mais estruturado até o início da década de 1950 para o estabelecimento de serrarias, para o escoamento de suas produções e para a chegada de migrantes no sudoeste do Paraná.

Por esse ângulo, é perceptível a influência de grupos políticos e econômicos da elite paranaense na ocupação do sudoeste, em um processo no qual houve constantes confusões entre a administração pública e a iniciativa privada. Exemplo disso foi a grilagem de territórios indígenas, em virtude de sua cobertura vegetal, em todo o estado do Paraná no final da década de 1940 e ao longo da década de 1950. Essa prática é ilustrada com o caso das terras da Reserva Indígena Mangueirinha, que começaram a ser usurpadas no governo de Moysés Lupion, no ano de 1949, em conjunto com os grupos econômicos Forte-Khury e Irmãos Slaviero. Os Kaingang, habitantes imemoriais da Reserva, reagiram para recuperar o seu território e conseguiram que o caso fosse analisado por uma Comissão Geral de Investigação durante a ditadura militar a partir do ano de 1968.

No capítulo 3, concentrei as reflexões na Revolta dos Colonos de 1957, episódio em que milhares de colonos tomaram as cidades de Francisco Beltrão, Capanema e Santo Antônio do Sudoeste e expulsaram as companhias colonizadoras que grilavam terras nos imóveis Missões e Chopim. Sob a perspectiva da história ambiental global, logrei demonstrar que a natureza foi transformada em uma mercadoria e que, como mercadoria, foi um elemento de grande relevância para o desencadeamento de conflitos sociais violentos.

A companhia Clevelândia Industrial Territorial Ltda. (CITLA) foi instalada na região no ano de 1950, quando, por meio de uma transação com Moysés Lupion, os seus proprietários adquiriram títulos dos imóveis referidos anteriormente. A CITLA tinha interesse em utilizar as araucárias existentes em Missões e Chopim, estimadas no período em 3 milhões de árvores adultas, para a produção de celulose, e com isso vendeu lotes rurais para colonos recém-chegados ao sudoeste, separando, por meio de contratos, a sua cobertura vegetal, isto é, o adquirente se comprometia em não serrar os pinheiros do lote que adquiria. A companhia não atuou com um plano de colonização adequado e em virtude disso, entre outros fatores, a migração e a instalação de novos colonos passaram a ocorrer de forma espontânea e em fluxos contínuos. Esses fatores somados aos casos de violência extrema e terror praticados por duas companhias subsidiárias da CITLA levaram os colonos, que tentavam se organizar desde o ano de 1951, a se rebelarem e expulsarem essas empresas que atuaram como grileiras de terras e de árvores.

Após a Revolta de 1957, o governo federal criou o Grupo Executivo para as Terras do Sudoeste do Paraná (GETSOP), que, atuando entre os anos de 1962 e 1974, conseguiu regularizar a situação fundiária dos colonos. A atuação do GETSOP foi igualmente importante para a devastação das florestas com araucária dos imóveis Missões e Chopim, pois regularizou 202 serrarias que atuavam ilegalmente na região sem uma política efetiva de reflorestamento.

Na historiografia regional, é perceptível certa tendência em considerar que o GETSOP resolveu os problemas fundiários do sudoeste. A partir das fontes que analisei, pude evidenciar que essa é uma noção que necessita ser superada, já que esse grupo atuou apenas nas glebas Missões e

Chopim. Entretanto, o território da região é mais amplo, e os fatores sociais, econômicos, agrários e ambientais que causaram a Revolta dos Colonos continuaram presentes no imóvel Chopinzinho.

Essa situação é o tema do capítulo 4, no qual investiguei os conflitos socioambientais ocorridos decorrentes de disputas por uma das últimas áreas de FOM conservadas na região, além da Reserva Indígena Mangueirinha, que foi explorada na década de 1970 no município de Chopinzinho. As disputas ocorreram em uma área de terras chamada de colônia Baía, parte do antigo imóvel Chopinzinho, rebatizado e sobretitulado por Moysés Lupion no ano de 1959.

A gleba Chopinzinho, em conjunto com as glebas Missões e Chopim, havia sido doada à Estrada de Ferro São Paulo-Rio Grande (EFSPRG) no início do século XX. A EFSPRG, por sua vez, transferiu os seus direitos sobre os imóveis para a sua subsidiária Companhia Brasileira de Viação e Comércio (Braviaco) na década de 1930 e na década de 1940 a União reincorporou as áreas. Esse contexto levou a Braviaco e outras companhias imobiliárias e madeireiras — a Pinho e Terras Ltda. e a Colonizadora Dona Leopoldina — a União, o estado do Paraná e posseiros a entrarem em um complicado cenário litigioso durante décadas.

O capítulo 4 foi viabilizado a partir de processos-crimes e um processo civil que encontrei, respectivamente, nas varas Criminal e Civil da Comarca de Chopinzinho. O processo civil promoveu uma medida acauteladora de sequestro preventivo das árvores da gleba 1 da colônia Baía, que eram disputadas pela Colonizadora Dona Leopoldina e serrarias aliadas suas e colonos. Já os processos-crimes são sobre furtos de pinheiros da área sequestrada.

Não obstante os furtos de pinheiros que ocorreram nas posses de colonos, outros crimes foram cometidos nas disputas pelas araucárias, cedros e madeiras de lei da colônia Baía, inclusive homicídios. No ano de 1970, um agrimensor conseguiu reunir os colonos para buscarem meios na justiça para solucionar os conflitos, quando protocolaram o pedido de sequestro na Comarca de Chopinzinho. A intenção dos colonos era impedir que a Colonizadora Leopoldina, bem como as serrarias que atuavam em conjunto, continuasse serrando as árvores dos imóveis dos posseiros. A Colonizadora alegava ser a proprietária das posses em virtude de negócios feitos com a Pinho e Terras na década de 1960.

Com o auxílio do mesmo agrimensor, os colonos, de um lado, e, de outro lado, a Colonizadora Dona Leopoldina e outras madeireiras associadas passaram a realizar acordos amigáveis para, gradativamente, serrar as árvores. Posteriormente, colonos e madeireiros chegaram ao consenso de contratar uma empresa alheia ao contexto da colônia Baía para realizar as extrações de forma isenta. Para isso, foi escolhida, em comum acordo, a Madeireira Passo Liso, do município de Irati/PR. Com a chegada da referida Madeireira, a violência socioambiental aumentou na gleba 1 da colônia Baía.

Nesse capítulo, fica evidente que os poderes judiciários e políticos não atuaram para coibir a devastação ambiental, mesmo se tratando de um período em que vários estudos apontavam para os riscos de extinção das florestas com araucária em virtude da exploração predatória no Paraná. Com ou sem a violência apresentada pelas madeireiras na colônia Baía, as árvores seriam serradas, já que os colonos realizavam vários negócios de vendas das árvores de suas posses, inclusive para pagar os serviços do agrimensor que os aglutinou em busca de uma resolução não violenta. O imóvel Chopinzinho, que incluía a colônia Baía, foi desapropriado no ano de 1976 pelo Incra, quando restavam apenas 1.400 pinheiros de um total de 20.000 sequestrado pela justiça no ano de 1970 (DSI/MF/BSB/AS/654/75, 1975, p. 62, 72).

Entre os diferentes processos que tramitaram na justiça local, estadual ou federal, utilizados como fontes nos capítulos 2, 3 e 4, detectei semelhanças em relação aos argumentos de defesa de madeireiros e colonizadores acusados de grilar imóveis e árvores. As atividades madeireiras foram utilizadas no caso das grilagens de terras e araucárias pelos advogados dos grupos econômicos Forte-Khury e Irmãos Slaviero, da CITLA, da Colonizadora Dona Leopoldina e da Madeireira Passo Liso, como o principal argumento de defesa das empresas grileiras para evocar legalidade e moralidade às atividades de seus clientes.

A forma como os juízes acolhiam as defesas demonstra diferenças entre os crimes envolvendo a posse de terras e a de pinheiros. No caso de grilagens de terras, a justiça federal, embora tardiamente, tomou decisões favoráveis à União e contra as colonizadoras, tanto no caso da CITLA como no caso da Colonizadora Dona Leopoldina, desapropriando os imóveis. A parte da Reserva Indígena Mangueirinha grilada pelos irmãos Slaviero em conjunto com Moysés Lupion foi retomada pelos esforços do povo Kaingang, porém a área segue litigiosa até os dias atuais. Em relação ao furto ou à grilagem de pinheiros, não encontrei nenhuma condenação. Pelo contrário, os proprietários de serrarias e companhias imobiliárias construíram determinado destaque político e econômico na sociedade, sendo alguns prefeitos ou vereadores nas cidades do sudoeste, e outros com ligações estreitas com deputados e governadores do Paraná.

Essas situações, abalizadas por decisões judiciais, por discursos e campanhas dos governos federal e estadual, pelo prestígio político e econômico que as madeireiras construíram e pela violência que caracterizaram as atuações de algumas, normalizaram a devastação ambiental no sudoeste como uma atividade considerada extremamente relevante para o avanço da "locomotiva fumegante do progresso" (GOULIN, 1935, p. 216). À medida que a devastação aumentou, as disputas pelas araucárias no sudoeste tornaram-se mais evidentes e por quantidades menores de árvores. Quando a CITLA grilou Missões e Chopim, durante a década de 1950, as disputas eram por cerca de 3 milhões de pinheiros adultos. No caso analisado no capítulo 4, na colônia Baía, os conflitos se deram pela disputa de 20.000 araucárias, durante a década de 1970. As transcrições de trechos das fontes pesquisadas foram mantidas com a grafia original e podem apresentar divergências com os atuais padrões da língua portuguesa.

1

CONSIDERAÇÕES SOBRE A NATUREZA NO SUDOESTE DO PARANÁ

Mas, pai, onde estão os pinheiros do Paraná?
O Paraná parece o país da soja, pai, só tem soja para todos os lados.
(Francisco Pin, 23 de dezembro de 2021)

Quem hoje tem a oportunidade de conhecer e transitar pela região sudoeste do Paraná encontrará esparsamente exemplares de *Araucaria angustifolia* (Bertol.) Kuntze, a araucária, ou, como é chamada regionalmente, o pinheiro. Esses exemplares espalhados em pequena quantidade pela região são, em grande parte, árvores jovens ou que iniciam suas vidas adultas, tendo menos de 50 anos. Em menor quantidade talvez se encontrem árvores entre 50 e 100 anos, e, em pouquíssima quantidade e maior sorte, com mais de 100 anos. Essas árvores mais velhas podem ser localizadas, possivelmente, apenas na Reserva Indígena Mangueirinha e, eventualmente, na Unidade de Conservação Estadual Área de Relevante Interesse Ecológico do Buriti nos municípios de Mangueirinha/PR e de Pato Branco/PR, respectivamente.

Há cerca de 100 anos, entretanto, a região era o habitat de milhões de araucárias de grande porte, assim como de outras espécies típicas da Floresta Ombrófila Mista (FOM), que é uma subfloresta da Mata Atlântica.

A Mata Atlântica é um bioma formado por quatro grupos de fitofisionomia, abrangendo 17 dos 27 estados brasileiros, desde o Sul até o Nordeste, com presença a oeste em estados como Goiás e Mato Grosso do Sul. Com a Resolução CONAMA n. 249, de 29 de janeiro de 1999, publicada no Diário Oficial da União, e a promulgação da Lei 11.428, de 22 de dezembro de 2006, convencionou-se classificar os grupos fitofisionômicos que compõem a Mata Atlântica em: Floresta Ombrófila Densa (FOD); Floresta Ombrófila Aberta (FOA); Floresta Ombrófila Mista (FOM); Floresta Estacional Semidecidual e Decidual (FES e FED); os manguezais; os campos de altitude; os brejos interioranos; os encraves florestais do Nordeste e as vegetações de restingas.

Na Figura 1, é possível visualizar a formação vegetal do estado do Paraná composta por subformações da Mata Atlântica, como a FES, a FOM, a FOD, os campos naturais, os manguezais e as restingas, além da presença de áreas com Cerrado[4].

Figura 1 – Mapa cobertura vegetal original do estado do Paraná dividido por regiões fitogeográficas, bacias e sub-bacias hidrográficas

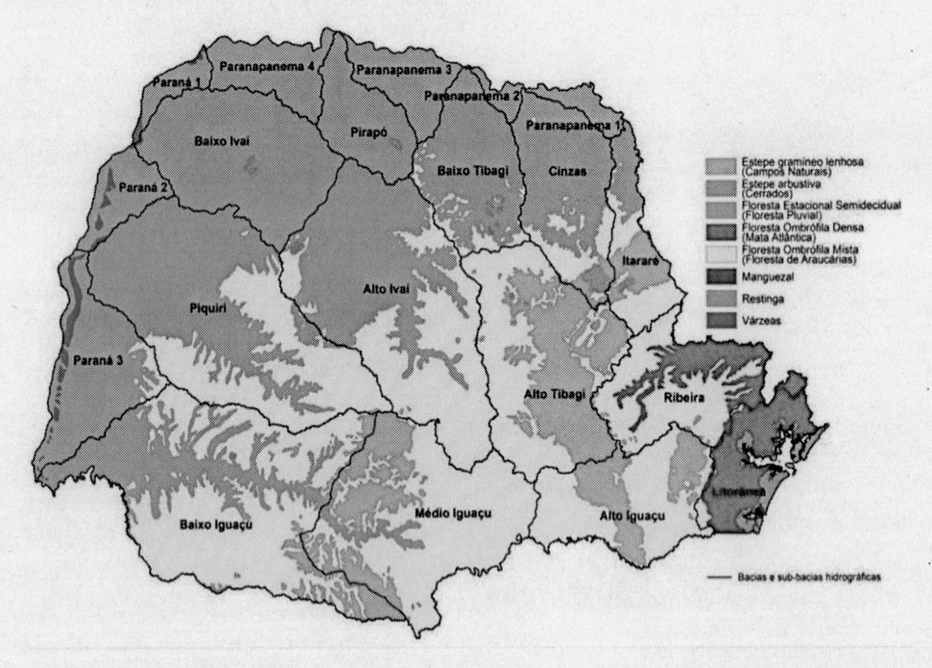

Fonte: Ipardes (2017, p. 35)

Na região sudoeste do Paraná, conforme a Figura 1, predominou nos últimos milênios a formação vegetal da FOM, com áreas de transição para formação da FES. Essa última prevaleceu, sobretudo, nas áreas com altitudes inferiores a 500m, nas proximidades da foz do rio Chopim e nas margens do rio Iguaçu, no extremo norte da região, portanto.

---

[4] O Cerrado ocupa cerca de 22% do território nacional, sendo inferior em extensão territorial apenas à Amazônia. Sobre a constituição do Cerrado, bem como a respeito de sua ocupação pelos seres humanos, ver: BARBOSA, A. S. *et al.* **O Piar da Juriti Pepena**: narrativa ecológica da ocupação humana do cerrado. Goiânia: PUC Goiás, 2014; BARBOSA, A. S. Cerrado: extinção e agrotóxicos. **Xapuri Socioambiental**, v. 48, 2018, p. 28–31; e SILVA, D. S.; BARBOSA, A. P. O Cerrado: complexidades biogeográficas para uma análise histórico-ambiental. *In*: SCHUCH, C. F. *et al.* **Biomas, historicidades e suas temporalidades**: uma visão histórico-ambiental. São Leopoldo: Oikos, 2021.

A FOM tem diferentes classificações acadêmicas, podendo existir pequenas variações em alguns casos. A definição deste trabalho está baseada em Nodari (2018b) e Veloso (1991) e entende a FOM como uma formação vegetal que tem predominância da *Araucaria angustifolia* em seu dossel, contendo centenas de outras espécies vegetais abaixo, como a erva-mate (*Ilex paraguariensis*), o xaxim (*Diksonia sellowiana*), a canela-lajiana (*Ocotea pulchella*), a imbuia (*Ocotea porosa*), o butiá (*Butia eriospatha*), o cedro (*Cedrela fissilis*), entre outras.

A FOM apresenta quatro subdivisões, atreladas às altitudes das áreas ocupadas pelas florestas. Essas subdivisões são compostas pela FOM Aluvial, localizada nas proximidades de flúvios; a FOM Submontana nas áreas com altitudes entre 50m e 400m; a FOM Montana nas regiões com altitudes entre 400m e 1.000m; e a FOM Alto-Montana em altitudes superiores aos 1.000m (VELOSO, 1991).

A região sudoeste do Paraná apresenta altitudes[5] que variam desde 400m, podendo ser inferior nas regiões mais próximas aos rios Iguaçu, Capanema e Chopim, até 1.000m, chegando até aproximadamente 1.250m em alguns pontos do município de Palmas. Dessa forma, as formações da FOM que predominaram na região foram a Montana e a Alto-Montana, caracterizadas pela alta densidade de araucária, com transições para as formações Fluvial e Submontana, além da presença da peroba-rosa (*Aspidosperma polyneuron*), pau-d'alho (*Gallesia integrifolia*) e canxim (*Sorocea bonplandii*), espécies essas mais recorrentes na FES e em áreas de transição entre a FOM e a FES (VIANI *et al.*, 2011).

As formações originais da FOM, em sua maioria, encontram-se praticamente extintas e os seus remanescentes sofrem com a violência ambiental na região, pois há pessoas que insistem no corte de árvores nativas, como demonstraram Hirota (2011), em suas análises sobre o desmatamento em nível nacional, e Leite e Candiotto (2015), em seus estudos com foco no sudoeste do Paraná.

A formação vegetal da FOM chegou a ocupar quase metade do território da região sul do Brasil. Nodari (2018b, p. 12) afirma que, em sua formação original, a FOM ultrapassava os 200.000km^2, distribuída timidamente no estado de Minas Gerais, um pouco mais intensamente na Serra

[5] Sobre a formação geomorfológica do sudoeste do Paraná, recomendam-se: Paisini *et al.* (2017a e 2017b) e Lima, Biffi e Pontelli (2019).

da Mantiqueira em São Paulo e na província de Misiones na Argentina e, além disso, "[...] No Paraná ela abrangia ao redor de 37% do território; em Santa Catarina, 31% e no Rio Grande do Sul 25% [...]".

A maior parte dos locais de ocorrência da FOM apresenta altitudes acima dos 500m, havendo maior presença de araucárias em altitudes mais elevadas. Alguns estudos procuraram demonstrar o período em que as florestas principiaram suas formações. Para Bauermann e Behling (2009), por exemplo, as florestas com araucária teriam iniciado suas formações apenas no Holoceno Tardio. Por meio da palinologia, os autores coletaram mostras no município de Cambará do Sul/RS que apontam que entre 42.000 anos Antes do Presente (AP) e 11.000 anos AP havia intensa presença de campos, o que sugere "[...] a ocorrência de clima frio e seco, com geadas frequentes. As temperaturas mínimas abaixo de –10° e períodos de seca sazonal provavelmente impediam também o desenvolvimento de *Araucaria* nas terras altas [...]" (BAUERMANN; BEHLING, 2009, p. 35).

A presença da araucária cresceu na região de Cambará do Sul, segundo os autores, a partir de 4.320 anos AP e, principalmente, desde 1.000 anos AP. A expansão florestal coincidiu ou colaborou com a alteração do clima na região. Segundo Bauermann e Behling (2009, p. 36), "A mudança na composição paleoflorística iniciada em 4.320 anos AP e acentuada 1.000 anos AP reflete uma tendência para climas cada vez mais úmidos e quase nenhum período de seca".

No caso do sudoeste do Paraná a formação da FOM, ou pelo menos da presença da araucária, é mais antiga e possibilita outra perspectiva sobre a paisagem natural no sul do Brasil. Estudos demonstram que a aparição da araucária no sudoeste do Paraná, apesar do predomínio dos campos, remonta a cerca de 13.400 anos AP, com o auge de seu desenvolvimento por volta de 4.210 anos AP. Esses são os dados que Bertoldo, Paisani e Oliveira (2014) puderam comprovar em suas pesquisas com amostras e técnicas de palinologia encontradas na Unidade de Conservação Estadual Área de Relevante Interesse Ecológico Buriti em Pato Branco/PR.

Para os autores supracitados, o registro encontrado na Unidade Buriti,

> [...] balizado pela datação, mostra que a espécie Araucária angustifólia, característica da Floresta Ombrófila Mista, estabeleceu-se na região a pelo menos 13.400 anos AP 14C (est.), no final do Pleistoceno, sendo considerado um dos registros mais antigos para essa espécie no estado do Paraná. É provável que o desenvolvimento máximo dessa espécie tenha ocorrido

> há aproximadamente 4.210 AP (final do Holoceno médio) e se manteve dominante por longo período. No registro polínico, a Araucária apareceu associada a outras espécies típicas da Floresta Ombrófila Mista, tais como *Podocarpus* sp. *Drymis* sp. *Ilex* sp. *Symplocos* sp. A expansão significativa de Araucária e *Podocarpus* (há aproximadamente 4.210 anos AP) sugere que nessa época o clima regional era mais frio e mais úmido (BERTOLDO; PAISANI; OLIVEIRA, 2014, p. 4).

A araucária é uma árvore perenifólia que pode chegar a ter 50m de altura e 250cm DAP. Possui um tronco colunar e quase cilíndrico. Tem uma casca externa grossa que se desprende em lâminas, com cor marrom arroxeada e logo abaixo tem uma casca interna resinosa esbranquiçada e/ou rósea (CARVALHO, 2008, p. 802).

A dispersão da araucária pode acontecer de várias formas. Uma das principais maneiras é a autocoria barocórica, fenômeno que pode ocorrer quando a pinha fica muito pesada causando o seu rompimento com a árvore e, ao cair no chão, os pinhões (sementes) são espalhados em um raio que pode chegar até 80m distante da árvore-mãe. No Paraná há um mito popular de que a gralha-azul (*Cyanocorax caeruleus*) seja o principal dispersor do pinhão. Para Carvalho (2008, p. 803), entretanto, as principais espécies da fauna responsáveis pela difusão zoocórica são, entre outros, a cutia (*Dasypricta azara*), por ter o hábito de enterrar sementes para comê-las posteriormente, e a gralha-picaça ou amarela (*Cyanocorax chrysops*), por dominar prática semelhante à da cutia. O ser humano deve ser incluído nessa lista de dispersores, destacadamente os povos originários.

Além da araucária ou pinheiro, como também se denomina nesse trabalho, árvore predominante da FOM, também ocorriam as demais espécies típicas da floresta com araucária no sudoeste do Paraná. Estudos demonstram, ainda, a existência de espécies típicas da FES. A FES apresenta quatro subdivisões, que são: a Auvial; as Terras Baixas; a Submontana; e a Montana. No sudoeste do Paraná há a presença da FES Submontana nas proximidades do rio Iguaçu, onde viviam grande quantidade, entre outras espécies, de cedro (*Cedrela fissilis*), peroba-rosa (*Aspidosperma polyneuron*), além de juçara (*Euterpe edulis*) e guatara ou guatambu (*Balfourodendron riedelianum*). Em estudo sobre remanescentes da FES e da FOM no sudoeste do Paraná, Viani *et al.* (2011) relatam a existência de algumas espécies ameaçadas de extinção. De acordo com os autores, a

> [...] *Euterpe edulis* [...] faz parte da listagem oficial de espécies ameaçadas do Brasil, enquanto *Aspidosperma polyneuron, Balfourodendron riedelianum* e *Cedrela fissilis* encontram-se na categoria "em perigo" da listagem elaborada pela IUCN [International Union for Conservation of Nature]. Vale ressaltar que, exceto *Euterpe edulis*, espécie de sub-bosque explorada pelo seu palmito comestível, todas as demais espécies ameaçadas encontradas referem-se a árvores de grande porte, frequentemente exploradas como madeireiras. Este aspecto, aliado a fragmentação florestal, causou uma redução significativa de suas populações, o que, por sua vez, representa um risco alto (categoria "em perigo") ou extremamente alto (categoria "criticamente em perigo") para a extinção destas espécies na natureza (VIANI *et al.*, 2011, p. 118).

Pesquisar a região sudoeste do Paraná, sobretudo desde uma perspectiva da história ambiental, implica, portanto, falar das florestas e das ações humanas que praticamente as extinguiram. Assim, é fundamental perceber a espécie da araucária, assim como as demais que compunham a FOM e a FES, como agente histórico central nas relações interpessoais e de construção física e ideológica. A notada imponência física da araucária a colocou, ao longo do tempo, em um lugar privilegiado no olhar humano, que por séculos, talvez milênios, a cultuou, a respeitou, com ela conviveu e de suas sementes se alimentou.

Sua nobre composição natural, que lhe concede durabilidade, resistência e numerosas possibilidades de utilização nos afazeres antropogênicos, também despertou, por outro lado, a ambição econômica característica de um pensamento hegemônico fundado na tradição judaico-cristã ocidental, levando-a, em poucas décadas, a pequenos redutos. O mesmo é válido para as milhares de espécies animais e vegetais que com os pinheiros sempre conviveram. Essa perspectiva coloca em dois lados opostos as sociedades indígenas, e em parte as sociedades compostas por caboclos, e as sociedades formadas por migrantes do Rio Grande do Sul e de Santa Catarina na região. Na Figura 2 os impactos ambientais anteriormente citados ficam evidentes ao se perceber os pequenos remanescentes florestais da cobertura vegetal original do Paraná, sobretudo em comparação com a Figura 1.

Figura 2 – Mapa dos remanescentes da cobertura vegetal original do estado do Paraná, dividido por regiões fitogeográficas e bacias e sub-bacias hidrográficas entre os anos de 2014 e 2015

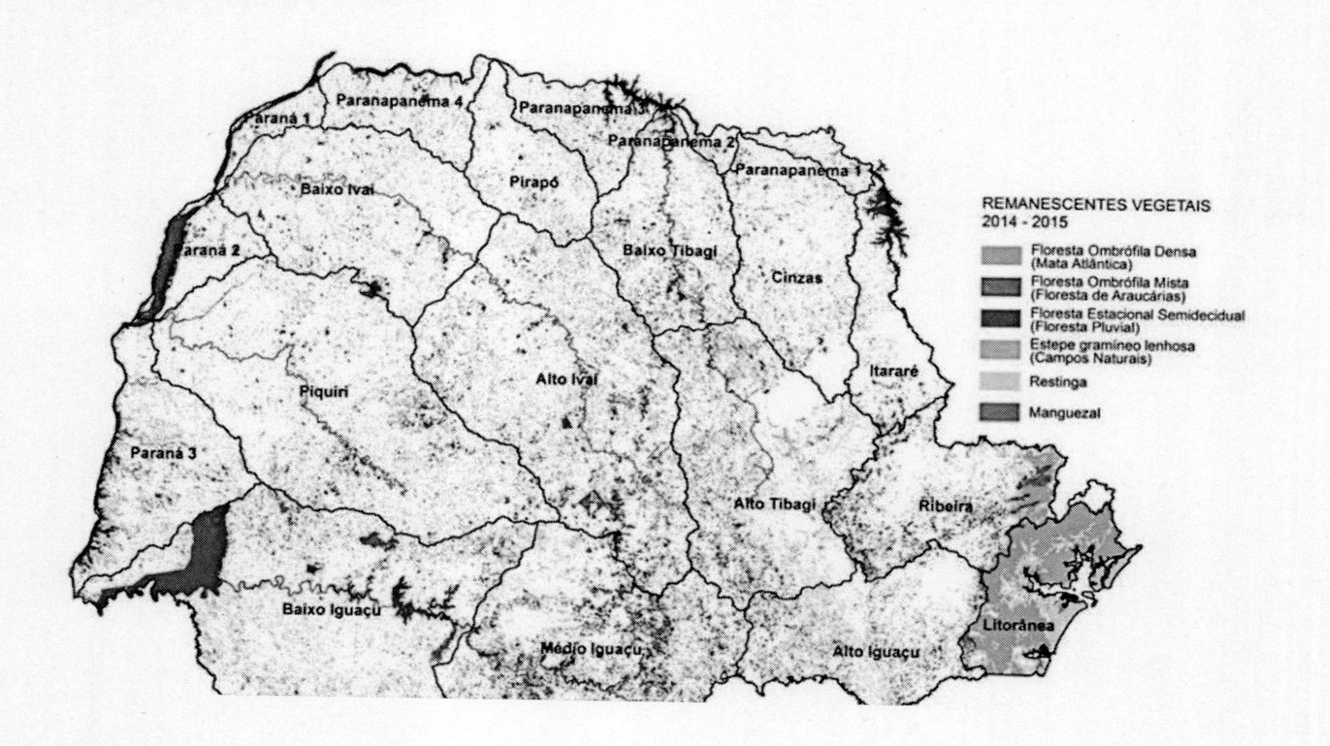

Fonte: Ipardes (2017, p. 35)

Além dos impactos ambientais provocados, a chegada de grandes contingentes de migrantes na região atendeu a interesses econômicos, políticos e sociais. A estruturação dessa ocupação possibilitou a prática de negócios imobiliários, madeireiros e atividades agropecuárias, e levou o Estado brasileiro a consolidar a sua presença na região, como se demonstrará no item ulterior.

1.1 O ESTADO DO PARANÁ E A REGIÃO SUDOESTE: UMA CONTEXTUALIZAÇÃO

A presença dos colonizadores espanhóis e portugueses no estado do Paraná remonta ao século XVI. Os espanhóis, antecedendo-se aos portugueses, fundaram em 1554 a "Ciudad Real Del Guayrá" na margem ocidental do rio Paraná, na foz do rio Piquiri, sendo ampliada em 1570 até a atual cidade de Guaíra. A Ciudad Real Del Guayrá foi uma das principais cidades da Província de Guairá (PARRELADA, p. 370). Ainda em 1554, os colonizadores estabeleceram a vila de Ontiveros, onde existiam as Sete Quedas do rio Paraná[6], hoje município de Terra Roxa/PR (LAZIER, 2003, p. 18, 28).

Entre 1554 e 1628 os espanhóis criaram outras vilas e diversas reduções jesuíticas chegando aos territórios das atuais regiões Campos Gerais e Norte do Paraná. Além da Ciudad Real del Guayrá e Ontiveros, também foram criadas as vilas de Villa Rica del Espiritu Santu, Tambo e 15 missões jesuíticas na Província do Guairá, que compreendia grande parte do atual estado do Paraná (PARELLADA, 1997, p. 10)[7].

A partir de 1629, bandeirantes de São Paulo iniciam expedições no Guairá com o intuito de impedir a sua expansão em direção ao rio Paranapanema e de expulsar os jesuítas. Em 1674, após nova expedição bandeirante, ocorre a expulsão dos jesuítas e dos colonizadores espanhóis que se retiraram para o Paraguai (WACHOWICZ, 2001, p. 27-42).

A retirada dos espanhóis para o Paraguai não significou, contudo, a imediata ocupação do território do Guairá pelos colonizadores portugueses e pelos bandeirantes paulistas. A região continuou a ser ocupada pelos povos

---

[6] As Sete Quedas do Rio Paraná eram um complexo de cachoeiras com cerca de 114m de altura que foram submersas em outubro de 1982 pela construção da Usina Hidrelétrica de Itaipu. O volume de água das Sete Quedas era tão grande que os seus sons "[...] eram ouvidos até 32 quilômetros de distância [...]" (SANTOS, 2006, p. 14).

[7] Há divergências quanto ao número exato de missões jesuíticas que existiram na Província de Guairá. Parellada (1997, p. 10, p. 16) localizou 15 em seu mapa, porém algumas acompanhadas de pontos de interrogação por não haver comprovação arqueológica de suas existências ou de suas localizações exatas. Cardozo (1938, p. 97) numerou e localizou 12 missões. Já Maack (2017, p. 86, 87) elencou 23, colocando Tambó, que era uma vila espanhola, em sua lista de reduções jesuíticas.

Guarani e Kaingang e os portugueses passaram a colonizar o Paraná a partir do litoral, dando continuidade ao domínio que já haviam estabelecido em Paranaguá em 1648 e em Curitiba em 1693 (WACHOWICZ, 2001).

Durante o século XVIII, diversas bandeiras e expedições militares portuguesas adentraram os interiores do Paraná em busca de ouro e outros minerais considerados preciosos e para fazer o reconhecimento do sistema dos rios Ivaí, Piquiri e Iguaçu. Com essas expedições e com a assinatura do Tratado de Madrid no ano de 1750, a colonização portuguesa se estendeu até os Campos Gerais no Segundo Planalto Paranaense, onde foram estabelecidas as vilas de Guarapuava[8] e de Ponta Grossa[9] em 1849 e 1855, respectivamente (MAACK, 2017, p. 90-103).

No período entre a criação de Guarapuava e de Ponta Grossa, o Paraná foi emancipado e elevado a província independente de São Paulo, através da Lei n.º 704, de 2 de agosto de 1953, aprovada pelo Império brasileiro. Durante a primeira metade do século XIX, parte das populações e dos políticos de Paranaguá, Morretes, Curitiba, Castro, Antonina e Vila do Príncipe tiveram diversas iniciativas para reivindicar a autonomia política do Paraná de São Paulo (PRIORI *et al.*, 2012, p. 18).

Essas manifestações, conjuntamente com a crescente preocupação por parte do Império de sofrer invasões territoriais pelos países vizinhos, fez com que o assunto da emancipação do Paraná ganhasse mais evidência. Apesar da forte resistência dos políticos paulistas, em dezembro de 1853 ocorreu a "[...] instalação solene da nova província, tomando posse o primeiro presidente, Zacarias Góes e Vasconcellos" (PRIORI *et al.*, 2012, p. 21).

Na década de 1830, o Império criou um povoado chamado de Vila Boa ou Palmas do Sul, onde atualmente está estabelecido o sudoeste do Paraná[10] (HEINSFELD, 2014, p. 73). As definições geopolíticas da região, entretanto, foram concretizadas ao longo do século XX.

De acordo com Wachowicz (1985, p. 65), essa região, até a década de 1930, possuía uma baixa população, com cerca de 3.000 caboclos e indígenas dos povos Kaingang e Guarani, não recenseados nesse período. Esse baixo contingente populacional pode ter sido um dos motivos pelos quais as fronteiras do sudoeste do Paraná passaram por diversos conflitos até estabelecer definitivamente seus limites atuais, que podem ser vistos na Figura 3.

---

[8] A vila de Guarapuava foi criada pela Lei Provincial de São Paulo n.º 14, de 21 de março de 1849. Disponível em: https://cidades.ibge.gov.br/brasil/pr/guarapuava/historico. Acesso em: 5 abr. 2022.

[9] A vila de Ponta Grossa foi criada pela Lei Provincial do Paraná n.º 34, de 7 de abril de 1855. Disponível em: https://cidades.ibge.gov.br/brasil/pr/ponta-grossa/historico. Acesso em: 5 abr. 2022.

[10] Além do sudoeste, o estado do Paraná possui outras nove regiões: Oeste, Centro-Sul, Centro-Ocidental, Noroeste, Norte-Central, Norte-Pioneiro, Sudeste, Centro-Oriental e Metropolitana.

Figura 3 – Mapa da região sudoeste do Paraná atual

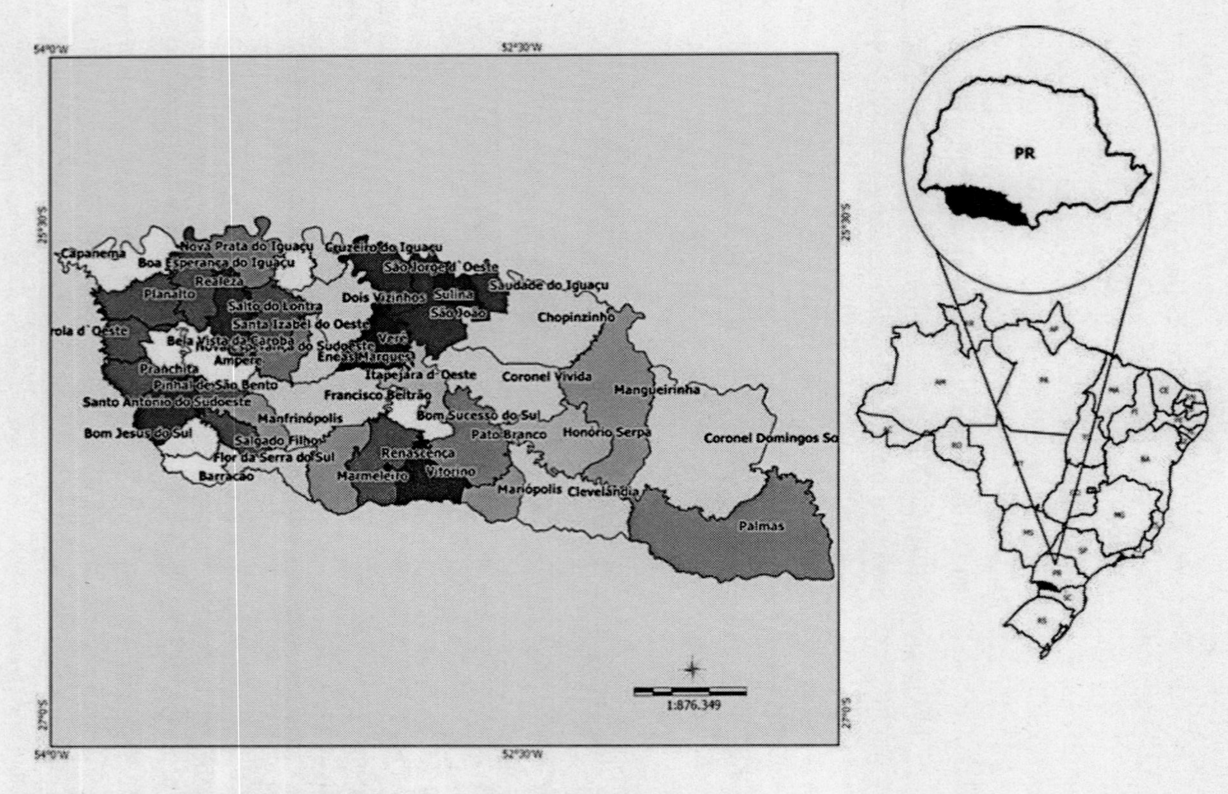

Fonte: Caderno Territorial, Ministério do Desenvolvimento Agrário (2015)

O sudoeste abrange uma área de 1.163.842,64 hectares e está localizado no Terceiro Planalto Paranaense[11], na faixa de fronteira com a República da Argentina no extremo oeste, ao sul do rio Iguaçu, fazendo divisa com o estado de Santa Catarina ao sul (IPARDES, 2004). Conforme pode ser observado na Figura 3, atualmente 42 municípios compõem a região, que são, em ordem alfabética, Ampére, Barracão, Bela Vista da Caroba, Boa Esperança do Iguaçu, Bom Jesus do Sul, Bom Sucesso do Sul, Capanema, Chopinzinho, Clevelândia, Coronel Domingos Soares, Coronel Vivida, Cruzeiro do Iguaçu, Dois Vizinhos, Enéas Marques, Flor da Serra do Sul, Francisco Beltrão, Honório Serpa, Itapejara D'Oeste, Manfrinópolis, Mangueirinha, Mariópolis, Marmeleiro, Nova Esperança do Sudoeste, Nova Prata do Iguaçu, Palmas, Pato Branco, Pérola D'Oeste, Pinhal de São Bento, Planalto, Pranchita, Realeza, Renascença, Salgado Filho, Salto do Lontra, Santa Izabel do Oeste, Santo Antônio do Sudoeste, São João, São Jorge D'Oeste, Saudade do Iguaçu, Sulina, Verê e Vitorino.

Em uma via de mão dupla, o sudoeste atrasou o processo de definição geopolítica e de fronteiras do estado do Paraná, que, por sua vez, também reconheceu geopoliticamente a região tardiamente. Foram necessárias algumas décadas para definir suas fronteiras políticas, passando por litígios e conflitos armados, como nos casos da Questão de Palmas, entre o Brasil e a Argentina, da Guerra do Contestado, entre os estados do Paraná e de Santa Catarina, parte da população dos dois estados, e a companhia de colonização *Brazil Railway Company* e sua subsidiária Lumber and Colonization. Posteriormente, houve a criação do Território Federal do Iguaçu, quando o governo federal desmembrou o oeste de Santa Catarina e o sudoeste e oeste paranaenses para dar origem ao Iguaçu.

Chama-se de Questão de Palmas o litígio entre o Brasil e a Argentina pelas regiões onde hoje estão o sudoeste do Paraná e o oeste de Santa Catarina, que resultou em uma disputa diplomática entre os anos de 1857 e 1895, cujas origens remontam ao período colonial (WACHOWICZ, 1985, p. 27).

A partir de 1830, porém, criadores de gado brasileiros iniciaram a ocupação com um povoado denominado de Palmas do Sul ou Boa Vista, como mencionado anteriormente, na região reivindicada pela Argentina (HEINSFELD, 2014, p. 73). O governo imperial brasileiro tinha interesse em ter um espaço seguro no território contestado pela Argentina, pois ele era fundamental para as comunicações do Rio Grande do Sul com o restante do Império, motivo que levou a uma ocupação efetiva de Palmas

[11] Até os dias atuais uma das referências mais utilizadas sobre a formação geológica paranaense é a obra "Geografia física do estado do Paraná", de Reinhard Maack. Para esse autor, o Paraná está dividido em cinco regiões: Litoral, Serra do Mar, Primeiro Planalto, Segundo Planalto e Terceiro Planalto (MAACK, 2017, p. 138).

e Campo-Erê/SC entre os anos de 1836 e 1840. Desde o ano de 1865 até 1876 a disputa ficou "esquecida", segundo Heinsfeld (2014, p. 81), devido à formação da Tríplice Aliança e à Guerra do Paraguai.

Mesmo que o território contestado na Questão de Palmas pertencesse à Argentina pelas fronteiras estabelecidas entre Portugal e Espanha no período da colonização, os moradores de Campo-Erê/SC na segunda metade do século XIX registravam suas propriedades na comarca de Palmas "[...] sem contestação alguma por parte da Argentina até 1881, embora parece que o governo argentino já demonstrava preocupação antes de reivindicar oficialmente aquele território [...]" (HEINSFELD, 2014, p. 80).

Não chegando a nenhum consenso, as diplomacias de ambos os países resolveram recorrer a um arbitramento internacional à resolução do caso, para o qual foi escolhido o presidente dos Estados Unidos, Grover Cleveland, para o julgamento (HEINSFELD, 2014, p. 128).

Nesse processo, foi fundamental o papel desempenhado pelo Barão de Rio Branco, o senhor José Maria da Silva Paranhos Júnior, então ex-ministro das relações interiores do Império brasileiro. O Barão de Rio Branco foi um grande estudioso da história e da geografia da formação do Império, o que, entre outros importantes fatores, o auxiliou na construção da defesa brasileira. Em 6 de setembro de 1895, Grover Cleveland emitiu sua sentença pela qual o Brasil foi vitorioso. Em homenagem ao presidente dos Estados Unidos, o pequeno povoado de Boa Vista ou Palmas do Sul foi rebatizado de Clevelândia no ano de 1909 (HEINSFELD, 2014, p. 131, 149).

No início do século XX, o Paraná passou por outra situação de disputa, que teve como consequência a Guerra do Contestado. Essa Guerra não envolveu apenas o Estado em si, mas uma grande população que se uniu em um grande movimento social de luta pela terra nos estados de Santa Catarina e do Paraná. O movimento social da Guerra do Contestado, adverte Machado (2001, p. 4) já em sua introdução, foi um movimento heterogêneo e de "exaltação milenar com fortes características messiânicas", mantendo-se dessa forma até o seu fim em 1916.

A luta pela terra se deu entre a população cabocla da região, a companhia de colonização *Brazil Railway Company* e sua subsidiária *Lumber and Colonization* e entre os estados do Paraná e de Santa Catarina[12]. Entre os

[12] O historiador Ruy Wachowicz (1987, p. 19) demonstra como a elite paranaense das cidades da região do Contestado ficou descontente com a decisão final e temiam que o governo de Santa Catarina pudesse tratar a região com (in)diferença por ter sido, anteriormente, território paranaense. Com esse argumento, essa elite protocolou na Assembleia Legislativa do Paraná a ideia de criar o Estado das Missões naquela região, independente do Paraná e de Santa Catarina. A idealização do Estado, no entanto, não agradou nem os governos estaduais e menos ainda o governo federal, decidindo-se que 20.000km² da região ficariam para o Paraná e 28.000km² para Santa Catarina.

municípios envolvidos na guerra, estava o de Palmas/PR. Muitos caboclos se deslocaram de Palmas e de outros municípios envolvidos no conflito em direção ao sudoeste (MONDARO, 2012, p. 83-86).

Entre os anos de 1913 e 1920, o governo do Paraná realizou doações de terras localizadas no sudoeste à Estrada de Ferro São Paulo-Rio Grade (EFSPRG), subsidiária da *Brazil Railway Company*. Essas doações ocorreram em virtude de contratos assinados entre o governo paranaense e a EFSPRG para construção de ferrovias no estado (LAZIER, 1983, p. 42).

As áreas das doações supramencionadas foram denominadas de glebas Missões e Chopim, e ocupavam quase todo o território sudoestino, como ilustra a Figura 4. Na década de 1930, o empresário José Rupp arrendou terras consideradas devolutas sob jurisdição do estado de Santa Catarina para realizar extração de erva-mate e de madeira. Por entender que detinha a concessão das áreas arrendadas a José Rupp pelo estado de Santa Catarina, a EFSPRG iniciou uma disputa judicial, requerendo mandado de manutenção das terras. Além disso, a EFSPRG apreendeu quantidades de erva-mate e de madeira já extraídas por José Rupp (GOMES, 1986, p. 34).

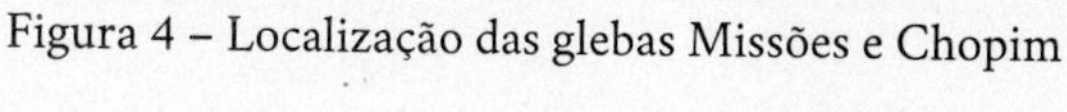
Figura 4 – Localização das glebas Missões e Chopim

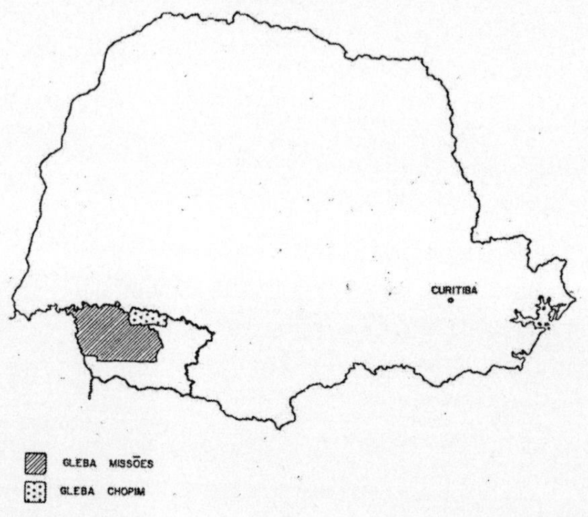

Fonte: Colnaghi (1984, p. 4)[13]

[13] Em 1984, Palmas era considerado parte do Centro-Sul do Paraná e por isso está fora da área demarcada como sudoeste. Pela Lei n.º 15.825, de 28 de abril de 2008, do estado do Paraná, Palmas e os municípios de Clevelândia, Honório Serpa, Coronel Domingos Soares e Mangueirinha reintegraram o sudoeste. Disponível em: Lei n. 15.825 de 28 de abril de 2008 (alep.pr.gov.br). Acesso em: 4 abr. 2022.

Os produtos de José Rupp apreendidos pela EFSPRG foram extraviados, o que causou uma reviravolta na disputa judicial. A justiça entendeu, com isso, que o empresário tinha sido economicamente lesado e em 1938 penhorou as glebas Missões e Chopim a José Rupp (LAZIER, 1983, p. 46).

No processo de expansão do Estado Nacional em direção ao oeste, o governo de Getúlio Vargas entrou na disputa judicial alegando a impenhorabilidade das glebas, reivindicando-as para o patrimônio nacional (GOMES, 1986, p. 34). José Rupp, então, pediu indenizações na justiça. Não obtendo os resultados que desejava, o empresário vendeu os seus direitos sobre as glebas Missões e Chopim para a Clevelândia Industrial Territorial Ltda. (CITLA) em julho de 1950, para que esta cobrasse do Poder Público a indenização (LAZIER, 1983, p. 46).

Concomitantemente aos processos descritos, nas décadas de 1920 e 1930 geógrafos e estudiosos de outras áreas ligados ao Estado brasileiro passaram a (re)discutir a demanda por uma redivisão administrativa do território nacional. A partir dessa discussão, surgiu a idealização dos territórios federais nas regiões de fronteiras do Brasil com outros países. A região do sudoeste do Paraná e a região oeste de Santa Catarina já haviam passado pelo litígio da Questão de Palmas e não era do interesse do governo brasileiro que isso se repetisse. Assim, o governo federal justificou-se e criou no oeste catarinense e sudoeste paranaense o Território do Iguaçu, com capital na cidade de Laranjeiras do Sul[14] (PRIORI *et al.*, 2012, p. 65).

O Território Federal do Iguaçu foi criado em 1943 através do Decreto--Lei n.º 5.812 do dia 13 de setembro. O documento ainda criou os Territórios Federais de Ponta Porã e Guaporé, Rio Branco e Amapá nos estados de Mato Grosso, Pará e Amazonas, respectivamente.

É válido ressaltar que nesse período, ou seja, na década de 1940, o governo varguista possuía fortes marcas nacionalistas (LENHARO, 1986) que estavam muito patentes nesse contexto com a Segunda Guerra Mundial (HOBSBAWM, 1994). Diante disso, o intuito do governo de Getúlio Vargas era a ocupação efetiva e rápida do sudoeste do Paraná, além da tentativa de despertar em seus habitantes sentimentos de nacionalismo, de brasilidade e resolver o que parte dos intelectuais e os governos nacional e estadual da época denominavam de vazio demográfico, já que na região predominavam os povos indígenas e as populações caboclas, que não tinham identificação com a nação sudoeste (MONDARO, 2012).

[14] Em visita ao local, pode ser observado o Palácio da administração pública do Território do Iguaçu, que ainda se encontra erigido, porém abandonado, sem nenhum cuidado patrimonial.

Com o fim do Estado Novo em 1945, o governo paranaense aproveitou a abertura para realizar uma aliança com os governos de Santa Catarina e Mato Grosso para desfazer o Território do Iguaçu e o de Ponta Porã. Assim, o político paranaense Munhoz Bento Neto apresentou para a elaboração da Constituição de 1946 a emenda que determinaria o fim dos territórios Iguaçu e Ponta Porã, sancionada pelo presidente da república, Eurico Gaspar Dutra, conseguindo reintegrar as áreas aos seus antigos estados.

Alguns meses antes da criação do Território Federal do Iguaçu, resolvidas essas questões territoriais na região, o então presidente do Brasil, Getúlio Vargas, criou a Colônia Agrícola Nacional General Osório (CANGO), na cidade de Francisco Beltrão, através do Decreto n.º 12.417, de 12 de maio de 1943, com o intuito de colonizar a região (PRIORI *et al.*, 2012).

Na década seguinte o sudoeste do Paraná passa novamente por conflitos. Em 1957, após alguns anos da confusa atuação da CITLA, aconteceu a Revolta dos Posseiros. Após negociar os créditos de indenização pelas glebas Missões e Chopim com José Rupp, a CITLA encontrou lacunas para explorar imóveis no sudoeste. Ao se instalar na região enquanto reivindicava as terras na justiça, a companhia passou a agir com violência e cobrar pelas terras onde colonos migrantes já estavam estabelecidos em troca de títulos, que não tinham validade, situação essa que desencadeou a Revolta (GOMES, 1986).

No início da década de 1960, com o intuito de resolver os problemas fundiários na região, foi criado pelo governo federal, por meio do Decreto n.º 51.431, de 19 de março de 1962, o Grupo Executivo para as Terras do Sudoeste do Paraná (GETSOP). Esse grupo atuou na região por pouco mais de 10 anos e conseguiu estabilizar os conflitos agrários na área da gleba Missões (LAZIER, 1983, p. 106). As transações sobre os imóveis Missões e Chopim que desencadearam a Revolta dos Colonos de 1957 será retomada no capítulo 3.

A historiografia paranaense, de forma geral, considera que a ocupação efetiva do sudoeste do Paraná teve início na década de 1940, especialmente após a criação da CANGO. Até esse período, essas terras eram habitadas por indígenas e por uma baixa população de caboclos. É possível verificar em vários casos que esse consenso historiográfico pode ter se originado em razão de teorias e dos conceitos alicerçados em dualidades como, por exemplo, caboclo/colono, tradição/cultura, atividade de extração/atividade de agricultura, agricultura primitiva/agricultura mecanizada, serrarias artesanais/serrarias industrializadas, entre outras. Não se nega a existência ou a importância dessas categorias, o que se problematiza é que as atividades dos caboclos, chamadas de primitivas ou artesanais, por exemplo, não lhes excluem o sentido histórico, são todos sujeitos e processos históricos.

O que se procura evidenciar é que as populações antecedentes à chamada colonização do sudoeste do Paraná têm a mesma importância histórica que as populações colonizadoras que chegaram à região após a década de 1940. Entretanto, acredita-se que o uso de determinados dualismos históricos por análises já existentes por vezes produz e reproduz certa invisibilidade de tais sociedades. É possível que seja essa a razão para grande parte dos historiadores que exploram temáticas ligadas à região encontrar sentido histórico apenas na urbanização, na industrialização e no capitalismo.

A partir da década de 1930 teve início uma nova forma de manejo do ambiente na região que causou a devastação da Floresta Ombrófila Mista. A nova forma de manejo opunha-se àquela praticada pelos povos Guarani e Kaingang que habitavam a região, que causava impactos incomparavelmente menores para a FOM.

A devastação ambiental iniciada nesse período, além da atuação dos migrantes madeireiros, também contou com a perspicácia da elite paranaense que, interessada em ocupar a região, criou representações que projetavam o sudoeste do Paraná como um local desocupado, desumanizado e no qual a civilidade daqueles que o difamavam precisava penetrar.

A produção historiográfica sobre o sudoeste do Paraná conta com importantes análises produzidas nas últimas décadas que colocaram em evidência como intelectuais ligados à elite do estado construíram representações depreciativas sobre a região, passando por conceitos como "vazio demográfico" e "sertão", como se demonstra a seguir.

1.1.1 Civilizando a floresta: a produção de representações depreciativas da natureza, o sertão e o vazio demográfico na região sudoeste do Paraná

Os primeiros registros literários e de documentos oficiais do estado do Paraná permitem o entendimento de que a região sudoeste do Paraná começou a ser representada de forma depreciativa em Curitiba em finais do século XIX e até a primeira metade do século XX, nomeada como lugar sem lei, sem civilidade e dominada por criminosos, conforme analisou Mondaro (2012, p. 57-67). E, mais grave, essas representações, geralmente, invisibilizaram as sociedades indígenas que habitavam, e habitam, a região imemorialmente[15]. Nesse sentido, a análise de algumas categorias é fundamental para a compressão desse processo. Com base em autores que centralizaram suas pesquisas no estudo da construção desses discursos, examina-se tal construção adiante, aprofundando-a e considerando o ser humano como um elemento da natureza.

Em seus estudos sobre o tema, Mondaro (2012, p. 58) afirma que a categorização do sudoeste do Paraná enquanto região passou inicialmente pela noção de sertão, utilizada, a princípio, por intelectuais, militares e políticos da capital do estado que assim a designavam. O autor destaca o livro *Pela Fronteira* (1903), de Domingos Nascimento, como uma das obras que teve maior relevância nesse sentido. Domingos Nascimento, militar com notada influência na política do Paraná, realizou uma viagem à região a oeste do município de Palmas/PR no final do século XIX e produziu a obra citada com o intuito de elaborar uma representação do interior do estado.

Os ideais de Domingos Nascimento estavam ligados a discursos de progresso característicos de sua época. Descreveu o que chamou de oeste do Paraná, que inclui as atuais regiões sudoeste e oeste, como uma fronteira da civilização, como um lugar de natureza em estado "semivirgem", o que, para ele, era sinal de solidão, de trevas, de um lugar inóspito e bruto. Era uma região com densas florestas que a criatividade literária era incapaz de narrar, segundo o autor, e que detinha muitos recursos passíveis de serem convertidos em riqueza econômica (NASCIMENTO, 1903).

Para Domingos Nascimento, o governo do Paraná e a iniciativa privada, que em diversas ocasiões eram compostas pelas mesmas pessoas, deveriam ficar atentos a essa região. Por isso, o autor afirmou que a sua intenção era a de "[...] chamar atenção dos poderes públicos e da iniciativa particular para aqueles lados que, obstinadamente afirmo, estão destinados a ser o empório de maior comercio do sul do Brasil [...]" (NASCIMENTO, 1903, p. 3).

[15] Habitação imemorial diz respeito à ocupação tradicional de um determinado povo indígena que não é possível localizar no tempo cronológico. É utilizada em laudos antropológicos e serve de base para assegurar os direitos dos povos indígenas previstos na Constituição Federal de 1988, conforme demonstram as discussões do artigo "Terras indígenas: uma análise dos critérios constitucionais estabelecidos para a sua caracterização", de Iara Menezes Lima e Lívia Mara de Resende (2012). Essa noção também é utilizada em diversas publicações do portal Povos Indígenas do Brasil do Instituto Socioambiental nos casos em que não é possível precisar o ano em que um povo indígena iniciou a habitação de certo local, conforme se pode acessar no seguinte endereço: Povos Indígenas no Brasil (socioambiental.org).

Essa perspectiva de Nascimento era acompanhada de coerentes argumentos que colocavam a região sudoeste na condição de um lugar que demandava cuidados por um grupo social que, supostamente, possuía melhores condições intelectuais para realizar essa tarefa. Trata-se de uma dualidade comumente encontrada nos discursos de progresso científico do século XIX que colocava as sociedades civilizadas em oposição às bárbaras. Logo, para ele, a região de Curitiba era civilizada e o sudoeste, bárbaro, como afirma Mondaro (2012, p. 60).

Para além dos méritos da obra literária e da viagem tendo como principal meio de transporte muares, essas noções duais apresentadas pelo autor acabaram por justificar a dominação dos poderes político e econômico da capital sobre o interior, sobre as sociedades indígenas e caboclas que lá viviam e sobre a natureza de forma geral. A construção desse panorama para representar o sudoeste esteve ligada, portanto, a um sistema hegemônico que denominava sertão os lugares cujas sociedades e natureza não estavam sob seu domínio. Nesse sentido, destaca Mondaro (2012, p. 60), "[...] O sertão aparece distante da civilização, espaço atrasado, arcaico e que precisa ser modificado, transformado, dominado, racionalizado".

As modificações a que se referiu Mondaro (2012), citadas anteriormente, faziam parte dos objetivos dos governos estadual e federal, e em alguns casos se confundiam com interesses de iniciativas privadas. Por isso, tanto em nível federal como estadual, havia a preocupação em ocupar a região com grupos que tivessem identificação com os sentimentos de nacionalismo, de brasilidade, com as relações capitalistas às quais estavam ligadas as elites nacional e paranaense que ocupavam, em grande parte, os governos e os cabedais imobiliário e madeireiro (FOWERAKER, 1982; COLNAGHI, 1984; GOMES, 1986; WACHOWICZ, 1985; MONDARO, 2012; PRIORI *et al.*, 2012; SCHOLTZ, 2015).

Decorridas algumas décadas desde a publicação da obra de Domingos Nascimento, outros notáveis intelectuais teorizaram e corroboraram a construção de representações do sudoeste do Paraná externa à população que o habitava. Pode ser considerado um deles Leo Waibel, renomado geógrafo alemão que era ligado a correntes de pensamento que defendiam a colonização por meio da migração incentivada pelo Estado. Chamando as áreas de colonização de zona pioneiras, Waibel escreveu especificamente sobre o sudoeste do Paraná:

> Em 1942, o estado do Paraná estabeleceu a colônia de Pato Branco, a oeste dos campos de Palmas a uma altitude aproximada de 800 metros. Italianos, alemães e polacos do Rio

> Grande do Sul constituem a maior parte da população da colônia. Este é, provavelmente o começo de uma nova zona pioneira, que se expandirá para oeste e para norte (WAIBEL, 1949, p. 117).

O que se problematiza, nesse caso, é a normalização do que o autor denominou de zona pioneira, pois o suposto pioneirismo também invisibilizava as populações que já habitavam a região. Referindo-se ao sul do Brasil de maneira geral, o autor defendia que os migrantes europeus e seus descendentes agiriam como soldados para defender as colônias onde fossem habitar. Com base no contexto que conheceu no Brasil e na experiência da Europa, o autor pleiteou o seguinte:

> O governo brasileiro resolveu colonizar essas matas a fim de fazer retroceder ou eliminar os índios. Mas que espécie de gente deveria ser colocada nessas florestas densas e inaccessíveis? [...] O novo tipo de colono deveria ser tanto um soldado como um agricultor, para poder tanto defender sua terra como cultivá-la. Onde poderia ser encontrado esse tipo de colono? Na Europa, naturalmente; e especialmente na Europa Central, onde soldados desengajados dos exércitos de Napoleão e camponeses pobres oprimidos estavam prontos a emigrar para qualquer país do mundo (WAIBEL, 1949, p. 165-166).

Outro importante geógrafo que reforçou a estigmatização do sudoeste foi Nilo Bernardes, com a noção de vazio demográfico. No ano de 1952, em seu trabalho intitulado "Expansão do povoamento no estado do Paraná", publicado pela *Revista Brasileira de Geografia*, o autor defendia que a região sudoeste do Paraná detinha um vazio demográfico, que era uma região sem povoamento[16]. Sua definição de povoamento levava em consideração aspectos econômicos e por isso menosprezava a presença dos povos indígenas e dos núcleos formados por caboclos no sudoeste do Paraná. Afirmou que: "[...] uma região é considerada 'povoada' quando já se esboça uma organização econômica e há, apesar da precariedade das comunicações, um regime de trocas com a retaguarda, isto é, com os centros mais civilizados [...]" (BERNARDES, 1952, p. 429).

Essa visão vinculada a aspectos econômicos retira das populações que possuem relações sociais pautadas em outros fundamentos da vida, como era o caso das sociedades indígenas naquele período, o direito da existência,

---

[16] No trabalho em questão, o autor aborda também outras áreas do Paraná, como a região de Campo Mourão e o extremo oeste do estado, locais nos quais ainda havia florestas, chamadas pelo autor de "mata deserta" (BERNARDES, 1952, p. 429).

pois pressupõe que se um território não é regulado pelas relações capitalistas não pode ser considerado povoado. Ainda segundo tal perspectiva, há uma clara oposição entre pequenos núcleos populacionais e os "centros", sendo esses últimos considerados mais civilizados.

O entendimento de Nilo Bernardes era restrito às populações humanas. Quanto às demais populações, de fauna, flora e vida aquática, essa vertente de pensamento marcada pela priorização da atividade econômica tendeu a ser ainda mais cega. A figura do colono difundida nos estados do Rio Grande do Sul e de Santa Catarina era idealizada pelo autor para "vencer" a natureza, vista como um impedimento ao povoamento. Em relação à expansão de povoamento nas áreas de florestas no Paraná na primeira metade de século XX, ou seja, as regiões a oeste dos municípios de Palmas e Guarapuava, afirmou o autor que:

> Surge, agora, um novo tipo social, já há muito conhecido nos outros dois estados mais meridionais, o "colono", que empreende uma tarefa até então negligenciada: **abater a mata virgem**, cultivar grandes áreas contíguas e expandir-se cada vez mais para o interior, em direção ao oeste (BERNARDES, 1952, p. 438, destaques meus).

Como é notável no discurso do geógrafo, a existência das florestas era entendida como um impeditivo, como um corpo que deveria dar espaço a outro. O sentido da existência da "mata virgem", nessa perspectiva, parecer ser a sua destinação às demandas econômicas, dando licença à construção de povoamentos. Nesse caso, a floresta com araucária era a própria justificativa da noção de vazio demográfico, isto é, se havia floresta não havia pessoas, encobrindo, com isso, as populações que habitavam a região conjuntamente à floresta.

O desejo obstinado pela expansão de povoamentos era tão grande que Nilo Bernardes chegou a avaliar como prejudicial a existência de serrarias no oeste do Paraná. Para ele, as serrarias eram um empreendimento típico da ocupação pioneira realizada por migrantes e/ou colonos. Apesar de considerar a figura do colono como ideal para o avanço dos povoamentos nas zonas de mata do Paraná, Bernardes (1952) acreditava que em muitos casos as suas serrarias agiam de forma demasiadamente lenta, retardando a integração da região por não derrubar grandes áreas florestais que eram compradas e conservadas temporariamente como uma espécie de poupança, como recurso em potência pelas empresas madeireiras.

Utilizando outras regiões do sul do estado do Paraná e do estado do Rio Grande do Sul como exemplos, assim escreveu o autor:

> Bem ou mal sucedida, a colonização europeia, entre outras consequências, constitui um novo *stock* humano cuja proliferação daria rapidamente os frutos esperados aumentando a área ocupada e a densidade da população. [...] Ligada a esse fato, não se deve negligenciar a ação importante das serrarias no devassamento do território. [...] Nos dias atuais, com o emprego generalizado dos caminhões, as serrarias quase todas exploradas por fortes capitais contribuem grandemente na abertura e conservação de estradas. Por outro lado, deve-se considerar que se a serraria é um elemento de ocupação pioneira, como se tem revelado no oeste, tem, de certo modo, um papel negativo porque, reservando grandes áreas para a exploração da floresta retarda a ocupação destas por uma população rural mais densa (BERNARDES, 1952, p. 442-443).

A crítica de Bernardes, portanto, era em relação à lentidão com que as iniciativas pública e privada devastavam a região. Enquanto houvesse floresta, haveria o "problema" do vazio demográfico. Argumentos como esses foram fundamentais para o avanço do capital madeireiro no sudoeste do Paraná.

Apesar da mudança de conceitos, a mudança dos termos, é possível vislumbrar aspectos comuns entre as propostas de Domingos de Nascimento e de Nilo Bernardes, especialmente no entendimento da natureza puramente como recurso econômico ou como barreira para a expansão da ocupação de um projeto colonizador do Estado, além do menosprezo às sociedades que viviam na região sudoeste do Paraná.

Esses discursos impactaram a produção intelectual em diferentes épocas, como é o caso de estudos de Roberto Lobato Correa (1970a), de Ricardo Abramovay (1981), de Hermógenes Lazier (1983) e de Wachowicz (1985), que consideraram em suas análises que o sudoeste era um lugar praticamente despovoado e que o caboclo era um ser limitado. De forma semelhante aos intelectuais citados no parágrafo anterior, Correa, Abramovay e Lazier e Wachowicz também detinham preferência por examinar a sociedade pelo prisma econômico com tendências dualistas, opondo o atrasado ao moderno, o civilizado ao sertão e a natureza à cultura.

Além disso, tais discursos ressoaram na construção do sudoeste do Paraná como é conhecido atualmente. Em suas análises sobre a construção de uma identidade eurocêntrica na região, o historiador Protásio Paulo

Langer afirmou que as sociedades indígenas e caboclas foram ocultadas, ou encobertas, principalmente por meio da constituição de símbolos e monumentos e de trabalhos acadêmicos (LANGER, 2009, p. 39; 2010, p. 13-39). O capital madeireiro e o capital imobiliário, representados tanto por parte dos migrantes que chegaram à região como por indivíduos da elite paranaense que jamais moraram no sudoeste, encontravam nessas representações um contexto promissor para o avanço de suas atividades.

A natureza do espaço onde se configurou o sudoeste do Paraná foi menosprezada, pois o olhar econômico que recaiu sobre a região não podia percebê-la de outra forma que não fosse subjugá-la a recurso econômico ou a obstáculo à formação de povoamentos. Esse fenômeno, apesar de suas peculiaridades, ocorreu em outros países e momentos da história humana. Mota (2009), por exemplo, inspirado na obra *Desenvolvimento desigual: natureza, capital e a produção do espaço*, de Neil Smith (1988), fez comparações entre o avanço da colonização sobre o sudoeste do Paraná e o caso dos Estados Unidos. Assim como no caso apresentado por Neil Smith, Mota (2009) demonstrou que a natureza no Paraná foi representada, ao longo de quase todo o século XX, por um misto de hostilidade e idolatria.

Essas representações constituíram uma forma de violência ambiental, conforme se explicará no item 1.6 deste trabalho. Foram construídas por meio dos discursos oficiais hegemônicos elaborados por intelectuais, por políticos e por empresários paranaenses que em muitos casos eram as mesmas pessoas que tinham altas expectativas econômicas em relação ao sudoeste do Paraná, para não dizer que praticavam *lobby*. A seguir serão apresentadas e discutidas as populações indígenas, caboclas e migrantes que participaram da edificação da região em foco.

1.2 AS POPULAÇÕES INDÍGENAS: OS POVOS KAINGANG E GUARANI

Até finais do século XIX e início do século XX, o sudoeste do Paraná era habitado amplamente por povos indígenas, como se evidencia adiante. Parte dessas sociedades permanecem na região e vivem em pequenas reservas criadas em seus territórios imemoriais.

Esses povos indígenas são o Kaingang e o Guarani Mbyá, que detinham formas de vida completamente ligadas à FOM, tirando dali seus alimentos (pinhão), suas medicinas, seus chás, seus estimulantes (*Ilex paraguariensis*), materiais para cestaria (bambus e palmeiras), além da sua ligação transcendental com espécies como o pinheiro (*Araucária angustifolia*), por exemplo (FERNANDES; PIOVEZANA, 2015). Acrescentam-se, ainda, os rios e riachos que também forneciam alimento e hidratavam essas sociedades.

Dessa forma, resume-se a seguir a organização social e um pouco da história das relações interculturais dessas sociedades. Existem muitas publicações sobre os Kaingang de Mangueirinha, que serão citadas adiante. Já sobre os Guarani que habitavam principalmente o território chamado de gleba Missões, as fontes são escassas.

1.2.1 Gleba Missões: território Guarani

As áreas atualmente ocupadas por municípios como Francisco Beltrão foram, no passado, territórios indígenas. Diferentemente de outros casos em que, apesar do avanço da colonização, as sociedades indígenas conseguem coexistir em seus territórios, os Guarani que habitavam essa região não tiveram chances. A essa sociedade não restou nada de seu território.

Langer (2009) realizou um estudo demonstrando como a sociedade Guarani e seus símbolos foram exterminados e sua memória encoberta pelas representações construídas pelos migrantes que colonizaram o sudoeste do Paraná, causando a falsa impressão de que aquele espaço nunca teria sido habitado por povos indígenas. Por meio de entrevistas com migrantes que chegaram à região nas décadas de 1940 e 1950, Langer (2009) conseguiu realizar um mapeamento de seis espaços que os Guarani ocupavam.

No município de Francisco Beltrão o autor localizou os, genericamente chamados, toldos de Jacutinga e 16 de Novembro. No município de Ampére o toldo de São Salvador, próximo à cabeceira do rio Ampére. Na foz do rio Ampére, no município de Capanema, havia outra aldeia cujo nome o autor não conseguiu identificar. Localizou também as aldeias Barra Grande, em Manfrinópolis, e Sarandi, em Santa Izabel do Oeste (LANGER, 2009, p. 41).

Langer (2009, p. 44) reuniu várias evidências para descobrir se os Guarani eram Mbyá ou Nhandeva e levou esse material à aldeia do Lebre dos Guarani Mbyá da Terra Indígena do Rio das Cobras em Nova Laranjeiras/PR. Lá, contextualizou o lugar e as fotos que possuía para um cacique que afirmou, com satisfação segundo o autor, que as pessoas da foto eram Mbyá. Outros familiares do cacique também confirmaram que eram Mbyá, inclusive sua mãe e anciã da aldeia.

Até ao menos as décadas de 1950 e 1960, a presença dos Mbyá nos municípios onde se localizavam suas aldeias era bem conhecida, e há indícios de que muitos dominavam também a língua portuguesa, embora sua língua materna seja o Guarani, que pertence ao tronco linguístico Tupi[17]. Tinham suas roças, praticavam, desde então, a venda de artesanatos para migrantes colonos e, em alguns casos, trabalhavam para eles em suas plantações (LANGER, 2009, p. 48, 49, 55).

Segundo Langer (2009, p. 47), alguns dos colonos que colaboraram como depoentes para a sua pesquisa relataram certa relação de reciprocidade com os indígenas, contando que quando uma família Guarani matava uma caça dividia com a família de migrantes, que faziam o mesmo quando tinham oportunidade. Essa situação, entretanto, parece ter sido pontual. Apesar de os Mbyá estarem dispostos a manter boas relações com os migrantes colonizadores, sofriam violência, havendo relatos de aldeias que foram queimadas, entre outras situações.

Em sua tese de doutorado, Flávio (2011) confirmou as conclusões de Langer (2009) e destacou, a partir de suas fontes, que "[...] a presença dos 'brancos' era reconhecida, pelos indígenas, como disputa territorial" (FLÁVIO, 2011, p. 116), pois os migrantes colonos já praticavam o genocídio dos povos indígenas no oeste e no sudoeste do Paraná há algum tempo, empurrando-os sempre mais adiante por intermédio do "[...] uso da violência e de técnicas consideradas superiores, cujo maior exemplo era as armas utilizadas para dizimar seus antepassados, em períodos pretéritos" (FLAVIO, 2011, p. 119).

O avanço da colonização promovida no sudoeste do Paraná a partir de 1940 impediu a continuidade da existência dos Guarani nos espaços em que tinham aldeias e nos quais foram fundadas as cidades de Francisco Beltrão, Ampére, Capanema e Santa Isabel do Oeste. Outra unidade do povo Guarani Mbyá conseguiu resistir à colonização do sudoeste e habita, atualmente, o Território Indígena Mangueirinha em uma área cedida pelos Kaingang, povo majoritário nesse território. Essa situação será analisada adiante, pois envolve uma série de fatores que pode ser mais bem explicada em conjunto com a história dos Kaingang de Mangueirinha.

---

[17] Tupi é um dos dois troncos linguísticos indígenas dos povos que habitam imemorialmente o território hoje brasileiro. O outro tronco é o Macro-Jê. Existem 19 famílias linguísticas pertencentes a esses dois troncos, 10 famílias para o tronco Tupi e outras 9 para o tronco Macro-Jê. Atualmente, são cerca de 180 línguas indígenas faladas no Brasil. De um lado, esse dado é bastante significativo; por outro lado, representa o genocídio que a colonização portuguesa causou, reduzindo as sociedades indígenas a cerca de 10% do que eram antes, pois se estima que existiam cerca de 1.200 línguas diferentes antes da colonização. Para mais informações e referências, recomenda-se o site Povos Indígenas no Brasil do Instituto Sociombiental, no seguinte endereço: https://pib.socioambiental.org/pt/L%C3%ADnguas.

1.2.1.1 Considerações sobre a cosmologia Mbyá

Para os Guarani Mbyá o mundo em que vivemos é identificado como a Nova Terra (Yvy Piaú). Esse mundo foi criado pelas divindades Mbyá para substituir a Primeira Terra. Katya Vietta (1995) explica que os habitantes da Primeira Terra que seguiam os preceitos e entoavam os cantos sagrados alcançaram a perfeição humana (aguyje) e possuem morada em conjunto aos deuses menores. Já os que não seguiam os preceitos e não entoavam os cantos divinos alcançaram o estado de indestrutibilidade na forma de animais, considerados seres inferiores. E "[...] é assim nesta forma [...] que se encontram na morada divina" (VIETTA, 1995, p. 76).

A vida na Nova Terra, ou seja, no mundo que habitamos, está completamente ligada à conduta dos seres na Primeira Terra. Com isso, a humanidade está sujeita a provações na Terra Nova, necessitando ter boa conduta para uma possível redenção. Segundo Vietta (1995), essa é uma das razões pelas quais os Guarani Mbyá migram ou migravam de forma constante, pois buscavam os lugares sagrados onde seus antepassados e divindades habitaram muito antes da colonização portuguesa.

A conduta desejável Guarani é traduzida por Vietta (1995) como modo de ser Mbyá. O modo de ser Mbyá consiste no amor mútuo e na reciprocidade, que são expressos em rituais e em momentos de trabalho, assim como é marcado pela "[...] negação e a rivalidade a tudo que está relacionado à sociedade envolvente" (VIETTA, 1995, p. 90), pois o modo de vida não indígena, ou dos brancos, representa para os Mbyá um comportamento não virtuoso.

1.2.2 Considerações sobre a cosmologia Kaingang

Mesmo com o avanço da colonização do sudoeste do Paraná, os Kaingang mantêm-se vivos e organizados. Sua língua é da família Jê, do tronco linguístico Macro-Jê, além de dominarem o português como segunda língua há décadas, com variações entre os seus territórios, de acordo com o linguista e indigenista Wilmar da Rocha D'Angelis (2002, p. 105).

Fassheber (2006, p. 34) explica que a organização social dos Kaingang é dividida em metades exogâmicas chamadas de Kamé e Kaĩru, que representam as direções do nascente e do poente (leste-oeste), e tem as subseções, respectivamente, Wonhétky e Votor. Trata-se de dois clãs com marcas próprias representadas através das pinturas corporais.

Esse sistema é totalizante e a partir dele os Kaingang realizam a classificação de todos os seres do mundo natural, bem como fazem juízo de valores duais, como forte/fraco, alto/baixo, entre outros. É uma sociedade patrilinear e uxorilocal, na qual os(as) filhos(as) pertencem sempre ao clã do pai, seja Kamé ou Kaĩru, e quando um novo matrimônio se forma, o casal deve morar na casa do pai da mulher para prestar serviços ao seu sogro. Essas duas regras sociais, a patrilinearidade e a uxorilocalidade, são fundamentais na organização da sociedade Kaingang e têm alcance global entre as aldeias do sul do Brasil, de acordo com Fassheber (2006, p. 35), incluindo a Reserva Indígena Mangueirinha.

1.2.2.1 Territórios Kaingang no sudoeste do Paraná

As habitações Kaingang no sudoeste do Paraná são imemoriais. Esse fato era do conhecimento do poder público pelo menos desde o século XIX. Segundo a antropóloga Cecília Helm (1997, p. 2–25), que desenvolve importantes trabalhos com os indígenas de Mangueirinha desde a década de 1980, os Kaingang possuem em sua tradição oral a memória da relação de um antigo e simbólico líder que havia estabelecido um acordo com o governo imperial para ficar com as suas terras. Trata-se do senhor Antonio Joaquim Cretã Krim-ton, que no século XIX estabeleceu relações com o Império por intermédio da Colônia Militar do Chopim, estabelecida onde posteriormente foi criada a cidade de Chopinzinho.

Por seus serviços prestados para a Colônia, Cretã recebeu como pagamento a garantia de posse do território que seu povo habitava em Mangueirinha. Já no início do século XX, o governo do Paraná, por meio do Decreto n.º 64, de 2 de março de 1903, criou a Reserva Indígena Mangueirinha. Os Kaingang[18], posteriormente, cederam uma pequena parte de sua área a uma população Guarani Mbyá que teve toda a sua terra grilada (HELM, 1997, p. 7).

A maior área com Floresta Ombrófila Mista na região sudoeste pertence à Reserva Indígena Kaingang de Mangueirinha, que possui uma área de 17.779,76 hectares entre os municípios de Mangueirinha (65%), Coronel Vivida (24%) e Chopinzinho (11%), conforme informações disponíveis no

[18] Sobre a história do povo Kaingang que habita o Paraná, de forma geral, recomenda-se a leitura de MOTA, L. T. **As guerras dos índios Kaingang**: a história épica dos índios Kaingang no Paraná: 1769-1924. Maringá: Eduem, 2009, especialmente as partes 2 e 3 da obra.

Portal Kaingang[19]. Do total da área, 8.975,76ha permanecem *sub judice* até os dias atuais, em virtude de processos que se arrastam desde a década de 1960, como se ilustra no capítulo 2.

Ainda no sudoeste, existe a Terra Indígena Palmas, que pertence a outro grupo Kaingang. Essa terra está localizada na fronteira dos estados do Paraná e de Santa Catarina, nos municípios de Palmas/PR e Abelardo Luz/SC. Essa área foi delimitada originalmente no Paraná pela Lei n.º 853, de 23 de março de 1909. Em 1961 sofreu uma grande redução e em 1983 teve início uma nova demarcação que não foi concluída. Até os dias atuais, os Kaingang de Palmas estão na posse de apenas 2.944 hectares dos 4.840 ha da demarcação de 1961. Esse núcleo segue sua luta pelo reconhecimento da área mínima de seu território[20]. A seguir, é analisada a história intercultural dos Kaingang e Guarani Mbyá da Reserva Indígena Mangueirinha.

1.2.2.2 História das relações interculturais dos Kaingang e Guarani de Mangueirinha

Como mencionado anteriormente, os Kaingang de Mangueirinha conservam em sua tradição oral dados importantes sobre a sua história, que podem ser conferidos, inclusive, em outras fontes. Foi por meio dessa oralidade que nos anos 1990 a antropóloga Cecília Helm (1997) documentou memórias sobre a ocupação imemorial de Mangueirinha ao entrevistar as pessoas mais velhas das aldeias. Dada a eficiência da cultura da oralidade dos povos indígenas para construir e ensinar as suas histórias para as novas gerações, intui-se que esses acontecimentos, e outros, permanecem vivos nas gerações atuais[21].

No início do século XX, o cacique José Capanema, filho do grande líder Cretã, cedeu um espaço na Reserva Indígena Mangueirinha para abrigar uma família Guarani Mbyá, superando o conflituoso histórico

[19] Tanto os dados informados neste trabalho sobre a Reserva Indígena Mangueirinha, como de Palmas, podem ser conhecidos no Portal Kaingang. Neste Portal há outras importantes informações sobre os Kaingang de todo o Brasil.

[20] Disponível em: http://www.portalkaingang.org/index_palmas.htm. Acesso em: 1 jan. 2021.

[21] Quando realizei a pesquisa intitulada "História sobre o povo Javaé (Iny) e sua relação com as políticas indigenistas: da colonização ao Estado brasileiro" (2014), tive a oportunidade de conhecer um pouco da construção do conhecimento e aprendizagem por meio da cultura oral do povo Javaé da Ilha do Bananal/TO. Em entrevistas que realizei com anciões e jovens desse povo, fui informado de fatos que encontrei também em documentos do século XVIII e do início do século XX. Os depoentes não conheciam os documentos e, quando relatei para alguns o conteúdo de tais fontes, eles confirmaram as passagens, porém com correções de acordo com suas percepções e com a cultura oral Javaé.

entre os dois povos. Posteriormente, ainda no início do século XX, outras famílias Guarani se estabelecerem na Reserva. Em 1915 os Guarani já possuíam uma aldeia (HELM, 1997, p. 7). Essa população teve retrocessos territoriais causados pelo Acordo inconstitucional de 1949 entre os governos estadual e federal e pela construção da Usina Hidrelétrica Salto Santiago na década de 1970, que alagou parte de suas terras e de suas roças (HELM, 1982, p. 139)[22].

De acordo com D'Angelis (2002, p. 107), de maneira geral, o povo Kaingang passou por inúmeras intempéries a partir do século XIX com o contato com a sociedade colonizadora. O século XX foi ainda mais difícil, enfrentando ações, se não criminosas, pelo menos desumanas e contraditórias, tanto por parte de governos estaduais como pelas políticas indígenas nacionais. Durante o século XX, a política indigenista brasileira adotada pelo Serviço de Proteção aos Índios (SPI) atuou praticamente como uma política anti-indígena. Acreditando em um fim inevitável dos povos indígenas, numa ordem evolucionista, essa instituição procurou fazer desses povos meros trabalhadores rurais, preferencialmente nos chamados postos indígenas que criou (CUNHA, 1992; LIMA, 1995; ROCHA, 2008).

Essa política indigenista alcançou o sudoeste do Paraná e oeste de Santa Catarina e contribuiu com sua parcela para o desmatamento da região. Assim como o indígena que, de acordo com a política indigenista do SPI, entre 1910 e 1967, deveria "evoluir", "branquear-se", também as florestas deveriam "evoluir" e "branquear-se", isto é, devia-se derrubá-las e em seu lugar estabelecer cidades e grandes monoculturas (ALMEIDA; NÖTZOLD, 2015).

Na região de Palmas/PR, o SPI fundou o Posto Indígena de Nacionalização (PIN)[23] Fioravanti Esperança, também conhecido como PIN de Palmas, e em 1940 fundou o Posto Indígena de Mangueirinha (CASTRO, 2011, p. 26), com o objetivo de efetivar a política indigenista do período. O outro objetivo do órgão era a retirada das árvores nativas, araucária e imbuia

---

[22] No ano de 2000, a Companhia Paranaense de Energia (Copel) inaugurou oficialmente o Museu Regional do Iguaçu como uma das medidas de compensação social e cultural após a construção da Usina Gov. Ney de Barros Braga, que foi inaugurada em 1987. Apesar de precário e um pouco descuidado, como foi possível constatar em visita ao local em janeiro de 2020, esse é o único espaço destinado à preservação da memória e cultura das sociedades que ocupavam o leito do rio Iguaçu nas proximidades do sudoeste do Paraná.

[23] Os postos indígenas do SPI eram divididos em Posto Indígena de Nacionalização (PIN), Posto Indígena de Alfabetização e Tratamento (PIT), Posto Indígena de Fronteira (PIF), Posto Indígena de Atração (PIA) e Posto Indígena de Criação (PIC) (ROCHA, 2008).

para a comercialização de madeira, processo que tinha como consequência direta o desabrigo dos povos indígenas (Museu do Índio, Microfilmes 271 e 272, diversos Fotogramas)[24].

Essas circunstâncias também foram analisadas por Wilmar D'Angelis num de seus trabalhos publicados no Portal Kaingang[25], que assinalou a desonestidade de governadores do Paraná em relação às terras indígenas. Segundo o autor, ao mesmo tempo em que se realizou demarcação de várias áreas Kaingang na primeira metade do século XX, cresceram a cobiça, as invasões e a grilagem de outras. Os conflitos principiaram no Paraná na década de 1920 em São Jerônimo, no município de mesmo nome. Posteriormente, na década de 1940, o governador Moysés Lupion, por meio de acordo com burocratas do SPI, roubou, segundo D'Angelis[26], várias áreas indígenas no estado.

A constatação de D'Angelis dimensiona o contexto em que estavam inseridos os Kaingang e os Guarani de Mangueirinha e permite a comparação, ou a continuidade, entre a história do sudoeste ao praticado na colonização realizada pelos portugueses em vários aspectos, como a criação de um lugar sem humanidade, a prática de roubo e grilagem de terras e a violência contra pessoas que nelas habitavam, bem como a usurpação e devastação do meio ambiente (DUSSEL, 1992).

No capítulo 2, será demonstrado como o ex-governador do Paraná Moysés Lupion foi acusado de tráfico de influência e corrupção em um processo que tinha o objetivo de usurpar metade da Reserva Indígena Mangueirinha e que, em conluio com empresários e políticos de União da Vitória/PR, procurou desumanizar os Kaingang para grilar suas terras.

Antes de analisar a luta Kaingang e Guarani por suas terras em Mangueirinha, é necessário contextualizar a existência de outras populações que começaram a ocupar o sudoeste do Paraná desde finais do século XIX e início do século XX. Esses novos habitantes da região são denominados pela historiografia como caboclos e migrantes. Ao chegarem ao sudoeste,

---

[24] A historiadora Carina Santos de Almeida (2015, p. 434) demonstrou em sua tese que a política indigenista do SPI teve grande importância para o desmatamento do oeste catarinense, sobretudo na região onde se instalou o Posto Indígena Xapecó entre 1940 e 1941. Ainda na citada tese, é possível encontrar muitos detalhes sobre a recepção da política indigenista na região e muitos detalhes sobre o grande massacre criminoso contra os Kaingang e, por outro lado, a brava resistência desse povo indígena para sobreviver e deixar a floresta viva.

[25] Trata-se de um sítio na rede mundial de computadores desenvolvido e mantido por pesquisadores que têm como foco principal elementos sociais, culturais e históricos do povo Kaingang, bem como por indivíduos do próprio povo.

[26] Disponível em: Portal Kaingang. Acesso em: 1 dez. 2021.

os caboclos incorporaram vários hábitos indígenas, mas se diferenciavam deles pela prática de relações sociais ligeiramente baseadas no capitalismo, como é possível perceber, por exemplo, no estudo de Mondaro (2012), conforme a discussão que se apresenta em seguida.

1.3 A POPULAÇÃO CABOCLA

Desde o final do século XIX e início do século XX, uma população denominada de cabocla, distinta social e culturalmente dos Kaingang e dos Guarani, se estabeleceu no sudoeste do Paraná. Essa sociedade se formou a partir da chegada de pessoas que migraram de regiões que passaram por conflitos como o Contestado e encontravam na região um lugar seguro. Parte dessa população chegou da Argentina e do Paraguai para se dedicar à extração da erva-mate. Outros, ainda, partiram para o sudoeste desde outras regiões do Paraná, como de Guarapuava e de Palmas. Os encontros dessas pessoas criaram uma dinâmica social própria e complexa, com a constituição de casamentos, famílias e hábitos interétnicos (CORRÊA, 1970; WACHOWICZ, 1985; LAZIER, 1983; PASSOS, 2009; MONDARO, 2012).

Embora apresentassem distinções culturais, aspectos da sobrevivência dos caboclos, apontados por vários autores, como Corrêa (1970), Wachowicz (1985), Lazier (1983), Passos (2009) e Mondaro (2012), demonstram que, como os Kaingang e Guarani, eles dependiam da FOM, pois dela extraíam erva-mate para consumo e comércio, engordavam animais como porcos (*Sus scrofa domesticus*) com o pinhão, caçavam tateto (*Pecari tajacu*), comiam o butiá (*Butia capitata*), construíam casas com madeira de araucária, entre outros hábitos, que, intui-se, foram incorporados das sociedades indígenas.

Os recursos para derrubada de árvores centenárias de que os caboclos dispunham eram serrotes, machados e o fogo. Até a década de 1940, ainda que a população cabocla desejasse explorar economicamente a madeira das espécies da FOM, encontravam dificuldades pela falta de vias para transportar os produtos, como se demonstrará adiante no capítulo "Os Campos de Palmas e o sudoeste do Paraná". Wachowicz (1985, p. 104) sustenta que os caboclos, em geral, possuíam entre 5 e 8 alqueires de terra e residiam em pequenos ranchos construídos com recursos da floresta, como troncos e folhas de taquara para fazer a cobertura.

Além da dinâmica de sobrevivência dos caboclos ser extremamente associada à terra, à extração de frutos naturais da FOM, não havia na região a propriedade privada de maneira clara e legal até o início do século XX.

A sociedade cabocla, todavia, não encontrava dificuldades para se alojar, e tampouco entrava em conflito pela terra com as sociedades indígenas. Se apossava de pequenas áreas de terra e mudava-se com frequência, sempre que a terra dava sinais de infertilidade ou necessidade de manejo mais adequado. É apenas com a chegada de migrantes dos estados mais ao sul que a terra passou a ser negociada (FOWERAKER, 1982, p. 45).

Para Mondaro (2012), embora tenha incorporado elementos das culturas indígenas, a sociedade cabocla apresentou também indícios de relações sociais pautadas pelo capitalismo, ainda que timidamente. O autor explana que se tratou da

> [...] expansão territorial de um modo de vida peculiar, ligado à caça, à pesca e à coleta, mas, que apontava, também, "embrionariamente", a expansão territorial das relações capitalistas, do mercado, de uma agricultura extensiva, da criação e comercialização de alguns animais, que buscavam ser inseridas neste território (MONDARO, 2012, p. 47).

A compra de posse de terras de caboclos por migrantes era realizada inicialmente com base em trocas por cavalos e armas, entre outros itens, e raras vezes por dinheiro. Esse foi o padrão de negociação pelo menos até o final da década de 1930, de acordo com Passos (2009, p. 28). Em raciocínio semelhante a Foweraker (1982), Passos (2009) afirma que a população cabocla alojada no sudoeste do Paraná era parcialmente sedentária, pois costumava arranjar novas áreas quando o solo que estava utilizando para fazer suas roças apresentava sinais de improdutividade. Outra situação para a constante mudança eram as oportunidades de negócios com migrantes, conforme os fluxos de migrações aumentavam (PASSOS, 2009, p. 28).

Segundo Passos (2009, p. 28), na década de 1920, Pato Branco e Vitorino, ambos ainda pertencentes ao município de Clevelândia, eram os lugares com maior contingente de propriedades e posses familiares. Foi nessa região que, em 1918, o governo do Paraná criou a Colônia Bom Retiro para abrigar dissidentes do Contestado, local próximo à Unidade de Conservação Estadual Área de Relevante Interesse Ecológico do Buriti, onde Bertoldo, Paisani e Oliveira (2014), com base em achados arqueológicos, demonstram que a araucária está presente há pelo menos 13.400 anos, conforme análise anterior.

O Estado não esteve presente em muitos aspectos na formação da sociedade cabocla, não atuando na construção de infraestrutura, em serviços de saúde ou educação. O aparelho estatal apresentou-se na região, inicialmente, por meio do poder judiciário, que estigmatizou a sociedade cabocla como violenta. Essa estigmatização levou autores renomados da historiografia paranaense, como Rui Wachowicz, a atribuírem certa banalização da violência como característica social predominante entre os caboclos, visão sobre a qual há críticas contundentes.

Esse olhar de Wachowicz é alvo de críticas por tender a projetar os migrantes que chegaram à região após a década de 1940, com incentivos do Estado, como portadores de civilidade e não violentos, em detrimento dos caboclos. Para críticos dessa perspectiva, tais como Langer (2012), Mondaro (2012) e Passos (2009), Wachowicz foi, de certa forma, defensor da migração de descendentes de poloneses, alemães e italianos para o Paraná e essa seria a motivação para a propensão de representar os caboclos como uma sociedade marcada apenas pelo uso da violência. Tal visão, que teve grande relevância entre parte da historiografia paranaense, vem, contudo, sendo desconstruída em publicações que demonstram que as populações caboclas tinham dinâmicas sociais complexas.

Passos (2009) não negou a existência da violência entre os caboclos. Por outro lado, para o autor, essa sociedade não foi dominada nem pode ser explicada apenas pela violência, pois os caboclos detinham outros valores e atividades. Em análise de documentos da Vara Criminal da cidade de Pato Branco, o autor informa que os

> [...] processos criminais abriram espaço para que pudéssemos compreender melhor algumas esferas de sociabilidades que existiam no entorno das agressões diversas. Essas esferas estavam centradas na família, na pequena economia agrícola de subsistência (a venda de secos e molhados, a plantação, o trabalho pago por empreitada, a ajuda mútua entre vizinhos) e nos espaços públicos comuns, como a igreja, os bailes e festas por exemplo (PASSOS, 2009, p. 128).

Pelo fato da historiografia do século XX sobre os caboclos no sudoeste do Paraná possuir basicamente como fontes processos-crimes das varas criminais da região, a violência acabou por ganhar destaque no olhar das pesquisas. De acordo com Passos,

> Os estigmas construídos pela justiça, ou inerentes aos discursos jurídicos, podem ser visualizados através da linearidade discursiva da justiça, no decorrer e no desfecho dos processos, no desejo da justiça em criminalizar as ações dessa população e intermediar seus conflitos. Outra perspectiva desvelada

> pelos processos é o depoimento mesmo que filtrado, dessas pessoas, por vezes, suas reclamações e seus conflitos (PASSOS, 2009, p. 129).

Além da estigmatização dos caboclos como violentos encontrada em Wachowicz (1987), há outras obras, como a de Abramoway (1981) e a de Lazier (1983), que tendem a qualificar os caboclos como seres despolitizados e economicamente improdutivos. Existem, porém, interpretações mais profundas que demonstraram outras facetas dessas populações, inclusive o domínio político que exerciam.

Em seu estudo sobre missionários franciscanos que atuaram no sudoeste do Paraná entre 1903 e 1936, a autora Ecléia C. Santos (2005) evidenciou a performance política existente entre os caboclos. Para a autora, pouco ou nada podiam fazer os missionários sem que houvesse a aprovação de suas ideias pelas lideranças locais. Para elucidar esse contexto, a autora relata o caso do senhor Militão, considerado um caboclo comum à sua época.

> O Militão era um caboclo importante no seu meio. Sua casa era um local de amplas discussões políticas. Não possuía nada mais que qualquer outro caboclo do lugar, mas conquistou um profundo respeito dos demais por estar sempre disposto a ajudar em qualquer negócio. Nada se decidia numa ampla extensão daquelas redondezas sem antes pedir conselho ao Militão. Sua fama chegava a quilômetros de distância [...]. Os sacerdotes, em virtude de estarem na casa desse personagem, tiveram um grande número de ouvintes para a missa. [...]
>
> Em meio a simplicidade da vida do mato, o destaque que alguns personagens adquiriam era de tal forma respeitado que, bastaria utilizar estratégias certas ou criar vínculos com determinadas pessoas para atingir a todos. A figura de um caboclo, rude no seu modo de ser, mas que acumulava a confiança dos sertanejos, despertava nesses a vontade de permanecer um pouco mais na presença do padre, para realizar os sacramentos que eram enfatizados, mas que raramente os atingiam [...] (SANTOS, 2005, p. 99).

Como fica evidente na análise de Santos (2005), e também de Passos (2009), os caboclos gozavam de uma fértil coerência sociopolítica. Desse modo, a definição dessa sociedade apenas pelos estigmas da violência e/ou da não politização parece estar bastante ligada a visões tendenciosas e à reprodução de discursos presentes nas fontes oriundas de varas criminais, mas não somente.

A visão estreita da sociedade cabocla também possui alicerces nos discursos que a elite paranaense construiu a respeito do sudoeste do Paraná, representando a região como um sertão inóspito com vazio demográfico, que necessitava ser colonizado e civilizado pelos elementos supostamente mais desenvolvidos da capital do estado.

Uma terceira situação que contribuiu para a visão que inferioriza os caboclos está ligada à ocupação do sudoeste por migrantes descendentes de italianos e de alemães que chegaram à região após a década de 1940 por meio de companhias de colonização que originou uma nova onda de migrações, bastante vinculada às atividades madeireiras.

Ao se instalarem no sudoeste, os migrantes construíram domínio político, econômico e cultural na região, segundo Scholz (2015). Como parte do domínio constituído pela nova sociedade, está a construção de símbolos, memórias e discursos que encobriram as memórias e símbolos das sociedades caboclas e indígenas, assim como dos elementos da natureza, como a FOM. Chamando esses migrantes de pioneiros, Langer (2012) faz a seguinte observação a esse respeito:

> No sudoeste do Paraná, o pioneiro cumpriu essa missão contra a natureza (sobretudo da floresta de araucárias, hoje praticamente extinta), e os grupos que nela se escondem, para gerar a riqueza, premissa tida como irrefutável e universal. Axiomas como a fertilidade do solo, produtividade, lucro e progresso legitimam qualquer forma de aniquilamento ecológico e antropológico (ecossistemas e alteridades étnicas) (LANGER, 2012, p. 35).

Esses três fatores, isto é, os discursos jurídicos, as primeiras produções intelectuais sobre o sudoeste e o domínio político dos migrantes a partir da década de 1940, fizeram com que muitos caboclos e indígenas sofressem consequências territoriais, sociais, culturais e até de sobrevivência.

À medida que a onda de migração após 1940 cresceu, muitos caboclos se afastaram, foram para outras regiões. Outros permaneceram na região como pequenos proprietários rurais ou venderam suas posses e mudaram--se para as áreas urbanas. Provavelmente houve também a constituição de várias relações sociais entre caboclos e migrantes, para além da venda da posse da terra, como casamentos e constituição de famílias.

Com isso, pessoas com as características atribuídas aos caboclos permaneceram e vivem até os dias atuais no sudoeste do Paraná, ainda que encobertas pelo domínio cultural dos migrantes. Acredita-se também na existência de fluidez social e trânsito entre caboclos, indígenas e migrantes na região, situação sobre a qual não se identificou nenhuma pesquisa pela disciplina de história.

1.4 A NACIONALIZAÇÃO DO SUDOESTE DO PARANÁ: A CHEGADA DOS MIGRANTES

A partir da década de 1940, o sudoeste do Paraná passa a receber uma onda migratória sem precedentes, que provocou inúmeras consequências, como o crescimento populacional extraordinário e impactos ambientais irreversíveis, tendo em vista o novo modo de vida que se instalou na região. Com a criação do Território do Iguaçu e da CANGO, muitas famílias passaram a ser atraídas para colonizar a região que até então era território indígena e, secundariamente, caboclo.

Essa frente de migração estabelecida após a década de 1940 no sudoeste do Paraná pode ser explicada pela categoria de migração colonizadora, abordada por Paul Little (1994, p. 13-14). Nesse tipo de migração o objetivo é a colonização de espaços com pouca ou sem a presença do poder público e sem elementos e símbolos nacionais, em que um Estado toma a jurisdição para si e projeta nos migrantes agentes capazes de incorporar os símbolos nacionais, em detrimento de outras sociedades. No caso do Brasil, isso se passou em várias áreas, como é o caso das regiões meridionais do país nas quais havia densas áreas cobertas pela FOM, além de outras formações naturais.

Já no século XX, muitos descendentes de migrantes estrangeiros que chegaram aos estados do Rio Grande do Sul e de Santa Catarina no século XIX formaram uma nova frente migratória para o sudoeste do Paraná, que era uma das regiões para onde o Estado, e muitos empresários, desejava estender sua hegemonia.

Esses migrantes, ao chegarem à região, tornaram-se colonos. Por colonos entendem-se aqueles indivíduos que chegam a um novo espaço geográfico, no qual um Estado nacional criou uma colônia, ou seja, um conjunto de lotes rurais e urbanos com determinada infraestrutura. Intrínseca à instalação do colono, está o recebimento de pequenos lotes por meio de doação ou aquisição (GREGORY, 2010, p. 102-103).

O colono é um dos elementos da colonização. Os outros são os colonizadores, conformados por companhias de colonização, públicas ou privadas, que são as proprietárias das colônias e comercializam os lotes rurais do núcleo colonial. Cada lote rural pode ser denominado de gleba ou colônia. O termo colônia, portanto, possui dois sentidos, fazendo referência a um conjunto de lotes rurais e urbanos que está em processo de colonização ou a um lote rural com medidas predefinidas pelo colonizador (GREEGORY, 2010, p. 96-98).

Esses dois elementos de colonização, ou seja, os colonos e os colonizadores — esses últimos representados por companhias colonizadoras pública e privadas — tiveram impactos vultosos sobre a população no sudoeste.

1.4.1 Migrações e crescimento populacional no sudoeste do Paraná durante o século XX

O sudoeste do Paraná possui um contingente populacional baixo até os dias atuais se comparado a outras regiões ou até mesmo a algumas cidades. A região tem uma população menor que a população da cidade de Curitiba, por exemplo. O crescimento populacional da região ao longo do século XX, todavia, apresentou dados muito significativos. Dados do Instituto Brasileiro de Geografia e Estatística (IBGE) indicam que o sudoeste teve uma taxa de crescimento de 201% no decênio 1950–1960, enquanto o próprio estado do Paraná apresentou uma taxa de 103%, e o Brasil de 36% para o mesmo período, como se demonstra na Tabela 1.

Os números desvelam que a população do sudoeste do Paraná no decênio 1950–1960 cresceu de 76.373 habitantes para 230.379 habitantes. Em termos de proporção, os números são comparáveis às regiões com as taxas mais altas de crescimento populacional do mundo na primeira metade do século XX.

De acordo com os estudos do historiador ambiental John McNeill (2003, p. 330), a América do Sul, conjuntamente com a América Central, teve um aumento populacional de 63 milhões para 162 milhões de pessoas na primeira metade do século XX, uma taxa de 257%; a América do Norte, entre 1900 e 1950, teve um crescimento populacional de 206%, saltando de 81 milhões para 167 milhões de habitantes; o continente africano apresentou, no mesmo período, uma taxa de crescimento de 171%, indo de 120 milhões para 206 milhões de habitantes entre 1900 e 1950. A seguir, na Tabela 1, podem ser observados os números relativos ao crescimento do sudoeste do Paraná, de todo o estado e do país em período semelhante.

Tabela 1 – Demonstrativo do crescimento populacional no decênio 1950–1960

Local	População em 1950	População em 1960	Crescimento em números	Crescimento em %
sudoeste do Paraná	76.373	230.379	154.006	201%
estado do Paraná	2.115.547	4.277.763	2.162.216	103%
Brasil	51.944.397	72.180.000	20.235.603	36%

Fontes: anuários estatísticos do IBGE de 1953 e de 1962. Abramovay (1981); Lazier (1983); Wachowicz (1987, 2003); Santos (2008); Briskievicz (2012); Scholz (2015). Organização do autor deste trabalho

Essas estatísticas permitem a percepção de que esse não foi um fenômeno isolado e insere o sudoeste do Paraná em um contexto maior. No caso dessa região, um fator fundamental para que o crescimento populacional alcançasse taxas tão significativas foi o processo de migração de milhares de pessoas dos estados do Rio Grande do Sul e de Santa Catarina (WACHOWICZ, 1985, p. 294; SCHOLZ, 2015, p. 60).

A história ambiental global desvela que as migrações e o crescimento populacional são fenômenos globais. Dessa maneira, demonstra-se a seguir o sudoeste inserido no contexto global em virtude das migrações, do crescimento populacional e de seus impactos ambientais durante a colonização regional.

1.4.1.1 Migrações e desequilíbrio ambiental: o sudoeste do Paraná em um contexto global

Movimentos migratórios são tão antigos quanto a história das sociedades humanas. Em diferentes períodos, todavia, notam-se diferentes causas para as migrações. A história apresenta exemplos de migrações voluntárias ou forçadas, por questões sociais, econômicas ou culturais, por exemplo. Independentemente das motivações, os diversos movimentos migratórios possuem em comum alterações no meio ambiente.

Por volta da década de 1780, a humanidade iniciou, lentamente, um processo de crescimento populacional. Embora lento, esse processo era de longo prazo e chegaria a um crescimento de 45% da população mundial no início do século XX, um salto de 900 milhões no final do século XVIII para 2 bilhões de pessoas na década de 1930. Esse crescimento ganhou proporções ainda maiores durante e após a década de 1950, com a população mundial ultrapassando 7 bilhões de pessoas no século XXI. Tal crescimento se deu em diferentes proporções em diferentes países, podendo-se estabelecer taxas médias de crescimento populacional continentais. Um fenômeno dessa magnitude, obviamente, não poderia acontecer sem consequências para o meio ambiente, que sofreu impactos de diferentes níveis com os diversos movimentos humanos ao redor da Terra (McNEILL; ENGELKE, 2014, p. 55-61).

Para McNeill (2003, p. 334), o crescimento populacional teve importantes implicações ambientais, sobretudo em termos de contaminação do ar advinda da emissão de gases por combustão. Esse impacto, porém, foi produzido e percebido majoritariamente nas sociedades ricas. Nesse sentido, o autor argumenta, por exemplo, que em países como Estados Unidos e Alemanha o crescimento populacional gerou claramente um aumento nos níveis de contaminação atmosférica entre os anos de 1900 e 1970, em virtude da quantidade de pessoas que utilizavam um automóvel próprio para deslocar-se cotidianamente.

Por outro lado, McNeill (2003, p. 335) pondera que entre as sociedades pobres, com poucas indústrias e poucos automóveis, o crescimento populacional por si apenas não pode ser compreendido como a maior causa dos impactos ambientais conhecidos na região, pois é necessário levar em consideração as questões políticas, econômicas, as condições naturais e culturais.

Essa afirmação de McNeill deve-se ao fato de que as suas análises, nesse caso, são acerca da emissão de gases e da poluição da atmosfera. Isso, entretanto, não exclui a possibilidade ou o dever de se pensar também sobre outras maneiras de destruição do meio ambiente, o que o próprio autor fez em publicações posteriores. Em virtude disso, McNeill (2003, p. 335) demonstra exemplos de casos de grave desequilíbrio ambiental ocasionados pelo crescimento populacional ao longo do século XX e, ao mesmo tempo, que o mesmo fenômeno evitou impactos ambientais maiores. As análises globais, nacionais ou regionais podem evidenciar casos semelhantes e distintos de instabilidades ambientais mais ou menos graves motivados pelo crescimento populacional.

Nesse sentido, McNeill (2003, p. 335, tradução minha)[27] argumenta que

[27] No original: "Desde el punto de vista del cambio medioambiental, la emigración más importante afectó a las zonas de frontera colonizadora. Las emigraciones masivas de países húmedos a otros secos fueron causa de desertización em repetidas ocasiones. Las emigraciones de países llanos a otros montuosos dieron pie a una erosión más rápida del suelo. Las emigraciones a zonas boscosas trajeron consigo la deforestación".

> Desde o ponto de vista de mudanças ambientais, a migração mais importante afetou as zonas de fronteira colonizadora. As migrações massivas de países úmidos para outros secos foi a causa da desertificação em repetidas ocasiões. As migrações de países com grandes planícies para outros montanhosos deram pé a uma erosão mais rápida do solo. As migrações a zonas de florestas trouxeram consigo a deflorestação.

Como destaca o autor, as regiões de colonização foram as mais afetadas pelas migrações. O sudoeste do Paraná foi uma região com características do que McNeill denomina de "fronteira de colonização" recebendo milhares de migrantes ao longo do século XX. Grande parte desses migrantes desempenhou papéis importantes na devastação da FOM, como donos e trabalhadores de serrarias e como colonos que desmatavam para desenvolver atividades agropastoris.

Esse movimento ocorrido na região, de certa forma, é também resultado de um movimento migratório mais amplo. Desde a segunda metade do século XIX até a década de 1920, milhões de pessoas deixaram seus países de origem na Europa e migraram para as Américas. Colônias alemãs e italianas forma formadas, por exemplo, nos estados da Região Sul do Brasil (WAIBEL, 1949; MAESTRI, 2000). Muitos desses migrantes e milhares de seus descendentes se deslocaram dos estados do Rio Grande do Sul e de Santa Catarina para o sudoeste do Paraná no século XX, sobretudo a partir da década de 1940 (SANTOS, 2008; BRISKIEVICZ, 2012).

A migração pode causar impactos ambientais, sendo que em muitos casos esses impactos são muito profundos, quando não irreversíveis. McNeill e Engelke (2014, p. 58) defendem que mesmo que as migrações aconteçam de uma área rural para outra semelhante os impactos são latentes, quanto mais de áreas rurais para áreas com florestas, como foi no caso do sudoeste do Paraná.

No período após 1945, milhões de pessoas migraram em todo o mundo, tanto de um país para outro quanto dentro de seus países. Essas migrações causaram mudanças nos diferentes ambientes naturais por todo o planeta, desde florestas tropicais a terras áridas. Para McNeill e Engelke (2014, p. 57, tradução minha)[28],

[28] No original: "Migrants altered rainforest in Brazil and Indonesia at least as Much as they did arid lands in the United States and China. Again, state policies played crucial roles. Many states, including Brazil and Indonesia, often encouraged and subsidized migration. Moreover, states obliged or encouraged migrants to engage in certain activities that just so happened to carry powerful environmental consequences".

> Os migrantes alteraram as florestas tropicais no Brasil e na Indonésia tanto quanto as terras áridas nos Estados Unidos e na China. Mais uma vez, as políticas estatais exerceram papel fundamental. Muitos Estados, incluindo o Brasil e a Indonésia, incentivaram e subsidiaram a migração com frequência. Além disso, os Estados obrigavam ou incentivavam migrantes a se envolverem com certas atividades que, por acaso, provocaram poderosas consequências ambientais.

A análise global realizada por John McNeill e Peter Engelke (2014, p. 57) evidencia o quão importante foi o fenômeno da migração para o desequilíbrio ambiental causados pelas sociedades humanas durante o século XX, principalmente no caso de áreas de florestas, como era o sudoeste paranaense. A região se insere em contexto global nesse sentido, já que as migrações causaram a devastação da FOM e, consequentemente, o desequilíbrio ambiental.

Os migrantes, além de darem início a um crescimento populacional sem precedentes, iniciaram um movimento de urbanização e ruralização da região sudoeste do Paraná com sérias implicações ambientais. Um modelo de urbanização que alterou completamente as paisagens naturais da região e formou a grande maioria das cidades a partir da década 1940 em torno de serrarias. Além da população local, muitos desses migrantes também se estabeleceram nas áreas rurais, o que, da mesma forma que a urbanização, acarretou a devastação das florestas para dar lugar, inicialmente, a cultivos de gêneros alimentícios e, posteriormente, a monoculturas, sobretudo da oleaginosa soja.

A exemplo do que ocorreu com os migrantes na região oeste de Santa Catarina e na província de Misiones na Argentina, conforme as análises de Nodari (2009, p. 34-64; 2018a, p. 86), os migrantes procuravam recriar suas práticas culturais na região sudoeste do Paraná, fosse identificando-se como gaúcho, italiano ou alemão.

Essa onda migratória, além de outros incentivos dados pelo Estado, também contou com o trabalho de companhias de colonização, destacadamente a CANGO. Essa companhia doava terras aos migrantes colonos, segundo Chaves (2008, p. 101), embora sem títulos de propriedade. Também disponibilizava, aos migrantes que chegavam ao sudoeste do Paraná por seu intermédio, madeira para construção de casas, ferramentas para o desenvolvimento de atividades agrícolas e sementes. Passou ainda a auxiliar no escoamento do pequeno excedente que os colonos já conseguiam produzir a partir do ano de 1948 e que foi intensificado em meados da década de 1950 (GOMES, 1986, p. 19-20).

De acordo com a historiadora Iria Zanoni Gomes (1986, p. 18), a CANGO não permitiu, no início de suas atividades, a instalação de migrantes nas áreas cobertas pela FOM, apenas em regiões de FES, chamada pela autora de mata branca. Não se pode considerar, todavia, diferente a derrubada da "mata branca", não se tratando de uma ocupação mais ecológica do que as demais. A própria CANGO tinha uma serraria em Santa Rosa, núcleo posteriormente incorporado pelo município de Francisco Beltrão (GOMES, 1986, p. 18).

Não obstante, muitos dos migrantes que chegavam, talvez sem o auxílio da CANGO, para colonizar a região sudoeste do Paraná conseguiram enriquecer por meio das atividades madeireiras que devastavam a FOM. Esse capital deu origem a propriedades rurais e subsidiou a formação das elites políticas regionais. Por outro lado, muitos migrantes trabalharam em serrarias sem nunca conseguir mudar seus padrões socioeconômicos. Esses últimos tendo em comum com os primeiros a prática do desmatamento. Constataram-se esses fatos tanto por meio da literatura e das fontes desta pesquisa como pelo conhecimento de ex-proprietários de serrarias, ou de seus descendentes, que se tornaram prefeitos e vereadores e que possuem empresas consideradas de sucesso na região, bem como as pessoas que nunca deixaram de ser operárias. Essa situação não pôde ser adequadamente documentada devido à pandemia de SARS-CoV-2 (Covid-19).

Além disso, há indícios da boa relação entre madeireiros e aqueles que migravam ao sudoeste do Paraná para trabalhar no campo e com os pequenos agricultores que já viviam na região. Voltolini (2000, p. 74), por exemplo, afirma que

> A simultânea ou posterior vinda dos madeireiros foi recebida com júbilo pelo agricultor, em toda a área de domínio mais intenso da floresta da Araucária. Os donos das serrarias, por sua vez, não deixaram de externar plena satisfação com a cordial deferência, sentindo no proprietário rural fator altamente positivo para o sucesso de sua empreitada nos negócios de madeira. Mas, onde estava o ponto de convergência de interesses entre agricultores e madeireiros? Estava precisamente no pinheiro! O colono, ansioso por ver sua terrinha liberada para o cultivo, já tinha chegado até a pagar pela derrubada dos pinheiros que, mesmo no chão, eram incômodos ainda por anos e anos. De repente... uma loteria! Tiravam-lhe os pinheiros e ainda pagavam por isso! [...] Os madeireiros, por sua vez, passaram a adquirir a matéria-prima de suas

> indústrias por preços irrisórios, altamente compensadores, que eles mesmos fixavam e eram aceitos sem relutância pelos "felizes" fornecedores.

Nesse sentido, Flores (2008) argumenta que, embora já existissem pequenas tentativas de exploração de madeira no sudoeste do Paraná na primeira metade do século XX, sobretudo da araucária, a atividade ganhou um novo caráter a partir da década de 1950 com a chegada de muitos migrantes, pois muitos deles já haviam atuado no ramo madeireiro em seus locais de origem, na grande maioria no estado do Rio Grande do Sul. Outro importante fator foi que nesse período novos caminhos para escoar as produções agrícolas e das serrarias foram construídos, ligando a região ao mercado de Curitiba. Com isso, na década de 1950 já contabilizava a existência de 326 empresas registradas como serrarias, madeireiras ou laminadoras no sudoeste do Paraná, de acordo com o Cadastro Industrial do Censo (1965)[29].

De outro lado, o que predominava na região eram propriedades pequenas com produção de subsistência e comercialização dos pequenos, porém crescentes excedentes, assim como na região oeste de Santa Catarina e na província de Misiones na Argentina. Em análise sobre essas regiões, a historiadora ambiental Eunice Nodari esclarece que

> Em geral, os colonos nas duas primeiras décadas de colonização trabalharam praticamente com agricultura familiar de subsistência, produzindo principalmente para consumo doméstico e comercializando os poucos excedentes. As principais culturas foram milho, mandioca e feijão comum [...] (NODARI, 2018a, p. 94-95)[30].

Uma vez que o migrante passa a dominar o cenário político, autodenominando-se, inclusive, como pioneiro, ele também incentiva a migração de seus conterrâneos. Na década de 1960, documentos das prefeituras da região demonstram questões como essas. Na Seção Ordinária da Câmara de Vereadores do município de Chopinzinho realizada em 9 de abril de 1965, registrou-se em ata a discussão em busca de resolução de um conflito fundiário que estava ocorrendo na zona rural. O vereador Casemiro Ceni fez um apelo à autoridade policial que cuidava do caso, em favor dos migrantes:

---

[29] O Cadastro Industrial do Censo foi elaborado pelo IBGE com a finalidade de mapear todos os estabelecimentos mantidos por empresas privadas e por entidades públicas no Brasil na década de 1960.

[30] No original: "In general, the settlers in the first two decades of colonization worked practically with family subsistence farming, producing primarily for home consumption and marketing the few surpluses. The main crops were maize, cassava, and common beans [...]".

> [...] com a permissão do Sr. Presidente usou da palavra o Vereador Casemiro Ceni, que procurou informar o Sr. Major, que nestas regiões em litígio há muitos agricultores de outros estados como sejam Rio Grande do Sul e Sta. Catarina que adquiriram as terras para futuramente seus filhos cultivá-las. Aparteado pelo Sr. Major que disse que o Brasil se encontra num desenvolvimento muito acelerado e que estes colonos devem cultivar suas terras ou pelo menos cuidá-las, respondeu o orador que achava justo que as autoridades tivessem cuidados justamente com estas áreas por se tratar de futuros agricultores que o Brasil tanto necessita [sic] (ATA DA SESSÃO, 9 abr. 1965).

Fica latente no apelo do vereador também o discurso de desenvolvimento predominante na época, quando o Brasil já se aproximava do contexto da Revolução Verde[31]. Esse discurso progressista é analisado por Santos (2008) em seu trabalho de tese de doutorado, na qual se notam também impactos ambientais provenientes do manejo do solo predominante no período, pois, na década de 1960, diversas propriedades já apresentavam, elucida a autora, sintomas de infertilidade, problema que se procurava resolver com processos de calagem. Além disso, o uso de tecnologia agrícola era incentivado. Nas palavras de Santos (2008, p. 55),

> Trata-se de uma construção a partir das características locais que, apoiada num projeto nacional, articula a implantação de um modelo de produção cuja concepção de desenvolvimento tem por base a modernização da agricultura e sua submissão à lógica urbano-industrial [...].

Um projeto desse gênero implicou ter o Estado como protagonista para manter o discurso da modernização e para financiar o processo. Nesse caso, pode-se perceber que há aspectos amplos sustentando a lógica do Estado. Para Santos (2008, p. 56),

> A *modernização* tecnológica da agricultura no sudoeste do Paraná provoca alterações na sua configuração territorial e no ritmo das mudanças. Possibilita repensar o espaço em rede, verificando o processo de exclusão e/ou inclusão dos diferentes atores sociais em um sistema global. Todavia, a tecnificação das relações de trabalho de campo, provoca a

[31] É chamado de Revolução Verde o processo de introdução de sementes geneticamente modificadas, máquinas agrícolas, veneno (ou agrotóxico) e adubos químicos na agricultura em diferentes partes do mundo. Sobre a Revolução Verde no Brasil, entre outros títulos, ver: SILVA, C. M. Nelson Rockfeller e a atuação da American International Association for Economic and Social Development: debates sobre a missão e imperialismo no Brasil: 1946–1964. **História, Ciências, Saúde**: Manguinhos, Rio de Janeiro, v. 20, n. 4, out./dez. 2013, p. 1.695-1.711.

> inserção instantânea em um sistema mundializado, ao mesmo tempo em que essas condições materiais (ou a falta delas) provocam a exclusão de muitos agricultores desse sistema. Pode-se afirmar, utilizando essa lógica, que tanto os lugares como as pessoas são incluídas e excluídas da constituição das redes de produção/comercialização agrícola.

Essa foi outra maneira pela qual o sudoeste do Paraná foi inserido em um contexto mais amplo. O processo de colonização da região por meio da migração incentivada pelo Estado deu início a um ritmo vertiginoso das atividades madeireiras na região, o que, por seu turno, atraiu números maiores de famílias dos estados do Rio Grande do Sul e de Santa Catarina para a região. Esse conjunto de fatores formados pela migração e pela devastação inserem a região em um contexto global. Entende-se que essa ocupação foi ambientalmente violenta. Com isso, explica-se no item subsequente a noção de violência ambiental.

1.5 A VIOLÊNCIA AMBIENTAL NO ESTABELECIMENTO DO SUDOESTE DO PARANÁ

As fontes desta pesquisa permitem a compreensão de que, durante a constituição do sudoeste do Paraná no século XX, a violência social foi expandida para a natureza, sobretudo após o ano de 1935. Em poucas décadas, a imponente e milenar floresta com araucária, como a floresta estacional semidecidual, a exemplo de outras regiões do sul do Brasil, foi derrubada, queimada e diminuída a matéria-prima pela sociedade composta por migrantes que se estabeleceu na região.

A sociedade anteriormente referida, para ocupar os espaços das florestas e para beneficiar-se economicamente com a utilização de suas espécies, instituiu na região determinadas práticas como padrão de avanço e base social que são identificadas nesta obra como violência ambiental. A violência ambiental diz respeito à percepção, à relação, à representação e ao manejo da natureza pelos seres humanos de forma predatória. Ela está enraizada na tradição judaico-ocidental cristã que tem concebido a natureza, pelo menos nos últimos 500 anos, apenas como recurso econômico industrializável (WHITE, 1967).

Toma-se como referência para a definição de violência ambiental o importante estudo sobre as formas violentas que degradaram (e degradam) a natureza no Sul do Brasil publicado por Nodari (2013). No estudo citado, a autora analisou e definiu tipos de violências ambientais ocorridas no oeste do estado de Santa Catarina ao longo do século XX e que podem ser reconhecidas, sem dúvida, no Sul do Brasil de uma maneira geral em diversos aspectos, já que a história ambiental ultrapassa as fronteiras políticas, condição inata ao próprio meio ambiente. Nesta pesquisa, como sinônimo ou complemento da noção de violência ambiental, será utilizada, igualmente, a expressão violência socioambiental, sobretudo a partir do terceiro capítulo.

Nodari (2013) constatou em sua análise sobre o oeste de Santa Catarina que diferentes populações, ou grupos étnicos, como define a própria autora, convivem e manejam o meio ambiente de diversas formas. Em alguns casos a vivência humana pode causar menos danos ao meio ambiente e em outros pode ser mais danosa, causando até a extinção de espécies.

A história das transformações das paisagens e da devastação ambiental do Sul do Brasil desde a segunda metade do século XIX e o processo de construção de centros urbanos e de grandes áreas de monoculturas de gêneros como a soja (*Glycine max*), portanto, devem considerar a ação das diferentes sociedades que se instalaram na região e a forma como cada uma entendeu a natureza e utilizou-se dela.

Nodari (2013) defendeu, em estudos acerca de processos de devastação florestal sob o olhar da história ambiental, que a compreensão das diferentes formas de interação com o meio ambiente é fundamental, já que cada maneira pode causar impactos de média, curta ou longa duração. Portanto,

> Escrever uma história das alterações antrópicas da paisagem implica avaliar os efeitos dos grupos adventícios num bioma hospedeiro. Assim, a introdução de plantas exóticas, de animais, a transformação de áreas florestais em áreas de agricultura intensiva ou em campos de pastagens e, por conseguinte, a redução da biodiversidade fazem com que se possa compreender melhor a amplitude das ações (in) voluntárias dos grupos humanos (NODARI, 2013, p. 256).

Da mesma maneira que as alterações antrópicas da paisagem apresentaram diferentes níveis, igualmente as violências ambientais praticadas se sucederam desiguais. Nodari (2013) elenca como as principais formas de violências ambientais as atividades madeireiras desde os finais do século XIX; a expansão agropecuária em pequenas, médias e grandes propriedades e a consequente implementação de monoculturas e atividades pecuárias dedicadas à suinocultura e à avicultura; a utilização indiscriminada de agrotóxicos (ou venenos) que ameaça todas as formas de vida; a reforma agrária a partir da década de 1980 nas poucas áreas com remanescentes florestais; e a construção de usinas hidrelétricas. Todas essas situações elencadas pela autora também são conhecidas no sudoeste do Paraná.

A análise deste trabalho concentra-se especialmente em uma das violências ambientais definidas por Nodari (2013), a devastação da FOM por meio das atividades madeireiras. Acrescenta-se, ainda, outra forma de violência ambiental, a simbólica, que antecedeu e foi a base das formas físicas. A violência ambiental em nível simbólico refere-se à criação da noção da região sudoeste do Paraná e às representações elaboradas pela elite paranaense sobre a FOM, como sertão inóspito, como vazio demográfico, como lugar sem lei e como "empório" para o mercado do Sul do Brasil (NASCIMENTO, 1903). Ligada a essas representações, identificou-se, também, que grande parte dos migrantes passou a conceber o sudoeste e as suas florestas como o nada, como lugar perigoso.

Com base na literatura e em outras fontes, percebe-se que essas formas de violência ambiental criaram certa banalização da violência na região pelo menos até a década de 1980, o que leva à compreensão de que a história da devastação das florestas com araucária no sudoeste do Paraná deve ser entendida a partir de uma cultura violenta, que socialmente se estruturou, em diversos casos, a partir de crimes de apropriação de terras, de crimes contra a vida humana e, sobretudo, de crimes contra a vida das espécies da FOM. Tal cultura violenta, no entanto, nem sempre se fez explícita. Os discursos oficiais e as relações capitalistas, por exemplo, legitimaram e normalizaram a devastação ambiental em prol do desenvolvimento econômico, situação que foi amplamente aceita como meio de sobrevivência e de construção de riqueza financeira.

Esse enfoque também permite perceber questões importantes para a constituição do sudoeste do Paraná, pois durante o processo de ocupação da região pelos migrantes — que necessitavam cultivar suas plantações para sobreviver — a natureza, as árvores, os pinheiros, as imbuias e guaviroveiras foram vistas como obstáculos e, por vezes, foram incendiadas, demonstrando que ali o principal "recurso natural" cobiçado era a própria terra. Esse aspecto permite a compreensão de que os conflitos agrários foram tanto ambientais quanto sociais e, dada a demanda por acesso à terra que a população migrante tinha, a natureza parece ter sido o principal fator da violência social.

A natureza no sudoeste paranaense sofreu violência em vários casos. A violência social foi expandida para o meio ambiente. A violência dos discursos oficiais de colonização e ocupação da região legitimou a devastação ambiental. E as atividades madeireiras, socialmente aceitas, praticaram a devastação das florestas.

O que pode parecer, aos olhos da história ambiental, uma confissão foi não apenas socialmente aceito, mas a força motriz da constituição do sudoeste do Paraná. Tratar a natureza de forma violenta, incentivar e praticar a devastação da FOM foram elementos que deram poder econômico para muitas pessoas que se tornaram, também, líderes políticos que ocuparam cargos nos poderes legislativo e executivo.

1.6 A VIOLÊNCIA AMBIENTAL DOS MIGRANTES: *IN MEMORIAM ARAUCÁRIA*

Muitos migrantes que chegaram ao sudoeste do Paraná a partir da década de 1940 consideravam a região como o nada, um lugar dominado pela floresta, de modo que não houve apreço ecológico. Essa constatação foi possível a partir das fontes analisadas, seja em processos-crimes, seja em processos civis, em recortes de jornal, relatos informais, documentos oficiais, biografias e até mesmo em outras obras sobre a história regional. Esse entendimento que os migrantes detinham sobre a vida existente na região foi uma forma de violência ambiental simbólica que desencadeou a violência social e ambiental físicas. As ambições dos migrantes ricos e a esperança de sobrevivência dos migrantes pobres não tinham tempo para pensar nas araucárias de outra forma senão como uma espécie de ouro verde.

Ao iniciar um processo que transformaria as matas em áreas rurais e urbanas, esses migrantes também colocavam fim nas obras centenárias da natureza e das sociedades indígenas, serrando milhões de araucárias, imbuias, cedros e perobas-rosas, entre outras espécies. Algumas poucas famílias ficaram muito ricas ou ainda mais ricas nesse processo. A maioria continuou apenas sobrevivendo.

A maior parte dos migrantes apresentam, de diferentes formas, memórias da abundante cobertura florestal existente no sudoeste do Paraná no passado. A forma como o elemento migrante dos estados mais ao sul descreve a natureza está relacionada ao primitivo, ao rude, à coisa bruta, perigosa e como o nada.

Um migrante que chegou à região em 1924 pelos caminhos dos Campos de Palmas relatou em entrevista para a pedagoga e historiadora diletante da cidade de São João Norma dos Santos Pergher (2010) que nos primeiros noventa dias morando na região matou cinco onças, além de outras caças para se alimentar.

Ao conceder uma entrevista para um jornal de São João na década de 1980, o mesmo senhor contou que os animais na floresta abundavam. Para o jornal, o entrevistado tratava-se do "bom veterano dos sertões, o tropeiro, o erveiro, o caçador, o pioneirão gaúcho [...]". O migrante ainda contou na entrevista que quando chegou necessitou "limpar" a região que tinha um "amontoado de guabiroveiras, tudo muito sujo por causa dos frutos que caíam aos montes pelo chão" (CORREIO DE NOTÍCIAS, 1985, p. 4).

Na Figura 5 é possível observar a cidade de São João na década de 1950. A igreja que aparece no centro da fotografia foi construída com madeira de araucária na área onde o desmatamento teve início na cidade. Ao comparar-se a paisagem da Figura 5 com a da Figura 6, percebe-se que a igreja foi construída na área com maior altitude em relação ao restante da cidade.

Figura 5 – São João na década de 1950. Vista da Igreja construída em 1949 e ao fundo o horizonte dominado pela FOM

Fonte: disponível no grupo "Memórias de São João" na rede social *Facebook*[32]

[32] Disponível em https://web.facebook.com/groups/356528421218198/media.

Segundo o migrante entrevistado, "era uma porcaria aquilo ali e nós tivemos que acabar com as árvores a custo de machado para limpar". Com a "limpeza" o lugar ficou "bonito", tornando a região mais convidativa para outros migrantes do Rio Grande do Sul, continua o relato do jornal (CORREIO DE NOTÍCIAS, 1985, p. 4).

A natureza foi associada a uma certa incompatibilidade com a vida humana. Esse entendimento do "pioneiro" foi amplamente aceito e praticado por muitas outras pessoas que chegaram à região. Fontes levantadas em Pato Branco demonstram essa situação. Nas biografias de 35 pessoas consideradas "pioneiras" do município, documentadas pela ex-assessora da Câmara Municipal de Pato Branco, senhora Sueli Dartora, é possível verificar situações semelhantes à do "pioneiro" de São João, pois todos tiveram relação com serrarias que viam a FOM apenas como riqueza econômica ou como um impeditivo para determinadas atividades humanas, como a construção de áreas rurais e urbanas.

Figura 6 – São João na década de 1950. Vista do vilarejo e das áreas já devastadas

Fonte: disponível no grupo "Memórias de São João" na rede social *Facebook*[33]

A Figura 6 mostra São João na década de 1950 por um ângulo diferente da Figura 5. A igreja está na parte superior esquerda e ao fundo ficam evidentes as áreas já devastadas.

Sittilo Voltolini, natural de Timbó/SC, escreveu uma trilogia sobre a constituição de Pato Branco, para onde migrou na década de 1960. Dedicou uma de suas obras, *O retorno 3: ciclo da madeira em Pato Branco*, à investigação das atividades madeireiras no município. Na referida obra, o autor

[33] Disponível em https://web.facebook.com/groups/356528421218198/media.

descreveu outra forma, além do uso do machado, à qual migrantes e caboclos recorreram para retirar árvores nos locais em que queriam implantar roças. Trata-se do uso do fogo. Segundo Voltolini, houve casos em que não se

> [...] derrubava o pinheiro, matava-o em pé, pelo fogo. Para as roçadas escolhia área de pouco pinho, uma vez que aqui [Pato Branco] era impossível encontrá-la, punha abaixo a capoeira e o taquaral e, quando secos, tacava-lhes fogo. Com o calor da queimada, esquentava-se a seiva na base do pinheiro a qual, depois, entrando em fermentação, obstruía, em definitivo, o fluxo para o alto, dando início a lenta agonia, uma luta silenciosa de meses, antes de se manifestarem os sinais de fim de resistência da vida. Virava espectro enorme, com braços desnudos erguidos para o céu, que lentamente, junto com a grossa casca, ia devolvendo ao solo, aí permanecendo ele, em pé, como vela gigantesca e esbranquiçada, à espera do definitivo funeral [...] (VOLTOLINI, 2000, p. 51).

Essa descrição de Voltolini sobre mais uma forma violenta da ação humana contra a natureza refere-se ao período aproximado das décadas de 1930 e 1940 e não deve ter acontecido exclusivamente em Pato Branco. Voltolini (2000, p. 56) chegou a utilizar como metáfora o princípio universal de que dois corpos não ocupam ao mesmo tempo o mesmo espaço para, de certa forma, justificar e celebrar a memória de migrantes, chamados por ele de pioneiros, que possuíam serrarias no município de Pato Branco. Em sua concepção, "[...] ou o homem se mantinha a distância, deixando o pinheiro dominar absoluto a região; ou chegava arredando-o, para aqui se estabelecer e implantar focos de desenvolvimento e progresso social" (VOLTOLINI, 2000, p. 57).

A opção dos seres humanos no sudoeste foi clara e definitiva. Como demonstram as fontes e a literatura, a ocupação da região por migrantes não foi pacífica e apresentou várias facetas de violência. Trata-se de uma soma de fatores que construíram um domínio violento sobre a natureza. E os personagens dessa ocupação, tanto migrantes como as autoridades públicas e intelectuais, sabiam desde cedo que a FOM tinha seus dias contados, mas não agiram para evitar a devastação florestal.

1.7 MOSTRAS E ALERTAS PARA O FIM DA FOM NO SUDOESTE DO PARANÁ

A criação de representações depreciativas sobre o sudoeste do Paraná causou sérios impactos ambientais na região, já que, sendo tomada como área economicamente pobre, embora com abundância de recursos naturais industrializáveis, e sem população, a sua reocupação por migrantes, imobiliárias e serrarias foi intensa e desordenada. As consequências desse processo e de suas ações já eram advertidas, pelo menos, desde meados do século XX. Um exemplo pode ser encontrado no trabalho do geólogo alemão Reinhard Maack intitulado *Geografia física do estado do Paraná*, publicado em 1969[34], que alertava para o fim da FOM e sobre as possíveis mudanças climáticas em virtude da modificação da paisagem natural, utilizando como exemplo a colonização do norte do Paraná.

Reservas expressivas dessa floresta ainda eram encontradas em meados do século XX na região sudoeste do Paraná, com grande população de pinheiros em idade adulta, com diâmetro maior de 40cm. Inclusive um dos municípios com a maior quantidade de pinheiros com essas características era Clevelândia, com 11.778.160 árvores, ficando atrás apenas de Laranjeiras do Sul/PR, município vizinho da região sudoeste paranaense, com 14.430.000 árvores. Esses dados foram apurados pelo Instituto Nacional do Pinho (INP) nos anos de 1949 e 1950, de acordo com Nodari (2018b, p. 22).

Na Gleba Missões, região onde atualmente se localizam os municípios de Francisco Beltrão, Dois Vizinhos e Verê, havia pelo menos 3 milhões de araucárias adultas (WACHOWICZ, 1985, p. 189). E as florestas detinham dimensões superiores, presentes em vários outros municípios da região, possuindo parte considerável dos 60.062.010 de pinheiros em idade adulta contabilizados no Paraná no período referido (NODARI, 2018b).

O número de indivíduos da espécie, todavia, era bem superior aos 60 milhões, mas esse quantitativo referia-se apenas, como já mencionado, às árvores consideradas adultas, uma noção vinculada à perspectiva econômica, já que árvores de porte menor também cumprem importante papel em uma floresta e produzem sementes a partir de 12 a 15 anos de idade com o diâmetro de tronco inferior a 40cm (WENDLING; ZANETTE, 2017, p. 31). A estimativa do INP não era para conservá-los, mas sim para calcular por quanto tempo as serrarias ainda poderiam derrubá-los, pois essa era a preocupação do órgão, conforme demonstrou Carvalho (2018, p. 86).

O número de serrarias no Sul do Brasil nesse período era bastante expressivo. Ao realizar o levantamento das serrarias registradas entre os anos de 1947 e 1967, Nodari (2018b) constatou um quantitativo de 2.773 serrarias de pinheiros para venda nos mercados nacional e internacional. Além dessas serrarias que trabalhavam apenas com o corte de araucária, havia outras 4.444 divididas entre atividades voltadas para serrar madeira de lei, as mistas (serravam todas as árvores) e as que serravam apenas para comércio local.

[34] Nesta pesquisa é utilizada a 4ª edição da obra, publicada em 2017 pela Editora UEPG.

Nesse período a quantidade de serrarias no Paraná teve intenso crescimento, enquanto decresceu em Santa Catarina e no Rio Grande do Sul (NODARI, 2018b). Possivelmente esse fenômeno esteve atrelado ao fim das araucárias de corte nos dois estados mais meridionais do Brasil e a migração de muitos madeireiros para o Paraná, onde a agressividade das serrarias avançava sobre as florestas que ainda restavam e que já eram cobiçadas desde finais do século XIX, isto é, as florestas com araucária a oeste de Palmas e Guarapuava, que incluía o sudoeste do Paraná.

A Tabela 2 representa os dados oficialmente registrados e o crescimento da quantidade de serrarias entre os anos de 1947 e 1967, comparando o Sul do Brasil em geral, o estado do Paraná e especificamente o sudoeste do estado. Foram contabilizadas todas as madeireiras que trabalhavam na produção de "pranchas, dormentes, tabuas, caibros, tacos para assoalhos e outros", cerca de 98% do total; as que trabalhavam com "madeira compensada, folheada e laminada e madeira preparada para lápis", cerca de 2% do total; e as que reservavam madeira e produziam "tabuas, barrotes, tacos para assoalho e semelhantes", que representavam menos de 1% do total (CADASTRO INDUSTRIAL DO CENSO, 1968, p. 14).

Tabela 2 – Madeireiras registadas no Sul do Brasil entre 1947 e 1967

Região	Madeireiras contabilizadas no período de 1950–1959	Madeireiras registradas em 1965–1967
Sul do Brasil	6.304	7.217
estado do Paraná	1.459 (23,12% do total da Região Sul)	1.888 (26,18% do total da Região Sul)
sudoeste do Paraná	326 (22,3% do estado do Paraná; e 5,2% do total da Região Sul)	475 (25,1% do estado do Paraná; 7,5% do total da Região Sul; e demonstra um aumento de 45,7% em relação ao quantitativo registrado em 1959)

Fonte: Anuário Estatístico do IBGE (1960, p. 124-128); Cadastro Industrial do Censo (1968, p. 14-564); Nodari (2018b, p. 23). Organização do autor deste trabalho

Na década de 1960, Reinhard Maack já alertava para o futuro breve e catastrófico das florestas no Paraná, sobretudo as que continham araucária em sua formação. O geólogo alemão afirmou que a falta de cuidados e preocupações com a natureza que havia conhecido no Paraná era de responsabilidade do aparelho administrativo do estado e que a destruição era irreversível. Em relação às áreas ainda florestadas no período, Maack previu que

> Em pouco tempo as primitivas regiões de matas estarão completamente destruídas no Estado do Paraná. As últimas reservas de matas virgens talvez resistirão ainda durante uma geração. O destino da mata já está traçado, pois o Estado não criou oportunamente as reservas naturais necessárias (MAACK, 2017, p. 238).

Maack iniciou suas atividades de pesquisa sobre natureza no Paraná na década de 1940. Durante esse decênio, o geólogo publicou diversos estudos que, de certa forma, denunciavam a irracionalidade com que se devastavam as florestas no estado. Assim foi que em 1949 ele proferiu uma palestra denominada "O problema da destruição das matas no Paraná" no Rotary Clube de Curitiba. O teor da palestra foi publicado pela instituição citada, com o mesmo título.

No ano seguinte, 1950, Maack publicou o *Mapa fitogeográfico do estado do Paraná*, o qual desenhou e organizou durante a década de 1940 em conjunto com o Serviço de Geologia e Petrografia do Instituto de Biologia e Pesquisas Tecnológicas (IBPT). O mapa detalhava as formações naturais do estado do Paraná e indicou que o sudoeste do Paraná possuía, ainda, uma frondosa formação da FOM com áreas de transição para FES, como se demonstra a seguir.

Figura 7 – Mapa fitogeográfico do estado do Paraná publicado por Reinhard Maack em 1950

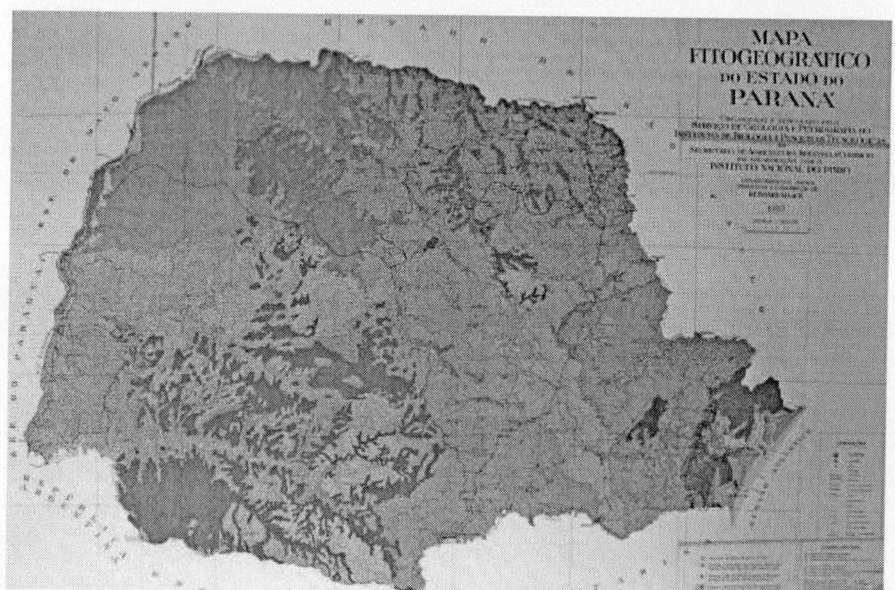

Fonte: arquivo do Instituto de Tecnologia do Paraná (TECPAR)[35]

[35] Disponível em: everest5.tecpar.br/iconografico/acervo. Acesso em: 20 jun. 2020.

No mapa fitogeográfico (Figura 7), visualiza-se no sudoeste do Paraná uma grande mancha cinza-escura, que representa a ocupação pela FOM, assim como as áreas de transição com as formações da FES. Seguindo o mapa, pode-se afirmar que era a maior reserva do estado e, como se procura evidenciar neste estudo, a ocupação do sudoeste por migrantes reduziu a FOM a pequenas frações espaciais da região.

As autoridades estaduais possivelmente tinham acesso aos estudos de Reinhard Maack sobre a situação das florestas, dado o fato, por exemplo, de que o geólogo foi contratado pelo governo do Paraná em 1944 e desenvolveu atividades junto ao Museu Paranaense e ao Instituto de Biologia e Pesquisas Tecnológicas (MAACK, 2017, p. 11).

Outro indicativo de que as autoridades e parte dos madeireiros do estado do Paraná conheciam os riscos da extinção da FOM, assim como de outras formações naturais como a FES, é o material intitulado de Inventário do Pinheiro do Paraná[36], elaborado conjuntamente pela Comissão de Estudos e Recursos Naturais Renováveis do Estado do Paraná (Cerena) e pela Companhia de Desenvolvimento Econômico do Paraná (Codepar) na década de 1960. Esse documento, já conhecido e citado por muitos historiadores(as), tinha claramente preocupações de gênero econômico com o pinheiro e somente de forma secundária preocupação ecológica.

A região sudoeste do Paraná foi uma das áreas mapeadas pela equipe que elaborou o Inventário e que desejava saber o quantitativo de pinheiros para se calcular o volume de madeira que ainda poderia ser extraída para fins industriais. Logo no preâmbulo do Inventário, é informado que se estimava existir ainda um total de 1.500.000ha de terra cobertos pela FOM no estado. A extensão dessa área ia aproximadamente desde Cascavel até o sul do Paraná, o que justificou o recorte espacial adotado na elaboração do material.

Desde o mapa fitogeográfico elaborado por Maack (1950) até a publicação do Inventário (1966), muitas serrarias se instalaram no sudoeste paranaense. A devastação da FOM nesse período foi bastante intensa e grande parte da região sudoeste já possuía praticamente apenas florestas consideradas de tipo 2, aquelas que já estavam em constante exploração por serrarias e constituíam remanescentes, e em menor quantidade florestas de

[36] Existem duas publicações com o título de Inventário do Pinheiro do Paraná, uma mais ampla e outra contendo o "Extrato do relatório da Coordenação do Projeto de Recursos Florestais à Comissão de Estudos dos Recursos Naturais Renováveis do Estado do Paraná".

tipo 1, aquelas consideradas à época como intactas em relação à exploração por serrarias. Além disso, o Inventário não representou as áreas já completamente devastadas e dominadas pela agropecuária, como demonstra a Figura 8.

Figura 8 – Mapeamento de tipos de florestas elaborado pelo Inventário do Pinheiro do Paraná

Fonte: DILLEWJIN (1966, p. 9)[37]
Legenda: As manchas cinza-escuras representam as florestas tipo 1, ainda não exploradas por serrarias; as manchas cinza-claros representam as florestas tipo 2, aquelas já exploradas por serrarias.

---

[37] O mapa da Figura 8 foi extraído do título que contém o "Extrato do relatório da Coordenação do Projeto de Recursos Florestais à Comissão de Estudos dos Recursos Naturais Renováveis do Estado do Paraná". Esse mapa colorido não está na versão completa do Inventário, que contém um mapa em preto e branco em folha do tamanho A0, o que impossibilitou o seu dimensionamento de maneira legível nesta pesquisa.

Alguns anos antes da publicação do Inventário do Pinheiro do Paraná, o governo do estado criou diversas reservas florestais através de leis e decretos, na década de 1950, inclusive no sudoeste do Paraná. Essas reservas não foram representadas no Inventário, que considerou as "florestas pluviais-tropicais", as "florestas tropicais", as florestas com araucária, as "áreas totalmente devastadas e trabalhadas para atividades agrícolas"; as "áreas de campos típicos"; e "informações topográficas" (DILLEWJIN, 1966, p. 13).

Na década de 1950, foi criada oficialmente uma reserva florestal no sudoeste do estado. Por meio do Decreto n.º 17.790, de 17 de junho de 1955, o governo do Paraná criou a Reserva Florestal de Missões com 50.000ha entre os municípios de Pato Branco e Francisco Beltrão. A administração de tal reserva ficou a cargo do Departamento de Geografia, Terras e Colonização do Paraná (RAMOS, 1969, p. 75). Foram criadas outras reservas no Paraná na década de 1950, que eram, ou deveriam ser, administradas pela Secretaria de Agricultura do Paraná ou pelo IBDF, conforme demarcações da Figura 9.

Figura 9 – Mapa das reservas florestais criadas por leis ou decretos no Paraná na década de 1950

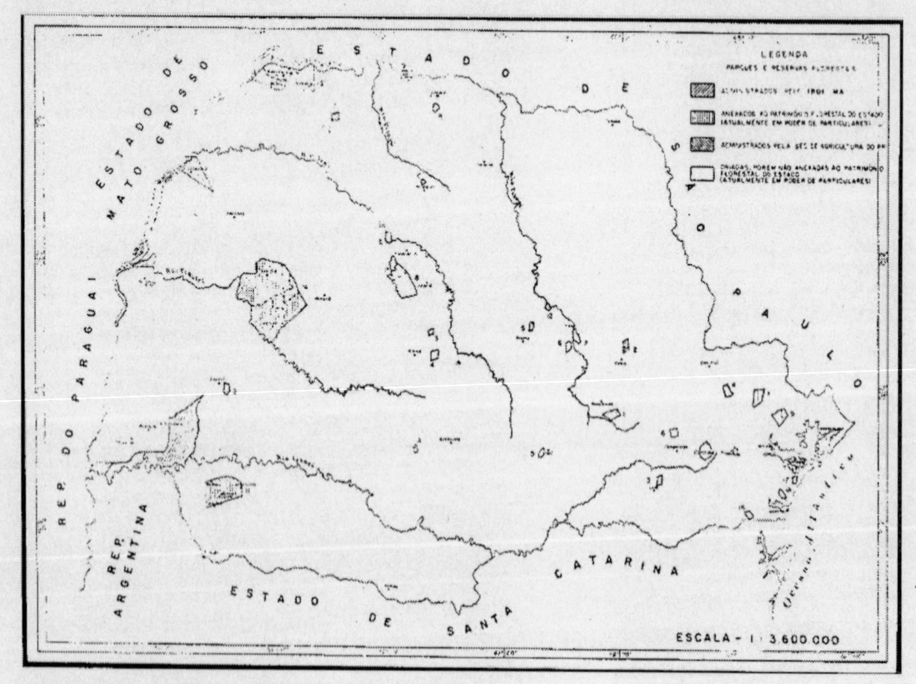

Fonte: Ramos (1969, p. 78)

Legenda: As áreas demarcadas com traços diagonais para direita superior representam as reservas que estavam sob administração do IBDF; as áreas demarcadas com traços verticais representam as áreas anexadas ao Patrimônio Florestal do estado e que estavam sob domínio de particulares; as áreas demarcadas com traços diagonais para a direita inferior estavam sob administração da Secretaria de Agricultura do Paraná; e as demarcações sem traços são das reservas criadas apenas em lei, mas que não foram anexadas ao Patrimônio Florestal do Paraná, não eram administradas por nenhum órgão público e estavam sob domínio da iniciativa privada.

Não há registros de que a Reserva de Missões tenha existido para além do Decreto, ou seja, fora do papel. A Reserva seria justamente na área onde se originaram diversos litígios que culminaram na Revolta dos Colonos de 1957. É de se considerar a hipótese de que a criação dessa reserva não tinha o intuito de conservação ambiental, todavia atendia a interesses de empresários de Curitiba, como o próprio governador à época, Moysés Lupion, que adquiriu, por meio da CITLA, a Gleba Missões e parte da Chopim através de transações fraudulentas no ano de 1950 (FOWERAKER, 1982, p. 190; LAZIER, 1983, p. 42; GOMES, 1986, p. 34).

A Secretaria da Agricultura do Estado do Paraná era responsável por normatizar e regulamentar o processo de ocupação de áreas próximas às reservas, bem como o aproveitamento das terras das Reservas Florestais do estado. Porém, o Departamento de Geografia, Terras e Colonização (DGTC) não respeitou os requisitos mínimos e assim acelerou o processo de devastação. Segundo Ramos (1969, p. 76), [...] as atividades do D.G.T.C. no setor de Preservação e defesa dos recursos naturais do Estado, [...] somente entregou essas terras sem observação mínima dos princípios exigidos pelo Código Florestal de 1934, de reservar pelo menos 25% de área florestada".

No final da década de 1960, é fundada a revista *Floresta*[38] pelo curso de Engenharia Florestal da Universidade Federal do Paraná. Relevantes estudos sobre as florestas do Paraná, bem como discussões sobre a implantação da silvicultura no estado começaram a ser publicadas a partir de 1969 na referida revista.

Uma das primeiras publicações da revista *Floresta* foi a do engenheiro florestal Antonio Albino Ramos, que demonstrou que haviam sido criadas 35 reservas destinadas à preservação de florestas no Paraná, por meio de decretos, leis e portarias. Dessas 35 áreas, apenas 6 estavam sob administração da Secretaria de Agricultura, conforme a Figura 9. O DGTC era

[38] É possível acessar o site da revista *Floresta* no seguinte endereço: https://revistas.ufpr.br/floresta.

responsável pela administração de 18 áreas, nas quais a devastação florestal tinha ritmo acelerado, assim como em áreas administradas pelo Instituto Brasileiro de Desenvolvimento Florestal (IBDF), além de outras que não eram administradas. As diferentes gestões das áreas fizeram com que, de um total de 944.774 hectares de florestas que deveria ser conservado nas reservas entre os anos de 1940 e 1964, apenas 5.104 hectares fossem preservados (RAMOS, 1969, p. 72-77).

O autor ainda apresentou outros importantes dados, demonstrando que tanto o DGTC quanto o IBDF agiam mais em prol da devastação do que da conservação e que nas áreas que estavam sob suas administrações surgiram municípios. Também evidenciou que já na década de 1960 a maior parte dos municípios do Paraná já possuía mais áreas com práticas agrícolas do que com florestas. Não obstante, informou que: "Das áreas florestais existentes restam somente 335.540,14 ha de florestas, atualmente em poder de particulares" (RAMOS, 1969, p. 91).

Datam do final da década de 1960 os primeiros relatos de um surto de lagartas atacando a araucária. Segundo os estudos do engenheiro agrônomo Antônio Espyridião Brandão, em 1968 houve um ataque às partes aéreas de araucárias de um pinhal adulto, com árvores com idade média de 50 anos no interior do Paraná, sem informar, no entanto, a localidade exata. Afirmou Brandão (1969, p. 103) que como a principal

> [...] característica desta ocorrência destacamos a voracidade com que a lagarta devorou totalmente as acículas coriáceas da Araucária angustifólia (Bert.) A. Ktza. e também pelo fato de nunca termos visto e nem tivemos notícias de uma ocorrência como esta.

Sua causa pode estar ligada à devastação das florestas e ao avanço da monocultura de gêneros com modificações genéticas em laboratórios, assim como a utilização de agrotóxicos, bem como pode ter sido natural.

No estudo, Brandão (1969) não aponta em definitivo qual era o gênero das lagartas, mas aponta a possibilidade de que fossem do gênero *Fulgurodes*, baseado em outros estudos. Amostras foram enviadas para um especialista para a classificação. Outro dado grave apontado pelo autor é o fato de que, apesar de grande, o surto de lagarta não se proliferou porque se deparou com predadores criados em laboratórios. Segundo o pesquisador,

> As lagartas se encrisalidaram na própria árvore atacada e construíram seus casulos na parte inferior dos galhos. O casulo em malhas largas, de modo que se vê perfeitamente a crisálida no seu interior. Em um pedaço de galho, com 83

> centímetros de comprimento, encontramos 113 indivíduos, dos quais 39 lagartas e 74 crisálidas. Destas últimas somente 26 estavam vivas e as 48 restantes se achavam mortas, esta limitação foi causada, principalmente, pelo parasitismo de um Diptero e de um Micro-Himenóptero (estes dois insetos predadores foram criados em laboratório, porém ainda não foram classificados) (BRANDÃO, 1969, p. 104).

Outra publicação da revista *Floresta* registrou problema semelhante. Trata-se do trabalho de Virtor Osmar Becker, que relatou em 1970 a existência de insetos no Paraná que atacavam a *Cedrela fissilis*, que haviam sido criados em laboratório e denominados *Antaetricha dissimilis* (BECKER, 1970, p. 69).

Outro exemplo de alerta sobre a devastação das florestas com araucária é encontrado no pronunciamento na Câmara de Deputados pelo deputado federal Arnaldo Busato em 1971. Arnaldo Busato viveu na cidade de Clevelândia no final da década de 1950 e início da década de 1960, e elegeu-se em 1962 como deputado estadual com eleitorado majoritariamente do sudoeste do Paraná. Desfrutava de conhecimento empírico do avanço das serrarias sobre as florestas na região. Em seu discurso, advertiu para o fim da araucária e o domínio do *Pinus elliotti* na paisagem paranaense, pois a política de reflorestamento do período exigia que apenas 1% das espécies utilizadas em reflorestamentos fossem nativas e previa generosos incentivos fiscais no caso de cultivos de pinus por meio da Lei n.º 5.106, de 2 de setembro de 1966, conforme analisou Carvalho (2006, p. 74; 2010, p. 158).

Com base no Inventário do Pinheiro do Paraná (1966), Arnaldo Busato alertou que em 1978 não existiriam mais pinheiros no Paraná e criticou a política de reflorestamento vigente. Segundo o deputado:

> As conseqüências da atual política de reflorestamento já são sentidas em meu Estado — em vários municípios as serrarias estão fechando as portas, em outros até a madeira de lei já está sendo cortada, pela falta do pinheiro, que é desprezado pelas companhias reflorestadoras, em favor do *pinus elliotti*, ante o silêncio das autoridades competentes, que até os dias atuais continuam surdas às seguidas advertências de técnicos no setor.
>
> Não bastasse o fato de que a indústria extrativa madeireira envolve, como disse, cêrca de 80.000 pessoas, é de se salientar que ela representa 15% do total da renda econômica do

> Paraná, fato que diz bem da gravidade da situação que se avoluma, a cada dia que passa (BUSATO, 1971, p. 1).

A crítica de Arnaldo Busato, como fica evidente, advinha, especialmente, das preocupações econômicas. Seu olhar era para os empregos e, sobretudo, para os cerca de 15% do total das receitas do estado do Paraná, como ele próprio salientou. Isso fica mais claro quando, no mesmo discurso, o deputado argumentou que a qualidade e o valor de mercado do *Pinus elliotti* eram inferiores aos da araucária, principalmente para a exportação. Em 1971, cerca de 85% dos reflorestamentos eram compostos de *Pinus elliotti*, o que Arnaldo Busato atribuiu ao crescimento rápido da espécie.

> E as novas florestas são constituídas, na base de 85% de *pinus elliotti*, 14% de araucária, e 1% de outras espécies, tais como eucalipto ou acácia. O crescimento rápido e a impressionante adaptação ao nosso clima estimularam uma preferência pelo *pinus elliotti*, que, segundo todos os técnicos, não se compara com a araucária, que dá melhor madeira, tem mais valor e um mercado exterior garantido, além de excelente rendimento industrial para celulose, papel e mobiliário. Não bastassem essas desvantagens, o *pinus elliotti* está fora de cogitações para exportações, pois nossos grandes compradores, Inglaterra e Argentina, têm boas reservas de *pinus elliotti*, sendo que a Argentina se prepara para produzir madeira de araucária, com nossas próprias sementes, adquiridas ao longo dos anos. Quanto à Inglaterra é conhecida a sua disposição de cortar as exportações do Brasil, pois lá o *pinus elliotti* não interessa (BUSATO, 1971, p. 1).

Após realizar suas observações em relação aos problemas que o reflorestamento com pinus estava causando, Arnaldo Busato sugeriu caminhos para alterar tal panorama com o objetivo de ser ouvido pela direção do Instituto Brasileiro de Desenvolvimento Florestal (IBDF), órgão responsável no período pelos assuntos de reflorestamentos nacionais (BUSATO, 1971).

Os apelos realizados pelo deputado Arnaldo Busato tinham base em trabalhos publicados na década de 1960. Além do já citado Inventário do Pinheiro no Paraná (1966), o deputado se baseava nas obras do professor e pesquisador da engenharia florestal Sylvio Péllico Netto. Grande referência sobre inventários florestais no Brasil, Péllico Netto participou da elaboração do Projeto de Recursos Florestais do Inventário do Pinheiro (1966) e foi um dos coordenadores do Inventário do Pinheiro no Sul do Brasil, publicado pela Fundação de Pesquisas Florestais do Paraná (Fupef) em conjunto com o IBDF em 1978.

Com essas importantes experiências no que dizia respeito ao pinheiro e a outras espécies nativas, Péllico Netto buscou alertar também em outros trabalhos que a FOM corria sérios riscos de desaparecer do Paraná devido à sua extração predatória realizada por serrarias e para a colonização das áreas florestadas.

Em artigo publicado na revista *Floresta* em 1971, Péllico Netto informou que os dados do Inventário do Pinheiro (1966) no Paraná já se encontravam bastante defasados e que a devastação avançava em ritmo acelerado e desordenado ameaçando e reduzindo o tempo de vida das florestas no Paraná. Assim descreveu a situação:

> [...] desde um século, os estados sulinos vêm explorando seus recursos florestais, sem ter estruturado uma política mais eficiente para regular a exploração, a qual teve uma orientação desordenada, fundamentando-se exclusivamente nas iniciativas e empreendimentos isolados, com estabilidade temporária pela falta de um programa de reposição e manejo, resultado em não aglutinação de esforços, que pudessem dar origem a grupos industriais produtores de matéria prima, antes que se aproximasse o colapso causado pelo acentuado declínio dos recursos florestais de pinheiro e outras essências florestais de importância industrial no Sul do País (PÉLLICO NETTO, 1971, p. 68).

Desde meados da década de 1960, o Paraná possuía escola e engenheiros florestais com capacidade de desenvolver um planejamento para a realização do reflorestamento das espécies da FOM, como também de outras formações vegetais do estado. Ainda no estudo citado, o autor criticou o reflorestamento realizado apenas com gêneros de pinus e sugeriu, inclusive, áreas onde se poderia planejar o reflorestamento com a araucária. Segundo o autor, cerca de 60% da área do Paraná era ideal para o plantio de pinheiros.

Nesse caso, Péllico Netto destacou o sudoeste do estado e as regiões vizinhas, informando que existiam áreas excelentes para o reflorestamento com araucária em Clevelândia[39], Laranjeiras do Sul e Cascavel, além de

[39] Quando visitei esse município para levantar dados para esta pesquisa em fevereiro de 2019, constatei, em conversa com um madeireiro, que uma serraria reflorestou uma área de 10.000ha com araucária no final da década de 1970, com o intuito de dar continuidade às suas atividades madeireiras. O dono da empresa, entretanto, não quis colaborar com a pesquisa, por isso não é possível fazer identificações.

Guarapuava e Roncador, basicamente cidades a oeste de Palmas e Guarapuava que eram, com exceção de Guarapuava, desqualificadas como sertão inóspito no início do século XX.

No estudo, Péllico Netto (1971, p. 74) propôs quatro medidas básicas com intuito de impedir o fim dramático a que estava ameaçada a FOM no Paraná. A primeira delas era a construção de Cartas Florestais de todas as espécies vegetais dos três estados do Sul do Brasil, incluindo as exóticas; a segunda consistia na elaboração de um inventário florestal de todas as áreas para que se pudessem fazer previsões da situação da madeira para uso comercial, de preferência a cada cinco anos; a terceira medida era o estabelecimento de reservas florestais produtivas e a conservação e produção de sementes que garantissem os reflorestamentos futuros; e a última medida básica e da qual dependiam as outras três era a criação de uma política de incentivo ao reflorestamento com araucária.

No final de seu artigo, Sylvio Péllico Netto fez ainda um importante apelo às autoridades públicas, bem como ao setor privado, para que o manejo predatório fosse interrompido e evitasse o final trágico da FOM. Concluiu seu trabalho salientando

> [...] a importância que a Araucária tem para a Economia Florestal do Sul do país, exige no momento que posições mais enérgicas sejam tomadas junto ao poder público e privado, para que não a exterminemos em futuro próximo (PÉLLICO NETTO, 1971, p. 74).

Os inúmeros apelos feitos por intelectuais, como Sylvio Péllico Netto, e políticos, entretanto, não foram suficientes para impedir a devastação de quase toda a FOM. Esse processo ocorreu no Paraná, de modo geral, rapidamente. Em algumas partes do estado um pouco mais tarde do que em outras, mas de fato o avanço das propriedades privadas sobre os campos e as florestas onde predominavam as populações indígenas causou impactos ambientais sem precedentes.

Para os povos indígenas, por outro lado, a terra não é divisível em partes. As cosmovisões indígenas, de forma geral, compreendem os seus territórios coletivamente, sendo a própria sociedade parte da natureza, e não o contrário. A natureza é reverenciada. O existir, pensar e sentir das sociedades indígenas, suas experiências transcendentais, espirituais ou religiosas, seus significados, representações políticas e organizações sociais e culturais, de forma ampla, estão ligadas à natureza (PIN, 2014).

As terras, as florestas, as águas e os animais, desde essa perspectiva, não podem sucumbir. Não podem ser devastadas, não representam dinheiro ou crescimento econômico. Os intelectuais e a elite paranaense, bem como os migrantes que chegaram ao sudoeste do Paraná, tinham uma visão contraditória à das sociedades indígenas. Talvez daí a necessidade, por parte da elite paranaense, de criar um "sertão inóspito", um "vazio demográfico", uma "mata virgem" e demonizar as populações indígenas, também as caboclas, e a natureza, para que o avanço da especulação imobiliária e madeireira e, consequentemente, do capital industrial pudesse criar e ocupar a região sudoeste legitimamente.

Esse processo não foi pacífico. As disputas por terras e por espécies da FOM, sobretudo a araucária, motivaram inúmeros conflitos durante décadas. Os indígenas e os caboclos que viviam na região resistiram e resistem até os dias atuais, embora o discurso do "pioneiro" colonizador seja hegemônico e elaborado cuidadosamente, como demonstra Langer (2010). As florestas que no início do século dominavam a região declinaram radicalmente e sua existência é ameaçada até os dias atuais.

A expansão da devastação ambiental no sudoeste do Paraná encontrou forte ritmo, inicialmente, a partir do município de Palmas, que contou com o desenvolvimento de estradas no início do século XX que possibilitavam o transporte de madeira serrada para o mercado de Curitiba, com o qual os palmenses já possuíam relações econômicas desde o século XIX. Assim, apresenta-se no capítulo 2 como as serrarias começaram a adentrar o sudoeste paranaense por meio de iniciativas que iam de Curitiba e União da Vitória/PR até Palmas e suas adjacências, sendo um importante caminho para migrantes que ocuparam a região, principalmente os que se deslocavam de Santa Catarina, mas também do Rio Grande do Sul.

2

DEVASTAÇÃO AMBIENTAL: O MUNICÍPIO DE PALMAS COMO ENTRADA DA "LOCOMOTIVA FUMEGANTE DO PROGRESSO" PARA O SUDOESTE DO PARANÁ

A historiografia paranaense dispõe de inúmeras análises sobre o município de Palmas, inclusive com vários trabalhos de cidadãos palmenses. A maior parte dessas obras aborda a formação socioespacial desse município durante o século XIX, quando a região recebeu o título de Campos de Palmas[40]. Esses estudos, de forma geral, são muito recorrentes até mesmo pela existência de arquivos que possibilitam as abordagens sobre a formação dos Campos de Palmas. Outro tema que tem sido explorado mais recentemente é relativo às serrarias e à alteração das paisagens dos Campos de Palmas a partir da década de 1950.

Por ser mais antigo e remontar ao período do Império, o município já possuía uma população que por gerações se ocupava com atividades pecuárias baseadas em relações socioeconômicas escravistas e, após a abolição, em condições precárias de trabalho para os descendentes de pessoas escravizadas, num modelo social típico de colonização portuguesa. No início do século XX, a região assistiu a uma evasão de pessoas que procuravam sobreviver e não encontravam formas em Palmas, descolocando-se para outras cidades, como Guarapuava e em direção ao sudoeste do Paraná, conforme demonstraram Correa (1970a), Abramovay (1981), Wachowicz (1987, 2001), entre outros trabalhos.

Com base em fontes pesquisadas em Palmas e em trabalhos como os anteriormente exemplificados, defende-se aqui que Palmas foi um dos municípios de entrada para a região sudoeste do Paraná não apenas pela pura e simples migração, mas por meio da devastação da FOM na qual os migrantes tiveram participação direta. Ou seja, se, por um lado, Palmas

[40] Essa denominação foi dada ao município por um militar que comandou o genocídio dos Kaingang em Guarapuava entre os anos de 1814 e 1819. A expedição partia de Palmas. As leis de emancipação e uma versão oficial da história do referido município podem ser acessadas no seguinte endereço: Prefeitura Municipal de Palmas/PR (pmp.pr.gov.br).

perdeu habitantes que buscavam sobreviver, por outro lado, o município também recebeu um fluxo de migrantes que trabalharam em serrarias, como proprietários ou funcionários, e outros que compraram áreas onde predominava a FOM e venderam as árvores para serrarias como meio de criar áreas agricultáveis.

Assim, Palmas foi um dos principais meios por onde a devastação avançou para as maciças florestas de FOM e FES ainda conservadas até meados da década de 1940 no restante da região, em municípios como Pato Branco, Francisco Beltrão, São João, Mangueirinha, Chopinzinho e Santo Antônio do Sudoeste. E nesse sentido datam da década de 1930 os primeiros registros de funcionamento de serrarias feitos pelo poder executivo de Palmas, antecipando-se, pelo menos legalmente, aos demais municípios da região.

Esses primeiros registros concedidos pela municipalidade justamente colocam Palmas como anunciador dessa hecatombe ambiental que recaiu na região nesse processo de colonização por migrações que acabou por devastar a FOM. Assim, analisam-se alguns motivos que evidenciam esse juízo sobre Palmas por motivos distintos, destacadamente geográficos, sociais e econômicos.

2.1 O AVANÇO DAS SERRARIAS SOBRE O SUDOESTE DO PARANÁ A PARTIR DO CAMINHO PORTO UNIÃO/SC E UNIÃO DA VITÓRIA/PR-PALMAS

Por ser, como já citado, um município criado no período imperial, Palmas detinha fluxos de comunicação e de comércio já estabelecidos com outras regiões do Paraná e, também, com outros estados, dada a frente pecuária constituída nos Campos de Palmas ainda no século XIX. Assim, o município já tinha trânsito econômico com os estados do Rio Grande do Sul e de São Paulo, também com Porto União/SC e União da Vitória/PR e, por meio desses últimos municípios, com a capital do estado.

A relação com Porto União e União da Vitória, aliás, teve grande importância para a entrada de madeireiros em Palmas. Por meio desses municípios, Palmas foi conectada à Estrada de Ferro São Paulo-Rio Grande do Sul (EFSPRG). E as áreas por onde passou tal ferrovia foram, desde o final do século XIX, o epicentro da devastação da FOM, sendo destacado o trabalho da empresa estadunidense *Southern Brazil Lumber and Colonization* (CARVALHO, 2010).

Nas proximidades da EFSPRG, diversas outras serrarias de menor porte foram construídas (SILVA; BRANDT; CARVALHO, 2016), além de possibilitar a exploração de novas frentes de colonização e migração. Palmas estando relativamente próximo de Porto União/SC e União da Vitória/PR, para os padrões da época, inevitavelmente passou a receber esse fluxo no decorrer de pouco tempo, conforme as fontes demonstram.

A ligação entre Palmas e União da Vitória remonta ao século XIX e era utilizada por tropeiros para chegarem a Curitiba. Aliás, de acordo com Straube (2007, p. 10, 116), Porto União/SC e União da Vitória/PR surgiram em virtude da existência de um vau no Iguaçu que, entre outros destinos, estabeleceu o trajeto de tropeiros dos Campos de Palmas para os Campos de Curitiba. Esse tipo de ponto estratégico para a travessia de rios com muares, equinos, gado vacum e suíno também foi utilizado pelos tropeiros de Palmas para superar e para transportar criações do oeste do rio Chopim para o mercado de Curitiba (STRAUBE, 2007).

A comparação do Mapa fitogeográfico do estado do Paraná, publicado por Reinhard Maack em 1950, com a tese de Carvalho (2010) e com o caso do sudoeste do Paraná desvela que a FOM ganhou alguns anos a mais de vida se comparada à região da EFSPRG. O que se nota é que a inexistência de estradas de ferro criou obstáculos à integração da região ao mercado da exploração de madeira no final do século XIX e início do século XX.

Outras fontes que serão discutidas adiante demonstram que quando a colonização por migrantes teve início a oeste de Palmas, a partir das décadas de 1940 e, sobretudo, da década 1950, nem mesmo estradas de rodagem estavam efetivamente estruturadas, ficando o transporte de madeira, entre outras situações, inviabilizado.

É inegável que, em meio à confusão fundiária, social e política que havia no sudoeste do Paraná em sua formação inicial, muitos serradores adentraram as matas e grilaram, antes da terra, pinheiros para comercialização no Rio Grande do Sul por outros caminhos além de Palmas. Entretanto, pela falta de infraestrutura, entre outros motivos, essa prática não alcançou grande êxito. Wachowicz (1985) destacou em entrevista que realizou com o ex-diretor da CITLA Mario Fontana que a extração de madeira na região de fronteira nos municípios de Barracão, Santo Antônio e Pranchita era trabalho de migrantes do Rio Grande do Sul que adentravam as florestas e serravam ilegalmente espécies da FOM e as mandavam para o seu estado de origem pelas precárias estradas que ligavam os referidos municípios fronteiriços com São Miguel do Oeste/SC até Iraí/RS. Mario Fontana afirmou nessa entrevista que até a década de 1950 era impossível praticar o comércio do que se extraía da FOM no sudoeste Paraná por não haver estradas (WACHOWICZ, 1985, p. 197-199).

Por ter acesso à EFSPRG, portanto, Palmas recebeu muitos madeireiros que já praticavam essas atividades no Rio Grande do Sul e, principalmente, em Santa Catarina na região do Contestado (BAUER, 2002, p. 180). Com base nas fontes, compreende-se que esses madeireiros se aproveitavam do fluxo do mercado da madeira na EFSPRG para criar outro em direção ao oeste via General Carneiro, quando esse município ainda era uma vila de Palmas.

Esse fluxo foi iniciado já na década de 1930. Isso do ponto de vista legal, ou seja, são de 1935 os primeiros alvarás de funcionamento para esse tipo de estabelecimento em Palmas, entretanto, pelo que indica a historiografia, e considerando as divisas municipais pouco esclarecidas e nada fiscalizadas nesse período, as serrarias podem ter começado a operar sem alvarás em tempos anteriores, concomitante e posteriormente às licenciadas.

Os pequenos proprietários, migrantes em grande parte, viam a possibilidade da sobrevivência explorando a lenha e queimando a madeira (árvores), ainda antes das serrarias, para introduzir roças. Carvalho (2010, p. 87–88) destaca que as áreas mais ou completamente devastadas são as que foram fragmentadas em pequenas propriedades e que a população utilizou muita lenha como principal ou único recurso energético e que também vendiam as árvores para serrarias explorarem, prática comum durante todo o período de extração de espécies da FOM. Essa prática também foi ilustrada por Carlin (2019, p. 82), que argumenta que:

> Muitas serrarias não eram proprietárias das terras nas quais exploravam os pinheirais. Era comum que adquirissem apenas as árvores. Muitas compras eram legalizadas e registradas em cartório através de contratos particulares [...].

De acordo com Carvalho (2010, p. 87), as florestas com araucária mais preservadas no Paraná estão nos municípios de Palmas e de General Carneiro. Nesse sentido, podem ser considerados alguns fatores para a existência desse fenômeno. Essas famílias do século XIX e seus herdeiros se dedicavam prioritariamente à criação de gado vacum e não tiveram a mesma demanda pela derrubada da floresta por questões de negócio; há a possibilidade de manutenção da floresta como herança ou, ainda, de não terem conseguido derrubá-la antes das mudanças da legislação.

Acredita-se que a primeira situação, a prioridade às atividades pecuárias, possa ter prevalecido, pois não foram encontrados indícios de que os latifundiários de Palmas estivessem preocupados com o ambiente natural da região no século XIX e início do século XX, além de praticarem a caça predatória de animais que consideravam prejudiciais à criação de gado, como de onças (CARLIN, 2019, p. 64-65). Ou seja, esses proprietários de grandes faixas de terra optaram por serem pecuaristas, e isso, por mais paradoxal que possa parecer atualmente, fez com que essas áreas de FOM continuassem vivas.

De modo geral, o ambiente era manejado sem planejamento, sem auxílio do poder público, sem orientações científicas que pesassem em favor do ambiente.

2.1.1 A falta de infraestrutura a oeste de Palmas

De forma semelhante a esse processo de ocupação de Palmas na primeira metade do século XX, ou seja, por meio de migrações e atividades madeireiras devastando a FOM, também é possível caracterizar a ocupação por migrantes de todo o sudoeste do Paraná. Contudo, enquanto não existiram caminhos mais consistentes para ligar o restante da região a Palmas, o ambiente da região permaneceu mais conservado, pois até a década de 1950 as serrarias não conseguiam meios para escoar eventuais produções.

Essa situação fica evidente em vários documentos, como nos trabalhos preparados para a comemoração dos 50 anos da estrada de ferro do Paraná. Alguns desses trabalhos expõem importantes apurações sobre a construção de ferrovias no estado, apontando equívocos e esforços necessários para mudar o cenário que se apresentava na economia paranaense na década de 1930.

Um dos materiais publicados em 1935, na obra *Cinquentenário da Estrada de Ferro do Paraná*, foi o trabalho intitulado "Expansão econômica do Paraná", do deputado federal João Moreira Garcez. Tal material foi elaborado para uma conferência realizada em 1929 no "Centro Paranaense" no Rio de Janeiro, então capital federal, com o qual o deputado fez um balanço da situação econômica do Paraná. No referido documento, o deputado fez várias análises sobre a economia do estado, incluindo atividades como a exportação de produtos de agricultura e do extrativismo praticados no Paraná na década de 1920. Segundo o deputado João Moreira Garcez, "O café, o mate e a madeira, indubitavelmente constituem os verdadeiros factores dynamicos do progresso do Paraná" [sic] (GARCEZ, 1935, p. 155).

De acordo com Garcez, embora a erva-mate fosse muito rentável e importante para a economia do estado, na década de 1920 havia dificuldades crescentes para a sua extração e transporte, pois a cada ano os pontos que beneficiavam a erva estavam mais distantes das estradas de ferro ou portos, problematizando o transporte "[...] com a penetração para o interior do Estado, a Oeste, onde ainda não existem os convenientes meios para circulação da riqueza" (GARCEZ, 1935, p. 155). O oeste a que se referiu Garcez é o próprio sudoeste. Essa denominação era utilizada pela elite e por intelectuais paranaenses para se referir aos territórios a oeste de Palmas e de Guarapuava, ou seja, o sudoeste e o oeste paranaenses, esse último limitando-se, então, basicamente ao município de Cascavel.

No trecho citado anteriormente, nota-se que os ervais, pelo menos os nativos, iam sendo extintos conforme também se devastavam as demais espécies da FOM nas proximidades da EFSPRG. O deputado não abordou a possibilidade de reflorestamento ou assuntos ligados à conservação ambiental. É a natureza entendida apenas como recurso industrializável, uma faceta da violência ambiental.

Na sequência da sua comunicação, são apresentados dados sobre os valores econômicos oriundos da extração e da exportação de erva-mate do Brasil e mais detalhadamente a partir do Paraná. A exploração da erva-mate era considerada menos lucrativa apenas que a cultura do café, que, no norte do Paraná e em outras regiões do Brasil, detinha acesso a estradas de ferro[41].

E nesse caso João Moreira Garcez defendeu que a construção de vias minimamente estruturadas em direção ao oeste do estado poderia aumentar o potencial econômico ligado à exploração da erva-mate. Demonstrou que uma zona importante do estado estava isolada, utilizando como argumento justamente a região sudoeste do Paraná. De acordo com o deputado:

> Basta considerar as hervas extrahidas de Clevelandia, Palmas, Mangueirinha, cujos transportes chegam a ser feitos a mais de 100 kilómetros em cargueiros, depois, mais de 150 kilómetros em carroças, para em seguida percorrer mais de 500 kilómetros de estrada de ferro e finalmente 1.600 ou 2.000 kilómetros de Navegação Marítima, conforme o porto de destino seja Buenos Aires ou Rozario, com percurso total, portanto, de quasi 3.000 kilómetros, incluindo 8 ou 10 transbordos. [...]

[41] Em nível nacional, também o cacau, além do café, excedia números da erva-mate (GARCEZ, 1935, p. 161).

> O que se verifica em relação à herva-mate, ***mutatis-mutandis***, se applica á madeira, que não obstante a crescente acceitação que vae tendo não só nos mercados nacionaes como também na Argentina e Uruguay, nem por isso o volume da exportação tem crescido na proporção que logicamente seria de esperar. [sic] (GARCEZ, 1935, p. 165, destaque no original).

Se esse problema já era saliente em relação à exploração da erva-mate, que historicamente foi transportada por muares em estreitas trilhas, pode-se reafirmar a dificuldade, senão impossibilidade, de se retirar madeira do sudoeste do Paraná nesse período. Portanto,

> D'ahi resulta a imperiosa necessidade que actualmente se faz sentir, com bastante intensidade, em relação ao aproveitamento de outros hervaes e pinheiraes; que offereçam melhores vantagens commerciaes (GARCEZ, 1935, p. 168).

Dessa forma, João Moreira Garcez frisava seus argumentos sobre a necessidade de criarem-se meios para a exportação de madeira e erva-mate a serem exploradas no oeste, aproveitando os rios Iguaçu e Ivaí, este mais ao norte e importante para a região de Campo Mourão/PR, para transportar produtos para o rio Paraná e dali exportar para os mercados dos países vizinhos. Ao passo que lamentava tal situação, o deputado defendia que era uma importante "missão civilizadora" e "patriótica" do estado do Paraná construir vias que possibilitassem a exploração dos recursos da FOM do oeste. E afirmava que, enquanto isso não fosse possível, encontrava-se nessa região "[...] grandioso futuro que se acha reservado para hinterland Paranaense", concluindo que

> O aproveitamento dessa riqueza incommensuravel, desse **extraordinario patrimonio que a natureza tão prodigamente nos legou**, como o activamento de todas essas fontes de energias económicas, depende do factor transporte (GARCEZ, 1935, p. 171, destaques meus).

As espécies da FOM são vistas como uma espécie de poupança propiciada pela natureza, como se ali não houvesse outra perspectiva para a vida natural, bem como deixam de ser consideradas pelo deputado as sociedades indígenas e caboclas da região. O transporte moderno, ou melhor, a ausência dele, dava alguns anos a mais para a existência desses povos e da FOM em oposição à "civilização" que a devastaria em pouco tempo.

Ainda na mesma publicação, mas elaborado pelo engenheiro civil Adriano Goulin, então professor da Faculdade de Engenharia da Universidade do Paraná e consultor técnico da prefeitura de Curitiba, encontra-se o texto "Planos viário e ferroviário do Paraná", no qual também são encontrados dados relativos à situação da infraestrutura do sudoeste do estado.

Goulin enfatizou que apesar das vias de rodagem já construídas no Paraná até a década de 1920, fundamentais para os êxitos econômicos do estado, carecia-se ainda de interconexões com as regiões a oeste de Palmas e Guarapuava. Evocando, inclusive, o supracitado deputado João Moreira Garcez, também engenheiro, assim foi definida a situação por Adriano Goulin:

> Desde o 1.º Congresso Nacional de Estradas de Rodagem, de 1916, no qual o destacado representante do Paraná, engenheiro civil dr. João Moreira Garcez, demonstrou brilhantemente, com surpreza para quasi todos, que possuíamos, nesta pequena unidade da Federação, a mais ampla rede de estradas de rodagem do Paiz, até o 2.º Congresso Pan-americano de Estradas de Rodagem, reunido em 1929, em que foi apresentado bem elaborado memorial por um dos delegados do Paraná, o distincto engenheiro civil dr. Angelo Ferraro Lopes, sempre o Paraná se destacou, em confronto com as demais unidades da Federação Brasileira.
>
> Entretanto, **apesar de possuirmos tão importante rede de magnificas estradas de rodagem, a producção do Paraná reclama meios de transportes mais rápidos e econômicos, e vastas regiões, riquíssimas, clamam por meios de communicação que permitiam o aproveitamento de suas riquezas e possibilidades.**
>
> Só temos uma linha férrea de penetração, a da Cia. Ferroviária São Paulo-Paraná, **essa mesma de traçado anti-paranaense.** Faltam-nos as verdadeiras linhas tronco da nossa viação férrea, embora sejamos possuidores de algumas boas linhas tronco na nossa rede de estradas de rodagem (GOULIN, 1935, p. 212, destaques meus).

Em consonância com a violência ambiental característica do discurso oficial do período, o engenheiro demonstrou, em seu trabalho, entender a FOM apenas como riqueza econômica em potencial. Ademais, reafirmou a ausência de infraestrutura no sudoeste do Paraná e a insatisfação, demonstrada igualmente por João Moreira Garcez, com as altas tarifas cobradas pela EFSPRG para o escoamento de mercadorias, ao referir-se a essa companhia como de "traçado anti-paranaense" e, posteriormente, afirmar que as mercadorias transportadas pelo Ramal Paranapanema apresentavam custos de transporte muito mais baixos do que aquelas que seguiam pela EFSPRG.

Por motivos como esse e, sobretudo, pela ambição em extrair toda a vida industrializável da FOM, Goulin defendeu que era necessário estender as vias de rodagem em direção ao oeste para que o interior do Paraná pudesse conhecer a "locomotiva fumegante do progresso" (GOULIN, 1935, p. 216).

Não sendo viável a construção de ferrovias para as regiões a oeste de Palmas e Guarapuava, o engenheiro reivindicava a construção de estradas de rodagem, bem como a conservação das existentes. Uma dessas estrada foi denominada de Curitiba-Barracão, trata-se do caminho antigo estabelecido pelos tropeiros de Palmas para chegar a Curitiba. Já de Palmas em direção a Barracão, a oeste portanto, o caminho passava por Clevelândia, segundo o engenheiro.

O próprio Goulin (1935, p. 215), entretanto, admitiu a inexistência da construção do último trecho dessa estrada por parte do governo paranaense, afirmando que: "Infelizmente essa última estrada tem seu ponto de partida actual em território catharinense. Urge, por isso, estabelecer as ligações que faltam, para que seu trecho Jangada-Barracão passe a fazer parte da linha tronco que acabamos de descrever". Existiu, todavia, um plano para a construção de uma linha férrea que partisse de Curitiba, passasse por São Matheus do Sul, União da Vitória, Palmas, Clevelândia até a divisa com a Argentina (GOULIN, 1935, p. 215).

Outros documentos que evidenciam a importância de Palmas nesse processo, isto é, para o avanço da devastação ambiental sobre a FOM no sudoeste, são os levantamentos feitos pelo Departamento de Colonização da Secretaria de Obras Públicas Viação e Agricultura do estado do Paraná no final da década de 1930 e início da década de 1940. Esses estudos exprimem em mapas que, para a administração estadual, o acesso ao sudoeste do Paraná dava-se pelo município de Palmas, não havendo outros caminhos para acessar a região, pelo menos não com estradas minimamente estruturadas para a passagem de carroças grandes ou caminhões. A Figura 10 exibe as estradas conservadas sem revestimento do Paraná em 1938.

Figura 10 – Mapa de estradas conservadas sem revestimento das Obras Executadas no Governo Manoel Ribas 1932–1938

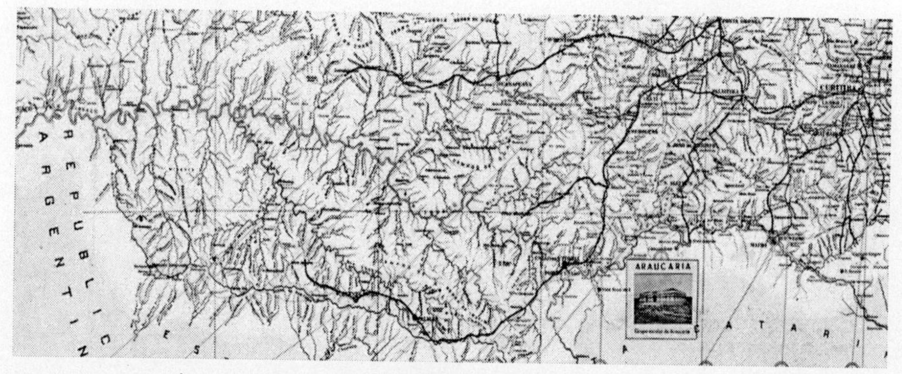

Fonte: Instituto Água e Terra (IAT) do Paraná

Esse material foi elaborado com o intuito de relatar as obras realizadas durante a administração do governador Manoel Ribas. No mapa a linha preta e espessa indica que havia estradas sem revestimento conservadas até a localidade que se tornou Pato Branco alguns anos mais tarde, uma das principais da ocupação por migrantes iniciada na década de 1940. Esse era o único caminho que ligava as cidades a oeste do rio Chopim e ao sul do rio Iguaçu à capital Curitiba, ou seja, a maior parte da região.

Ainda assim, esses dados são questionáveis se confrontados com a realidade úmida da FOM e com outros documentos do período. Considerando que para a década de 1940 ainda se tinha uma densa faixa de FOM conservada no sudoeste do Paraná e que essa floresta tem por característica fundamental a umidade e os grande índices de chuvas anualmente, dificilmente uma estrada sem revestimento, de terra, ou melhor, de barro, nesse caso, poderia manter-se adequada para o trânsito por muito tempo sem manutenção.

Além disso, alguns anos mais tarde, documentos da gestão estadual de Moysés Lupion demonstram que não havia caminhos estabelecidos entre a capital e municípios no sudoeste para além de Palmas. No início da década de 1940, a região também foi reivindicada pela União para a criação do Estado do Iguaçu (1943-1946), o que retardou a chegada do aparelho administrativo do estado do Paraná ao sudoeste.

Nesse sentido, como será discutido adiante, a municipalidade de Palmas foi, inclusive, parceira da administração estadual quando esta voltou as atenções à região na década de 1940 para a construção de pontes que impediam a ligação da capital e o sudoeste, como será analisado em seguida.

2.1.1.1 As primeiras serrarias no município de Palmas

Durante as décadas de 1930 e 1940, Palmas estabeleceu uma nova frente comercial, ou seja, foram fixadas as primeiras serrarias com aparatos tecnológicos que viabilizaram o aproveitamento legal da madeira nativa da região, aumentando, consequentemente, a devastação da FOM, que continuava, de certa forma, conservada no restante do sudoeste, onde a colonização era ainda incipiente.

De acordo com os documentos disponíveis no Arquivo de Palmas, o Poder Executivo do município regulamentou as primeiras serrarias na cidade no ano de 1935. Palmas possuía, nesse período, a jurisdição de uma grande extensão de terras da qual vários distritos foram desmembrados e deram origem a novos municípios nas décadas seguintes.

Alguns anos mais tarde, já eram pelo menos 15 serrarias em funcionamento de forma regulamentada, sem contar as que funcionavam sem licença e sobre as quais não se teve acesso a dados. Assim, em 1935, por meio dos alvarás n.os 137 e 138, eram concedidos os registros para duas serrarias pelo prefeito Rafael Ribas em favor de Candido de Oliveira Syres e Roberto Schanaufer, respectivamente, conforme os dados verificados nos livros de registros da Prefeitura de Palmas n.os 2 e 4 — Alvarás de Licença 1935–1948, no Arquivo de Palmas. Nos anos seguintes, outras 19 serrarias foram regulamentadas, conforme se observa no Quadro 1.

Quadro 1 – Alvarás concedidos para serrarias pelo município de Palmas entre 1935 e 1948

Quant. de serrarias por ordem cronol.	Número de alvará/ prefeito	Beneficiado	Secretário da prefeitura	Data
1	N.º 137 / Rafael Ribas, prefeito de Palmas	Candido de Oliveira Syres	Alipio Nascimento Ribas	23/3/1935
2	N.º 138 / Rafael Ribas, prefeito de Palmas	Roberto Schanaufer	Alipio Nascimento Ribas	8/5/1935
3	N.º 156 / Deocleciano de Souza Nenê, prefeito de Palmas (prefeito substituto)	Intor P. Kia	Sthilio Masalotti (fiel do secretário)	24/11/1936
4	N.º 254 / Pompilio Mendes de Camargo, prefeito de Palmas	Francisco Lazari & Cia.	Saldanha da Gama Ribas	20/2/1941
5	N.º 255 / Pompilio Mendes de Camargo[1], prefeito de Palmas	Guilherme Voehringer	Saldanha da Gama Ribas	-
6	N.º 270 / Pompilio Mendes de Camargo, prefeito de Palmas	Herminio Longo	Amantino de Melo Ribas (representando Saldanha da Gama Ribas)	20/5/1941
7	N.º 277 / Rutilio Ribas	João Rotta & Filhos	Saldanha da Gama Ribas	18/10/1941

Quant. de serrarias por ordem cronol.	Número de alvará/ prefeito	Beneficiado	Secretário da prefeitura	Data
8	N.º 278 / Rutilio Ribas	João Rotta & Filhos	Saldanha da Gama Ribas	11/11/1941
9	N.º 280 / Rutilio Ribas	Alberto Martini & Irmãos	Saldanha da Gama Ribas	18/10/1941
10	N.º 284 / Rutilio Ribas	Herminio Longo	Saldanha da Gama Ribas	18/10/1941
11	N.º 290 / Rutilio Ribas	Lazzari e Ritzmann Ltda.	Saldanha da Gama Ribas	08/1/1942
12	N.º 323 / Rutilio Ribas	Pedro N. Pizzato e Filhos	Antonio	14/10/1942
13	N.º 324 / Rutilio Ribas	Pedro N. Pizzato e Filhos	Antonio	14/10/1942
14	N.º 325 / Rutilio Ribas	Pedro N. Pizzato e Filhos	Antonio	14/10/1942
15	N.º 326 / Rutilio Ribas	Guilherme Bendelim	Antonio	20/10/1942
16	N.º 641 / Antonio Oliveira Franco (prefeito substituto)	Serrarias Reunidas Irmãos Fernandes S/A	Carlos Saldanha	28/3/1946
17	N.º 668 / Elpídio Aranjo	Ervino Arnhold	Antonio	5/10/1946
18	N.º 711 / Antonio Oliveira Franco	Codega & Cia.	Antonio	1/10/1947
19	N.º 760 / Bernardo Oliveira Vianna	Florido Abrão & Cia.	Alberto Iluztor	30/9/1948

Fonte: livros de registros da Prefeitura de Palmas n.os 2 e 4 — Alvarás de Licença 1935–1948 — Arquivo de Palmas. Organização do autor deste trabalho

Como a documentação evidencia, as primeiras serrarias que funcionaram na região com alvarás da prefeitura estavam na região onde se localizava o distrito de General Carneiro. Esse fato chama atenção e corrobora os argumentos de que Palmas foi a porta de entrada para a devastação da FOM no sudoeste do Paraná em um fluxo que partiu da região de União da Vitória.

General Carneiro foi emancipado de Palmas em 1961 e está localizado exatamente entre Palmas e União da Vitória, ou seja, era a antiga divisa dos municípios, por onde as serrarias começaram a entrar, conforme demonstram as primeiras licenças concedidas. A instalação das serrarias em tal localidade parece ser o motivo principal para o estabelecimento da sede do distrito de General Carneiro e a sua consequente emancipação de Palmas. Outra situação de destaque pode ser vista no alvará de n.º 641, no qual o proprietário da Serraria e Desfibradeira de Lima Vegetal registrou junto à prefeitura um estabelecimento de secos e molhados, ou seja, um armazém para venda de mantimentos, entre outras coisas, tendo como principais compradores, muito provavelmente, os próprios funcionários da serraria.

Nos alvarás há predominância de sobrenomes de descendência italiana e alemã que marcaram, igualmente, a ocupação do restante do sudoeste do Paraná, conforme outros vários autores ilustram. O avanço desses madeireiros criou, além de impactos ambientais, também impactos socioeconômicos. Com isso, o município de Palmas criou em 1943 uma comissão de preços para enfrentar as instabilidades econômicas daquele período. Dizia em ata o prefeito de Palmas sobre a Comissão de Preços:

> [...] por ser a mesma de vital interêsse ao bem estar dos palmenses e da grande família brasileira, dadas a anormalidade do momento e a incertesa do futuro [...].
> [...] para que o trabalho a ser executado, visando, como visas, fins altamente patrióticos, o fôsse tanto quanto possivel perfeito [...] [sic]" (Ata de criação da Comissão de Preço, 19 de janeiro de 1943, Palmas. Arquivo de Palmas).

A criação dessa Comissão foi também fruto de ordem do governo federal por meio do telegrama n.º 629.800, datado de 12 de janeiro de 1943. Posteriormente, em 1946, o governo estadual emitiu ofícios às prefeituras nos quais constavam a criação de Comissão Estadual de Preços e o informe da obrigatoriedade da continuação ou criação de comissões municipais de preços, bem como sobre a forma como deveriam ser compostas[42]. O

[42] O art. 15º do Ofício s/n.º que informava a prefeitura de Palmas sobre a criação e estrutura da Comissão Estadual de Preços do Paraná em 1946 determinava que a comissão municipal fosse composta por sete membros, da seguinte forma: "Os membros de cada Comissão Municipal de Preços, em número de sete, serão indicados pelo Prefeito do respectivo Município, e nomeado pelo Sr. Ministro do Trabalho, Indústria e Comércio ou pelos seus delegados credenciados, compondo-se de: um representante do Comércio, um da Indústria, um da Lavoura e Pecuária, o prefeito Municipal e o Promotor Público".

Decreto-Lei de n.º 9.125, de 4 de abril de 1946[43] tinha o objetivo de conter a inflação em todo o país, mas é inegável que a Comissão apresentou resultados para a sociedade da região ou, pelo menos, para as serrarias e para arrecadação pública, pois pode ter servido como base para leis sancionadas pelo município posteriormente.

Assim, na década de 1940, uma nova lei tributária é implementada pelo município em virtude do aumento de contratos para a extração de árvores vivas, madeira serrada, extração de celulose, madeira lascada e nós. Nesses casos as principais espécies eram: araucária, imbuia e cedro. Além disso o município criou tributos para extração de erva-mate, de crina vegetal do butiá (*Butia eriospatha*), e do pinhão.

> Lei nº 16 de 18 de outubro de 1948
> A Câmara Municipal de Palmas, Estado do Paraná, no uso de suas atribuições legais, Decreta: Artº 1º - Fica criado, sob a rúbrica 0-25-2 – Imposto sôbre Exploração Agricola e Industrial, o imposto de Defesa da Produção Extrativa Vegetal, com a seguinte modalidade de incidência:
> a) a toda a madeira de lei que fôr vendida em pé, para a industrialização;
> b) a toda madeira bruta qual seja a sua forma, para beneficiamento fora do Município;
> c) - madeira serrada;
> d) - madeira lascada;
> e) - madeira laminada;
> f) - pasta mecânica;
> g) - papelão;
> h) - celulose;
> i) - erva-mate chimarrão, para chá ou barbaquá;
> j) - crina vegetal;
> k) - cascas para cortume;
> l) - nó de pinho;
> m) - pinhão.
> § único: O imposto acima, não incidirá sobre a madeira de qualquer espécie, desde que se destine a construção de prédios e dependências das respectivas Serrarias e Indústrias, uma vez construidas dentro do Município, e, igualmente, também, sobre outra qualquer produção extrativa vegetal que se destine ao uso exclusivo dos seus produtores [sic] [...] (Livro de registro de Leis decretadas pela Câmara Municipal de Palmas, 1948, p. 16).

[43] A Comissão Estadual estava submetida à Comissão Central de Preços do Ministério do Trabalho, Indústria e Comércio. O Decreto-Lei n.º 9.125, de 4 de abril de 1946, estabeleceu em seu art. 9º a criação das comissões municipais.

Essa Lei isentava dos impostos as madeiras utilizadas para a construção das dependências das serrarias. Era uma forma de incentivo fiscal para o avanço do ramo das serrarias, que, ao que tudo indica, empregava muitas pessoas, até mesmo por não haver na região outras empresas que o fizessem. Para além disso, o que fica bastante claro com essa Lei é também o quão explorada era a fauna da FOM no município, sendo taxadas não apenas as madeiras oriundas das árvores serradas, mas também o pinhão, a crina vegetal feita a partir do butiá e a erva-mate, espécies características da formação natural da floresta com araucárias. O artigo 6.º da Lei criou, ainda, três Postos Fiscais, sendo dois localizados no distrito de General Carneiro e outro no distrito de Bituruna.

Nos livros de registros do Arquivo da Prefeitura de Palmas disponíveis junto à Biblioteca do IFPR Palmas não constam os livros de alvarás da década de 1950, todavia, intui-se, com base na literatura, que outras serrarias iniciaram suas atividades nesse período. Já nas décadas seguintes, dezenas de outras serrarias iniciaram atividades no município, sendo que, em 1969, o Censo das Indústrias registrou a existência de 37 madeireiras em Palmas. Importante frisar que, em 1969, alguns municípios, como General Carneiro e Mangueirinha, já haviam sido desmembrados de Palmas e o quantitativo de serrarias da década de 1950, portanto, era maior. Ainda sobre esses empreendimentos, Carlin (2019, p. 89) elaborou um mapeamento em seu trabalho, no qual contabilizou e demostrou as localidades em que estavam instaladas as serrarias em Palmas no período de 1970 a 1980.

2.1.1.2 Rumo ao oeste de Palmas

Como se evidencia, o caminho mais palpável para o avanço da "locomotiva fumegante do progresso" foi utilizar as vias que o município de Palmas já tinha estabelecido há anos para chegar ao mercado de Curitiba. De Palmas em direção ao oeste também, obviamente, foram aproveitados os caminhos que os tropeiros já utilizavam para chegar à localidade que depois de emancipada passou a se chamar de Mangueirinha, passando pelas corredeiras do rio Chopim. Pelo menos desde 1939 o Poder Executivo de Palmas já controlava uma balsa para a passagem do rio Chopim. A balsa ficava em uma localidade sugestivamente chamada de Passo do Pinhal.

A análise de contratos pelos quais a prefeitura de Palmas concedia a exploração da balsa para diferentes partes permitiu certo entendimento do domínio das terras no período. Predominaram as concessões para empresários ligados ao ramo madeireiro e, em sua maioria, nascidos em outros estados.

O primeiro contrato, por exemplo, celebrava a concessão da exploração da balsa a um migrante do Rio Grande do Sul chamado Honório Serpa (Livro de Contratos da Prefeitura de Palmas, 1936-1950, p. 11). Esse senhor herdou de seu sogro 2 mil alqueires de terra em Passo do Pinhal, elevado a distrito de Mangueirinha em 1964 e emancipado em 1993. Com a sua emancipação, Passo de Pinhal foi rebatizado como Honório Serpa, homenageando o madeireiro e concessionário da balsa entre 1939 e 1941[44].

Posteriormente, vários outros contratos foram estabelecidos, em média, a cada dois anos com outros moradores da localidade (Livro de Contratos da Prefeitura de Palmas, 1936-1950, p. 12-16)[45]. Ainda na década de 1940 um prefeito do município de Palmas passou a representar o Departamento Administrativo do Oeste do Paraná (DAOP) para realizar contratos de construção de infraestrutura na região. Assim, em 1949 foi efetuado o primeiro contrato[46] para a construção de uma ponte sobre o rio Chopim no Passo do Pinhal.

O contrato foi celebrado entre o prefeito de Palmas, representando o DAOP, e José Salvador e obrigava esse último a entregar uma quantidade de 60m³ de madeira dentro de quatro meses. O empreiteiro, migrante de Bento Gonçalves/RS, ficou responsável por toda a mão de obra para serrar, preparar e transportar a quantidade de madeira estipulada para a construção da ponte.

No contrato não foi firmada a espécie da árvore que seria utilizada. De forma geral, entretanto, esse tipo de construção era realizado com madeira de imbuia pela alta durabilidade e resistência que a madeira dessa espécie apresenta, e com madeira de pinheiros. Outros contratos da prefeitura de Palmas e de outras municipalidades da região sudoeste evidenciam que a utilização de madeira da imbuia para esse fim era recorrente, assim como para outras funções específicas da construção civil. Em agosto de 1949, a prefeitura de Palmas realizou mais um contrato para construção de ponte sobre o rio Chopim para ligar duas fazendas na região. A ponte teria as dimensões de 31m de comprimento e 4m de largura.

O "Contrato celebrado entre a Prefeitura Municipal de Palmas, representada pelo seu Prefeito Cidadão Dr. Bernardo Ribeiro Vianna e Antonio Mariano Ribas [...]" obrigava que a construção fosse feita, também, de imbuia:

---

[44] O município de Honório Serpa está localizado entre Mangueirinha, Coronel Domingos Soares, Pato Branco e Clevelândia, como pode ser observado na Figura 3 deste trabalho. Ver, igualmente, o portal do IBGE: https://cidades.ibge.gov.br/brasil/pr/honorio-serpa/historico. Acesso em: 4 out. 2021.

[45] Destaca-se que o documento tem contagem apenas nas folhas do lado direto ou da frente, sem numeração em seus versos. Assim, alguns contratos podem estar no verso de uma página. Por exemplo: página 12 verso.

[46] Livro de Contratos da Prefeitura de Palmas, 1936–1950, p. 27 e verso.

> Deverá a aludida construção ser de cerne do imbuia, com gradis dos dois lados; deverá ter sapatas nas margens para suporte da ponte e arrimo das aterras, construidas da planchas da mesma madeira; toda a obra deverá ser segurada com varões e embraçadeiras de ferro; deverá ser feito todo o aterro ou cortes necessários para o livre transito depois de concluida a obra; obriga-se ainda o proponente entregar a ponte concluida no prazo de cinco mêses a contar data da assinatura do presente contrato [sic] (Livro de Contratos da Prefeitura de Palmas, 1936-1950, p. 28, verso e 29).

Esses contratos, entre outros desse período, evidenciam a demanda por uma das espécies características da FOM, a necessidade de conectar os vilarejos e pequenos povoados onde se instalavam indústrias extrativas e a implementação de um corredor concreto entre a capital paranaense e as demais localidades do sudoeste do Paraná para o estabelecimento de um fluxo rentável, ou melhor, muito lucrativo economicamente, tanto pelas árvores serradas quanto pelo mercado imobiliário.

Assim, os migrantes que ocupavam o sudoeste do Paraná passavam a ter formas de escoar os seus produtos para o mercado estadual e não apenas, como em períodos anteriores, quando os primeiros colonos mandavam parte de suas produções agrícolas e pequenas quantidades de madeira para cidades do Rio Grande do Sul.

No final da década de 1940, os migrantes produtores agenciados pela CANGO já enviavam mercadorias de Francisco Beltrão para Clevelândia, Palmas, União da Vitória, Ponta Grossa, Curitiba, São Paulo e Rio de Janeiro (GOMES, 1986, p. 20). Importante observar que o fluxo comercial no qual esses migrantes foram inseridos segue justamente os caminhos de Palmas, com ramificação para Ponta Grossa e de Curitiba para outros estados.

No documento denominado Concretização do Plano de Obras do Governador Moysés Lupion 1947-1950 (CPOGML), publicado em 1955, também existem dados que revelam a utilização das espécies da FOM na construção de escolas em 23 localidades, entre as quais Palmas, Mangueirinha, Clevelândia, Vitorino, Mariópolis, Pato Branco, Verê e Francisco Beltrão.

Além da construção dessas escolas, também estão elencadas no documento as construções de postos de higiene, postos mistos e estradas. No caso das estradas, vislumbra-se que a gestão de Moysés Lupion buscou construir um caminho alternativo ao de Palmas ligando a cidade de Chopinzinho, ainda distrito de Palmas, até Laranjeiras do Sul, cruzando o rio Iguaçu.

Conforme se pode constatar no mapa a seguir (Figura 11), além da região sudoeste, havia outras que, em 1950, não detinham acesso senão por caminhos que não permitiam a passagem de carroças, caminhões e, menos ainda, de locomotivas. São os casos de Cascavel e Foz do Iguaçu, por exemplo, municípios que passaram por processo semelhante ao do sudoeste do Paraná a partir desse período, ou seja, receberam migrantes, tiveram suas florestas devastadas e conflitos sociais[47]. Ao noroeste de Guarapuava, também passaria por situação análoga o município de Campo Mourão, que, de acordo com o CPOGML, já detinha estrada conservada no período.

Figura 11 – Mapa de estradas e rodagem do estado do Paraná em 1950

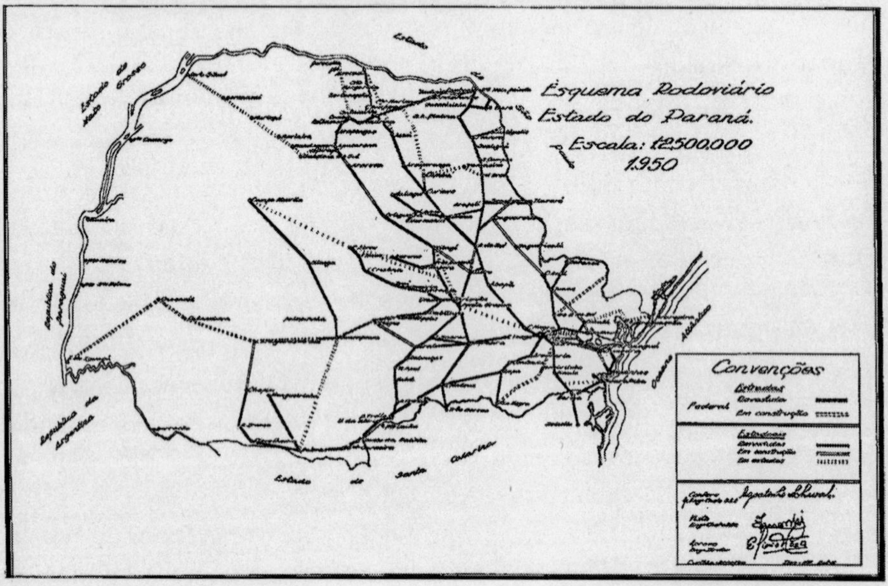

Fonte: CPOGML (1955, p. 99)

No mapa da Figura 11 é possível, mais uma vez, perceber o quão importante foi o caminho dos Campos de Palmas para a introdução do sudoeste do Paraná no mercado estadual e, consequentemente, o avanço da devastação da floresta. No mapa, os traços mais grossos representam as estradas conservadas. As duas linhas contínuas representam as estradas que estavam em construção, é o caso do acesso de Chopinzinho (Chopim

[47] Entre outros trabalhos, podem ser consultadas memórias de conflitos sociais no oeste paranaense nos trabalhos de Chagas (2015) e Andrade (2017).

no mapa) até Laranjeiras do Sul. Os dois pontos em linhas paralelas representam estudos pré-construção e a linha escura com pontos brancos são as estradas que já possuíam revestimento.

Em 1953, a geógrafa Lysia M. Cavalcanti Bernardes, em sua análise sobre a colonização do interior do Paraná, afirmou que o caminho que ligava União da Vitória ao sudoeste através de Palmas tinha dado um novo caráter à migração e à ocupação da região.

> Depois de 1930, com a reorganização do plano de colonização e, mais tarde, o melhoramento da estrada União da Vitória-Palmas-Clevelândia penetrou a colônia Pato Branco em uma nova fase. Rapidamente foram sendo demarcados e ocupados os núcleos ainda por lotear, formando-se aí uma frente pioneira ativa, para a qual afluiu uma população numerosa. Além desses, influiu grandemente no nascimento de uma verdadeira zona pioneira em Pato Branco, um fator econômico que não pode ser desprezado, a grande valorização dos produtos agrícolas e sua maior procura nos grandes centros consumidores, principalmente depois de 1940, pois só assim eles podem suportar fretes elevados decorrentes da grande distância dos mercados (BERNARDES, 1953, p. 348).

Nota-se, dessa maneira, que a abertura desses caminhos foi pedra fundamental para que a "locomotiva fumegante do progresso" avançasse rumo ao oeste de Palmas. Os migrantes que se instalavam na região para estabelecer agricultura se deparavam com certa dificuldade para vender para outras regiões o pouco excedente que conseguiam produzir, pelo menos até o ano de 1948, com avanços a partir de 1956 (GOMES, 1986, p. 20). Outra evidência é que o grande crescimento populacional do sudoeste do Paraná teve início na década de 1950, justamente após a inserção da região ao mercado estadual e, consequentemente, nacional. Cresceu a população, cresceu a quantidade de estabelecimentos comerciais, cresceu a organização política, cresceu a quantidade de municípios. Igualmente cresceram a ambição e as violências social e ambiental. Cresceu, sobretudo, a devastação das espécies da FOM. Todos esses fatores despertaram a atenção de políticos e empresários poderosos, como foi o caso de Moysés Lupion e dos grupos econômicos Forte-Khury e Irmãos Slaviero para a Reserva Indígena Mangueirinha.

2.2 UMA "DAS MAIORES GRILAGENS DE QUE SE TEM NOTÍCIA": O ESBULHO DAS TERRAS DA RESERVA INDÍGENA MANGUEIRINHA SOB O OLHAR DA HISTÓRIA AMBIENTAL

Em 1949, o governo do Paraná e o governo da União, por meio do Ministério da Agricultura, efetuaram um Acordo inconstitucional, publicado no Diário Oficial da União n.º 114 de 18 de maio de 1949 sem aprovação do Senado, que reduziu as áreas indígenas Tamarana, Queimadas, Faxinal, Ivaí, de Rio das Cobras e a Mangueirinha, sendo usurpados mais de 90.000ha de terras indígenas (Anexo 1, documento 20, Aviso n.º 76-Ch/P, Encaminhamento n.º 208/SNI/ACT, 1968, p. 436; HELM, 1997, p. 2).

Em 29 de janeiro de 1951, dois dias antes do final de seu primeiro mandato como governador do Paraná, Moysés Lupion doou e transferiu o domínio, a posse, os direitos e as ações das áreas somadas ilegalmente à administração do estado do Paraná à Fundação Paranaense de Colonização e Imigração (FPCI), que deveria medir e demarcar a área em disputa em Mangueirinha, o que nunca ocorreu corretamente. Como se detalhará a seguir, por trás dessa situação, estavam os interesses imobiliário e, especialmente, madeireiro (Aviso n.º 76-Ch/P, Encaminhamento n.º 208/SNI/ACT, 1968; CGI n.º 51, 1969; CIMI, 1979).

O Acordo de 1949 e a posterior doação feita ao FPCI em 1951 violavam as constituições da República e do estado do Paraná em pelo menos cinco pontos. Não cumpria o conceito da inalienabilidade das terras indígenas prevista no art. 216 da Constituição de 1946, que garantia o direito de posse das terras às Comunidades Indígenas e não detinha o consentimento do Conselho Nacional de Segurança (CNS), conforme previa o art. 18 também da Constituição de 1946; as terras estavam em faixa de fronteira e eram de domínio da União, de acordo com o Decreto-Lei n.º 9.760, de 5 de setembro de 1946, que tornava bens da União os extintos aldeamentos e terras indispensáveis para a defesa da fronteira; não houve autorização do Senado Federal para que fossem transferidos os 90.000ha de terras indígenas para o estado do Paraná e, posteriormente, para a FPCI; foi descumprido, também, o art. 23, XII, da Constituição Estadual de 1947, que obrigava que operações do gênero das feitas no Acordo tivessem a autorização prévia da Assembleia Legislativa (CIMI, 1979, p. 8).

A ambição pelas terras e pelos pinheiros, contudo, fez com que Moysés Lupion concretizasse a transação a partir de manobras jurídicas e administrativas, segundo as acusações que sofreu na época (Informação n.º 480/SNI/ACT de 1968). Uma vez sob a posse da FPCI, a Reserva Indígena Mangueirinha foi denominada de Colônia K e dividida, arbitrariamente, em três partes chamadas de gleba A, gleba B e gleba C, diminuindo consubstancialmente as áreas dos Kaingang e dos Guarani. A gleba A, com 3.300 hectares, ficou com os Guarani e a gleba C, com 4.100 hectares, ficou com os Kaingang.

Já a gleba B teve outro destino. Os Kaingang e Guarani, que haviam superado conflitos históricos entre si no início do século XX para habitarem território compartilhado, viram (HELM, 1982, 1997), assim, suas terras sendo separadas por meio de uma transação irregular da FPCI.

Em fevereiro de 1961, a área de 8.976 hectares foi negociada pela FPCI com o Grupo Econômico Forte-Khury, que era representado por Osvaldo Forte, empresário de União da Vitória, por Jorge Cury, político de União da Vitória, e por Ayrton Costa Loyola, advogado que tinha como um de seus clientes o deputado estadual e acionário do Grupo, Anibal Khury. O imóvel foi adquirido pelo Grupo pelo valor de 3 milhões de cruzeiros e já alienado a um terceiro comprador.

Apenas um mês depois, o Grupo Forte-Khury vendeu a "[...] gleba 'B' da Colônia 'K', em Mangueirinha, sem benfeitorias, os pinheiros e outras madeiras de lei — que já haviam sido alienados a terceiros [...]" (CGI n.º 51, 1969, p. 22) à empresa Slaviero & Filhos S/A Indústria e Comércio de Madeiras, também denominada nos processos de Irmãos Slaviero. A área negociada com a madeireira era maior que as duas partes indígenas somadas.

Um dos fatos que chamou a atenção das autoridades do período diz respeito aos valores pelos quais a gleba B foi adquirida da FPCI e vendida aos madeireiros. Em 3 de março de 1961, o grupo Forte-Khury vendeu a área por 70.618.350 cruzeiros velhos, valor quase 20 vezes maior do que o pago para a FPCI em fevereiro do mesmo ano (CGI n.º 51, 1969). Além disso, os Slaviero já haviam antecipado aos Forte-Khury o valor de 58 milhões de cruzeiros no mês de fevereiro, quando esse último grupo ainda nem havia concluído seus negócios com a FPCI (Aviso n.º 76-Ch/P, 1968).

O que se pode observar é que o valor cobrado pela FPCI para a venda aos Forte-Khury dizia respeito tão somente à posse da terra e não fazia referência à floresta, entendida por essas pessoas à época como produto de alto valor econômico. Por outro lado, quando o grupo Forte-Khury foi vender a gleba B, praticamente ao mesmo tempo em que comprou, alienou e cobrou pelos pinheiros e outras madeiras de lei que não fizeram parte do contrato com o órgão colonizador do Paraná, como mencionado anteriormente (Aviso n.º 76-Ch/P, 1968; CGI n.º 51, 1969).

A negociação da gleba B não foi mera ocasião, pois segundo Helm (1997, p. 3):

> A parte central [gleba B], rica em madeiras de lei da mata nativa de Araucária angustifólia que tradicionalmente pertence aos índios Kaingang e Guarani foi negociada e destinada a um grupo de madeireiro do Paraná. Para os índios ficaram reservadas as extremidades da Área Indígena Mangueirinha.

Essa é uma forte evidência de que a área era grilada dos Kaingang e dos Guarani especialmente pela existência da FOM, pois, quando a negociata entre os grupos econômicos foi concluída em março de 1961, todas as partes já eram conscientes da riqueza natural — econômica para os grileiros — do território. Apesar de forte, essa evidência não é a única. A gleba A estava no norte da área e a gleba C ao sul, conforme o mapa a seguir (Figura 12), elaborado por Cecília Helm.

Figura 12 – Representação da Reserva Indígena Mangueirinha convertida em Colônia K pelo FPCI a partir do Acordo inconstitucional de 1949, elaborada por Cecília Helm (1982)

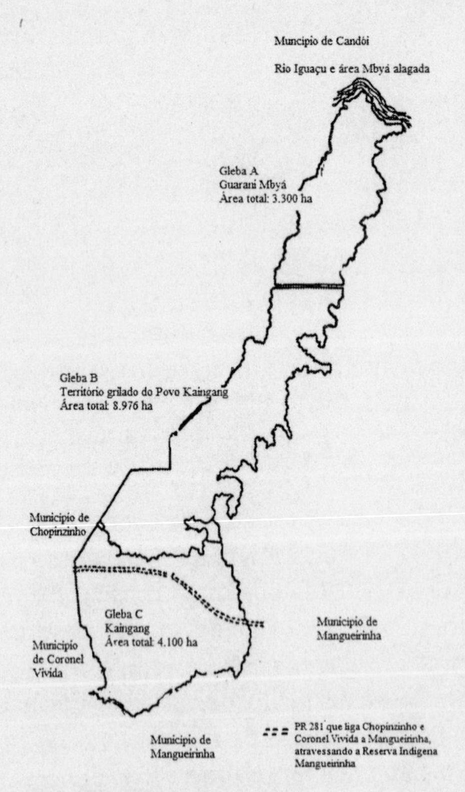

Fonte: Helm (1982, p. 140). Adaptação: foram retiradas as representações dos cursos de água dentro da Reserva para a melhor visualização da área espoliada. Adaptações do autor

Para concretizar todo o processo de grilagem e vendas das terras Kaingang aos Irmãos Slaviero, a FPCI e os Forte-Khury fizeram uma série de manobras contratuais, bem como as registraram em diferentes cartórios e datas. A cada nova etapa da negociação, informações eram retiradas e/ou inseridas das escrituras que eram lavradas em tabelionatos de Curitiba ou de Palmas, comarca à qual pertencia o município de Mangueirinha no período.

Os representantes do grupo Forte-Khury utilizaram-se de posições e de informações privilegiadas desde o início do processo. Os acusados Ayrton Costa Loyola e Anibal Khury ocupavam importantes cargos públicos no Paraná e detinham estreitas ligações com o então governador do estado Moysés Lupion e usaram esses fatores para grilar as terras Kaingang, respondendo judicialmente por corrupção e tráfico de influência.

2.2.1 Quanto vale a natureza? Corrupção e tráfico de influência

Recorrendo à cronologia, é possível perceber como gradualmente pequenos golpes e arranjos foram construídos pelos grileiros. O documento "Informação n.º 480/SNI/ACT de 1968", que relatou a situação das terras da Reserva Indígena Mangueirinha inicialmente à CGI, e que consta no Processo n.º 51 de 1969 citado anteriormente, criticava o Acordo de 1949 e acusava de ser falso o argumento de recuperar terras à administração pública, incluindo a área Kaingang de Mangueirinha, apresentado por Moysés Lupion.

A conduta do ex-governador do Paraná também foi considerada ilegal e informada por meio do Aviso n.º 76-Ch/P de 26 de julho de 1968 encaminhado pelo chefe do Serviço Nacional de Informações ao secretário-geral do Conselho de Segurança Nacional. Nesse documento consta a acusação de que Moysés Lupion praticou corrupção e tráfico de influência política, com a conivência do SPI, e que as suas intenções estavam ligadas a especulações imobiliárias e madeireiras, bem como ao pagamento de favores políticos.

Fatos posteriores e o comportamento administrativo de Moysés Lupion validaram a farsa por trás do argumento da "recuperação de terras", bem como reforçaram o objetivo de negociá-las com terceiros e causar uma ilusão de legalidade para as transações. Por esse motivo é que, após o término de seu primeiro mandato como governador em 1951, a FPCI não deu continuidade a negociações com terceiros sobre as terras Kaingang de

Mangueirinha, contudo, "[...] nenhuma providência efetiva tomou a fim de possibilitar a posse das terras pelas tribos indígenas (Aviso n.º 76-Ch/P, 1968, p. 7)[48].

Quando retorna ao governo do estado em 1956, Moysés Lupion retoma o projeto de grilagem de terras indígenas. Um dos seus primeiros atos, já entre os dias 26 e 28 de janeiro daquele ano, foi providenciar a transcrição do instrumento de doação da parte da Reserva Indígena Mangueirinha denominada de gleba B para a FPCI, que ele próprio havia assinado em 29 de janeiro de 1951 (CGI n.º 51, 1969).

Ainda no dia 28 de janeiro de 1956, a FPCI registrou, por meio de escritura pública no 3º Tabelionato de Curitiba, seu comprometimento em vender as terras usurpadas dos Kaingang a um grupo de 30 pessoas representadas, inicialmente, por Oswaldo Forte, um empresário de União de Vitória que detinha influência na política da capital do estado por meio de alguns importantes associados, quais sejam Jorge Cury, Aníbal Khury e Ayrton Costa Loyola.

A certidão registrada previa o loteamento da área para colonização inspirada em modelos de pequenos proprietários para a criação de gado e cultivo de gêneros alimentícios. Segundo o documento,

> As pessoas relacionadas por seu procurador Oswaldo Forte, que também integra referido grupo e assume as mesmas obrigações, fazendo idêntica proposta, declaram que pretendem adquirir da Fundação Paranaense de Colonização e Imigração, uma área de terreno com a extensão aproximada de três mil alqueires paulistas, localizadas em ambas as margens da estrada que segue de Mangueirinha a Chopin, situada no Município de Mangueirinha, neste Estado [...]. Disseram, ainda, por seu procurador, que pretendem ditas terras para cultivo de criação de gado, assumindo os riscos de eventuais ônus e litígios, responsabilizando-se integralmente por posseiros e intrusos, pretendendo sejam ditas terras oportunamente demarcadas, medidas e loteadas pela Fundação Paranaense de Colonização e Imigração para ser possível a divisão em lotes não superiores a 250 hectares ou 100 alqueires, para cada um dos pretendentes [...] (Anexo ao Aviso n.º 76-Ch/P, Encaminhamento n.º 208/SNI/ACT, 1968, p. 396).

[48] Embora não tenha agido no caso da Reserva Indígena Mangueirinha, no período entre os anos de 1951 e 1955, a FPCI conseguiu alienar parte das terras indígenas de Queimadas, município de Reserva, e de Ivaí, município de Pitanga, com as escrituras lavradas e assinadas pelo então governador Bento Munhoz da Rocha (CGI, n. 51, 1969).

A escritura ainda estabeleceu o preço de mil cruzeiros por cada alqueire de terra. Os compradores se comprometiam a dar 10% do valor total como sinal. Esse documento foi transcrito pouco mais de um mês depois, em 7 de março de 1956, no Registro Geral de Imóveis da Comarca de Palmas.

A certidão não citou as sociedades Kaingang e Guarani e, tampouco, a reserva de FOM existente na área, citou, apenas, que os compradores se responsabilizariam por possíveis litígios e intrusos naquelas terras. Nesse documento, estabeleceu-se a divisão e um teto territorial para cada comprador, estipulado em 250 hectares. Chama a atenção, também, que nem a FPCI nem os compradores sabiam corretamente o tamanho real da área total, o que não impediu a celebração do negócio.

Foi somente entre os anos de 1958 e 1959 que agentes do FPCI e do SPI concluíram a medição da Reserva Indígena Mangueirinha e aumentaram a parte que grilavam. Inicialmente concebida em três mil alqueires, a área passou a compreender 3.707 alqueires. Além disso, o senhor Lourival da Mota Cabral, chefe da 7ª Inspetoria Regional do SPI (IR 7), responsável pela formação da equipe que acompanhou a agrimensura das terras em Mangueirinha, aparentemente mentiu ao diretor do SPI em carta encaminhada a este em 3 de dezembro de 1959, dizendo que os indígenas tinham interesse em legalizar os limites de sua área segundo o Acordo inconstitucional de 1949 (Anexo ao Aviso n.º 76-Ch/P, Encaminhamento .nº 208/SNI/ACT, 1968, p. 419), pois os Kaingang nunca aceitaram o roubo de suas terras.

O cacique Capanema, seu filho e seu neto, mediante a luta contra o avanço da colonização sobre suas terras, foram ao Rio de Janeiro, quando ainda capital federal, e posteriormente a Brasília tratar com diferentes presidentes da República e diretores do SPI as suas demandas. Sendo líderes maiores de suas sociedades, exigiam também negociar com os líderes maiores do Estado. Quanto à criminosa situação consequente do conluio entre Moysés Lupion e o chefe da IR 7 do SPI para a celebração do Acordo de 1949, eles "[...] fizeram sucessivas viagens, para a Capital Federal, para tentar junto ao Diretor Geral do SPI e do Presidente da República, a anulação do referido Acordo" (HELM, 1997, p. 8).

E por compreenderem que as terras usurpadas em tal Acordo eram de suas posses imemoriais, os Kaingang voltaram e continuaram ocupando parte do território. Os Guarani da aldeia Butiá viram seus lares serem destruídos, assim como seus lugares sagrados, como o cemitério junto ao rio Butiá. Além dessa aldeia, no ano de 1956, uma família de moradores da aldeia Tapera do Ciriaco, na área central da Reserva Indígena Mangueirinha, foi expulsa por um jagunço da empresa Slaviero & Filhos S/A Indústria e Comércio de Madeiras, chamado João Antonio, que queimou a aldeia e subornou a matriarca da família (HELM, 1997, p. 22-24).

Esse fato relatado a Helm (1997) por seus depoentes Guarani sugere três questões importantes. A primeira seria se os depoentes podem ter confundido os nomes das empresas, já que havia décadas do ocorrido até as entrevistas realizadas nos anos 1990. Em segundo lugar, caso se considere que o jagunço que ateou fogo na aldeia Guarani em 1956 realmente trabalhava para os Irmãos Slaviero, essa empresa estaria por trás da grilagem das terras muito antes do que as autoridades puderam notar, já que são citados nos documentos da justiça apenas em fatos posteriores a 1961.

Uma terceira situação que emerge da confrontação entre as fontes e a literatura diz respeito ao aumento da gleba B durante sua medição, entre os anos 1958 e 1959, de 3.000 para 3.707 alqueires, justamente após o ataque à aldeia Butiá. Sublinha-se que esse foi um período de muita violência social no sudoeste do Paraná, que levou muitos camponeses, por motivos semelhantes aos dos Kaingang, à Revolta dos Colonos de 1957.

Com o comunicado em dezembro de 1959 sobre a conclusão da medição das terras Kaingang, as partes interessadas na grilagem do território e na dilapidação de sua natureza iniciaram uma nova etapa do processo. A parte mais ao sul da área, chamada pela FPCI de gleba C, ocupada por mais aldeias Kaingang, não estava, teoricamente, sob disputa. Porém, devido à grande quantidade de pinheiros e imbuias que existiam ali, dada a continuidade da FOM conservada pelos indígenas, a FPCI bem como os demais grileiros de terra tentaram alienar também a gleba C em 1960. O então chefe da 7º Inspetoria Regional do SPI recorreu à justiça com pedido de interdito proibitório, afirmando que

> Essa circunstância faz recear que réus — cegados pela ambição de se apoderarem os extensos pinheirais que cobrem as terras reservadas aos silvícolas, pois é evidente que, industriais na sua maior parte, não 'pretendem ditas terras para cultivo e criação de gado', como alegaram, nem iriam, para isso, assumir, como fizeram, 'os riscos de eventuais ônus e litígios, responsabilizando-se integralmente por posseiros ou intrusos — procurem expelir, até com emprego de violência, os indefesos indígenas da posse que justamente vêm detendo, mormente se se atender à divergência anteriormente ocorrida entre alguns dos réus e o encarregado do Posto Indígena de

> Mangueirinha, compelido, sob tal pretexto, a comparecer à presença de autoridade policial (Anexo 1, documento 20, Aviso n.º 76-Ch/P, Encaminhamento n.º 208/SNI/ACT, 1968, p. 428).

O então juiz de direito da Comarca de Palmas, Dr. José Elias Kuster, expediu intimações para que integrantes do grupo Forte-Khury se esclarecessem. Em sua defesa, os grileiros alegaram que tinham errado na escritura e que a parte correta para a alienação era a gleba B.

Figura 13 – Croqui da área indígena apresentado no pedido de interdito proibitório feito pelo SPI em 1961

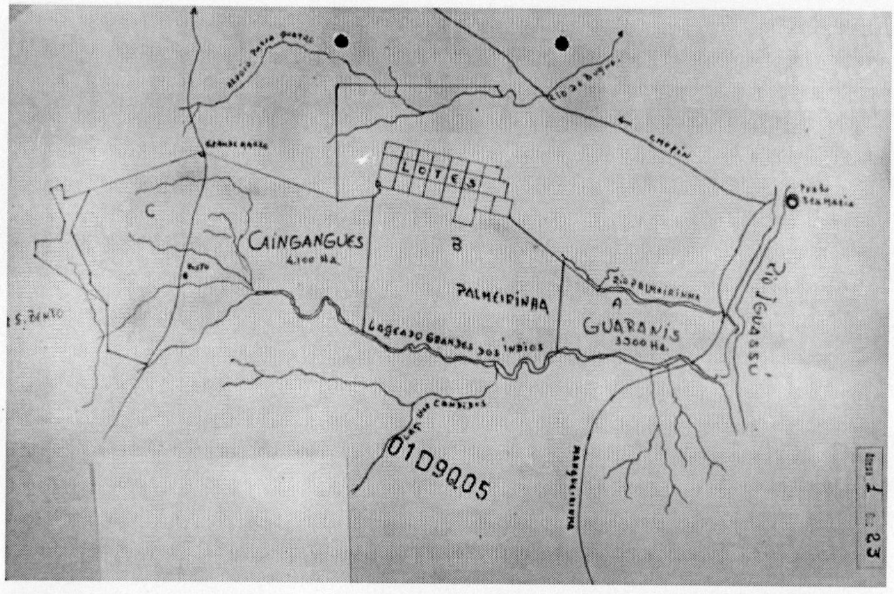

Fonte: Anexo 1, documento 20, Aviso n.º 76-Ch/P, Encaminhamento n.º 208/SNI/ACT, 1968

Após atender às intimações da justiça, a FPCI, bem como o grupo Forte-Khury, realizou uma nova manobra e ratificou as certidões de acordo com a defesa que apresentou ao juiz da Comarca de Palmas, informando na escritura pública que a área adquirida era a gleba B.

Entre o pedido de interdito proibitório e a defesa dos acusados, todavia, a justiça descobriu que os nomes de vários compradores representados por Oswaldo Forte foram alterados nas certidões de alienação da gleba C sem, no entanto, terem feito desistência pública. Ao encaminhar intimações para os 30 compradores representados por Oswaldo Forte, a justiça descobriu que 20 deles não residiam em Mangueirinha, conforme informou o oficial de justiça e transcreve-se abaixo:

> Certifico que, em cumprimento ao mandado retro e sua respeitável assinatura, me dirigi ao Município de Mangueirinha, desta Comarca e aí deixei de citar aos senhores Silvio Crestes Leira, Ismar Câmara Souza Cunha, José Pedro Santarém, Anibal Soares Cedipa, Heilor Virmond do Prado, Paulo Beete do Nascimento, Aldo Amarantes, Ribamar Pires Lucca, Rubens Serpe Gatão, Afredo Verez, Célio Montes Villoel, Vilson Penido Borges, Jorél Saloão Chaib, Iruko Kwachi, Marcos Janse Filho, Daniael Karmichi, Ilmar Orten, Jorge Salamini Casseb, Tayama Fugate e Gastão Pernini, em virtude dos mesmos não serem encontrados e nunca terem residido nesta Comarca, não sendo conhecidos na região, segundo informações de moradores e autoridades locais, sendo ignoradas as suas residências. O referido é verdade do que dou fé (Anexo 1, documento 22, Aviso n.º 76-Ch/P, Encaminhamento n.º 208/SNI/ACT, 1968, p. 441).

Como denunciou o oficial de justiça, tais pessoas jamais haviam morado em Mangueirinha. Dessas pessoas também nem sequer foram localizados títulos de eleitores, tratando-se de compradores-fantasmas. Foi essa a acusação feita pelo chefe do SNI em julho de 1968, ao relatar que

> O Oficial de Justiça, cumprindo Mandado de Citação do Juiz de Direito da Comarca de Palmas, não consegue localizar os 20 (vinte) novos proprietários.
> Os fatos narrados, acrescidos da circunstância de que os vinte compradores sempre aparecem representados por procurador, sugerem tratar-se de "fantasmas" ou pessoas já falecidas. Tal conclusão parece válida se atentarmos para o Ofício s/ nº de 17 de maio de 1968, do 8º Tabelião de Curitiba, onde afirma que "não conseguiu localizar as procurações", que a própria escritura afirma estarem arquivadas em Cartório (Aviso n.º 76-Ch/P, Encaminhamento n.º 208/SNI/ACT, 1968, p. 372).

Não obstante, o novo documento deixou de citar que a área da gleba B seria destinada à criação de gado e o limite máximo de 250ha de terra para cada comprador, fixados na certidão de janeiro de 1956, citada anteriormente. Nas ratificações da certidão de compra e venda passam a aparecer os sócios de Oswaldo Forte, ou seja, o grupo Forte-Khury. A aparição de

Anibal Khury e de Ayrton Costa Loyola, que conformavam o grupo econômico com Oswaldo Forte, possivelmente esteve ligada à necessidade de uma maior influência política para que a grilagem das terras fosse exitosa. Foi assim que definiu o Chefe do SNI, ao afirmar que

> Somente pessoas de grande influência poderiam superar os óbices que entravam transações dessa natureza. Foram superadas as dificuldades intrínsecas dos seguintes fatos: [...]
> c – Constituição de um grupo de 30 pessoas, não ligadas à agropecuária, que atuariam na sua maior parte como prepostos dos verdadeiros beneficiados na futura aquisição das terras da FPCI;
> d – Parecer favorável do Conselho Fiscal da FPCI, no tocante à venda das terras a esse grupo;
> e – Compromisso de "sinal para preferência de aquisição dessas terras", entre a FPCI e os interessados, mesmo antes dos trabalhos de demarcação e agrimensura da área doada à FPCI;
> f – Compromisso de compra e venda entre as mesmas partes, em condições peculiares de "ratificação", deixando em aberto a quantidade em alqueires a ser alienada, bem como os limites e confrontações da área;
> g – Parecer favorável do Consultor-Geral do Estado do Paraná, de 07 de maio de 1960, que possibilitou a alienação das terras;
> h – Escritura definitiva de compra e venda das terras com o desaparecimento de 12 (doze) requerentes iniciais e, simultaneamente, o aparecimento de 20 (vinte) novos adquirentes que convenientemente, eram todos solteiros, maiores, residentes em Mangueirinha e representados por procurador;
> i – Lavratura de nova escritura de compra e venda, ratificando a denominação e confrontações da área, entre a FPCI, e os compradores, a fim de desbordar a argumentação do Interdito Proibitório interposto pelo SPI (Aviso n.º 76-Ch/P, Encaminhamento n.º 208/SNI/ACT, 1968, p. 373–374, destaques no original).

Desvela-se que Oswaldo Forte representava um grupo composto em família chamado Irmãos Forte, que detinha laços estreitos com Jorge Cury e Anibal Khury, tendo sociedades em União da Vitória, como a propriedade da Rádio Difusora União Ltda. (Aviso n.º 76-Ch/P, Encaminhamento n.º 208/SNI/ACT, 1968). Ambos os políticos, Jorge e Aníbal, eram filhos de Salomão Khury, também político. Jorge Khury teve mandatos de vereador em União da Vitória e de deputado federal, esse último cassado no final da década de 1960 (NERY, 1999, p. 45)[49].

---

[49] Uma biografia de Jorge Curi restrita à sua atuação na Câmara dos Deputados pode ser conhecida no seguinte endereço: Biografia do(a) Deputado(a) Federal JORGE CURI, Portal da Câmara dos Deputados (camara.leg.br).

Aníbal Khury foi igualmente vereador em União da Vitória e deputado estadual por vários mandatos e ocupou diversos cargos públicos no Paraná[50]. O político chegou a ser preso por 48 dias, entre os meses de março e abril de 1969, pelas acusações de contrabando de café e de armas; exploração de "jogo do bicho"; compras irregulares de terras devolutas; desvio de verbas da Caixa Beneficente dos Funcionários da Assembleia Legislativa do Estado do Paraná; advocacia administrativa com a liberação de verbas da Codepaar para firmas particulares; exigências de vantagens ilícitas para a aprovação de projetos de anistia fiscal; coação contra funcionários para a assinatura de empenhos falsos; intermediação indevida na aquisição, pelo Banco do Estado do Paraná, do Banco Alfomares, entre outras irregularidades administrativas (CGI n.º 105, 1969)[51].

Estritamente vinculado aos negócios de Aníbal Khury, estava Ayrton Costa Loyola, advogado e sócio do deputado estadual. Ayrton foi funcionário do DGTC do Paraná, tendo, portanto, informações privilegiadas sobre os assuntos relacionados a terras e à colonização do estado. Por ingerência de Aníbal Khury foi cedido pelo DGTC à Assembleia Legislativa do Paraná em 1956 e alguns anos depois foi nomeado primeiro-secretário da Assembleia e tornou-se chefe de gabinete do deputado. Em 1959, Ayrton era secretário-geral do Partido Trabalhista Nacional (PTN) e Aníbal, presidente da Comissão Executiva do Partido no estado do Paraná.

Assim como acontecia na política, Aníbal Khury e Ayrton Costa Loyola também eram aliados econômicos. Eram associados em pelo menos outros 15 negócios, possuindo lojas e diversos lotes em Curitiba, áreas rurais em Guaraqueçaba/PR e em Guaraguaçu/PR e outras situações de grilagem, além da usurpação de terras dos Kaingang, como no município de Cascavel/PR, em que também pesavam acusações desse gênero. A dupla contava, ainda, com um grande aliado político chamado Moysés Lupion (Aviso n.º 76-Ch/P, Encaminhamento n.º 208/SNI/ACT, 1968).

O poder político do grupo, portanto, era de grandes dimensões no estado do Paraná e era utilizado, ao que indicam as fontes, com má-fé em alguns casos, como na situação da grilagem da natureza da Reserva Indígena Mangueirinha. Detendo muitas informações privilegiadas a respeito

[50] Assim foi noticiada a morte do político em 1999 pela *Folha de Londrina*: "Morre Aníbal Khury, o homem mais poderoso da política do Paraná". Disponível em: www.folhadelondrina.com.br.

[51] O procurador da República responsável pela denúncia decidiu que os fatos apurados no inquérito que levou o político à prisão não eram da competência da Justiça Federal e encaminhou os autos para a Corregedoria Geral da Justiça do Paraná. Aníbal Khury teve seus direitos políticos cassados durante dez anos (CGI, n. 105, 1969).

da cobertura vegetal do Paraná, o grupo agiu em áreas estratégicas onde abundavam espécies como a araucária, entre outras consideradas de grande valor econômico pela indústria madeireira da época.

Em depoimento para a Comissão Estadual da Verdade do Paraná Teresa Urban sobre o que presenciou desde a década de 1980 na região de Mangueirinha, a antropóloga Cecília Helm declarou que esses grupos econômicos eram demasiadamente poderosos e estavam associados também a outras personalidades políticas prestigiadas por Moysés Lupion. Assim, ela afirmou à Comissão no ano de 2013 que "ninguém ousava ser contra os políticos locais, contra Aníbal Kury e contra os Forte" (CEVPR, 2017). Esses sujeitos estavam também associados a outros proprietários de serrarias e políticos, como João José Zattar[52].

É em meio a essa associação de interesses políticos públicos e empresas privadas que em 1961 é feita a transferência dos títulos das terras Kaingang para os Irmãos Slaviero. Em pouco tempo os grileiros iniciaram uma invasão mais efetiva das terras indígenas. Empregando muita violência, em 1963, os madeireiros começaram a expulsão dos indígenas de suas terras, utilizando-se, entre outros recursos, do incêndio de aldeias e de roças, eliminando provas da imemorial ocupação dos Kaingang na Reserva Indígena Mangueirinha. De acordo com Castro (2011, p. 58), "[...] os madeireiros beneficiados pelo governo estadual destruíram lavouras, queimaram casas, expulsando com truculência as famílias indígenas que lá moravam [...]".

Em paralelo a essa invasão truculenta da Reserva Indígena Mangueirinha, os Irmãos Slaviero gozavam de informações privilegiadas na capital do Paraná. Nos anos de 1963 e 1964, são iniciadas as fotografias aéreas para a elaboração do Inventário do Pinheiro do Paraná, publicado em 1966. Como já mencionado neste trabalho, a região sudoeste foi um dos principais focos do Inventário. Ercílio Slaviero, um dos diretores da Slaviero & Filhos S/A Indústria e Comércio de Madeiras, ocupou nada mais nada menos que a presidência da Codepar e foi membro do Conselho Deliberativo do Inventário do Pinheiro no Paraná (DILLEWJIN, 1966).

Do lado dos indígenas, houve uma retomada da terra, como já mencionado brevemente neste texto. Segundo Castro (2011), em meados da década de 1960, alguns anos após os Slaviero começarem seu terrorismo e o roubo

[52] João José Zattar foi responsável pela devastação da FOM na região de Pinhão/PR e detinha serrarias e outros negócios em conjunto com Moysés Lupion em Cascavel/PR (PIN, 2011). Casos como esses dão a impressão de que esses indivíduos formaram uma grande rede de devastação ambiental, grilagem de terras e genocídios no Paraná. Essa impressão necessita de mais análises para ser confirmada e não é o objeto deste estudo.

de madeira, na visão indígena, Ângelo Cretã, lendário líder indígena[53] e neto do senhor Antonio Joaquim Cretã Krim-ton, liderou a retomada da área central da Reserva Indígena Mangueirinha de forma bastante contundente.

Os Slaviero, percebendo que perderiam a disputa, procuraram subornar os Kaingang, permitindo que, sem atritos, realizassem a extração das espécies da FOM básicas de seus cotidianos, como o pinhão e a erva-mate, dentro da área grilada. Os Kaingang, assim como os Guarani, "[...] sabiam quais eram as intenções reais da Slaviero & Filhos S/A Indústria e Comércio de Madeiras, e por isso persistiam pressionando e exigindo a desocupação da área em litígio" (CASTRO, 2011, p. 61).

Para os Kaingang e para os Guarani, reaver o seu território imemorialmente habitado, assim como toda a sua cobertura vegetal, era uma questão de sobrevivência, pois a natureza é sagrada para esses povos. Os Kaingang, por exemplo, possuem uma ligação transcendental com o pinheiro, "[...] que pode ser considerado como um objeto ritual por excelência". Quando realiza o ritual chamado *Kiki*, o povo Kaingang precisa cortar uma araucária, e a sua derrubada "[...] é acompanhada por rezas, dedicadas a acalmar o espírito do pinheiro [...]" (FERNANDES; PIOVEZANA, 2015, p. 124).

A luta indígena, portanto, era por seu território, mas também pelos elementos da natureza considerados sagrados por eles. Essa disputa causou mortes, inclusive a de Ângelo Cretã, que sofreu um atentado em janeiro de 1980 e perdeu sua vida. Em 1981 o manifesto de criação do Comitê Pró-Mangueirinha, divulgado na 33ª Reunião Anual da Sociedade Brasileira para o Progresso da Ciência (SBPC)[54], relatou a luta dos Kaingang e dos Guarani. O documento informava ao público que

> Descrentes da Justiça e da FUNAI, os Kaingang e Guarani passar a organizar-se para a recuperação de 8.976 ha correspondente à área em litígio judicial. Justificam esta luta não apenas pela posse imemorial daquelas terras mas também pela demanda de espaço para agricultura em face ao crescimento demográfico de ambos os grupos. Esta luta vem lhes custando ameaças constantes e, inclusive, já possui suas vítimas: o líder guarani 'Paraguaio' (Norberto Gabriel Potỹ) e o cacique Kaingang Ângelo Cretã, emboscado em janeiro

[53] Cretã foi uma figura muito importante para a luta indígena no sul do Brasil ao longo do século XX. Fez muitos inimigos entre políticos e grandes proprietários ou grileiros de terras no sul do Brasil. Sua história pode ser conhecida na dissertação de mestrado de Castro (2011).

[54] Essa Reunião foi realizada na Universidade Federal da Bahia (UFBA) em Salvador entre 8 e 15 de julho de 1981. Mais informações podem ser consultadas em: 33ª Reunião Anual da SBPC, SBPC (sbpcnet.org.br).

> de 1980 — representantes e heróis da resistência indígena na região. Os índios são unânimes em afirmar que peleja só acabará quando os índios retornarem definitivamente à área em litígio ou então quando tomar o último Kaingang ou Guarani.

Antes de suas mortes, os líderes Kaingang e Guarani conseguiram mobilizar-se também na justiça. Assim, no final da década de 1960, após diversas denúncias e da atuação indígena, a grilagem das terras de Mangueirinha passou a ser investigada pela Comissão Geral de Investigação (CGI), criada pelo Ministério da Justiça pelo Decreto-Lei n.º 359, de 17 de dezembro de 1968 no Processo de n.º 51/69. A CGI teve como objetivo investigar o enriquecimento de indivíduos que tivessem ocupado cargos públicos e seus associados em todo o território nacional.

2.2.1.1 A devastação ambiental como álibi de legalidade

O Processo n.º 51/69 da CGI foi, talvez, a única instância em que as denúncias contra a grilagem das terras da Reserva Indígena Mangueirinha realmente foram investigadas, ainda que tenha apresentado sérias deficiências jurídicas que acabaram por limitá-lo. Nesse processo, tanto o grupo Forte-Khury como os Irmãos Slaviero foram indiciados, denunciados, tornados réus e, por consequência, precisaram responder legalmente pela usurpação das terras Kaingang.

O advogado do grupo Slaviero, Dr. Laurindo Minhoto Junior, começou a defesa dos seus clientes encaminhada à CGI em 1969 elogiando o Golpe Militar de 1964, definido por ele como o momento em que "Afortunadamente, assumiram o governo cidadãos esclarecidos e patriotas" que poderiam impedir o avanço de ideias intoleráveis, sendo uma situação de alívio para "todos os brasileiros que desejavam a sobrevivência dos [...] princípios de civilização e cristandade" (CGI n.º 51, 1969, p. 2.853).

A bajulação aos militares promotores do Golpe de 1964, assim como ao Ato Institucional n.º 5 (AI 5)[55], não era apenas pela defesa ser correligionária ideológica do Golpe, mas para fundamentar a sua argumentação em conceitos estratégicos, como o de civilização, o de cristandade, o de nação e o de economia e, sobretudo, para colocar em evidência a rede de relações dos Slavieiro. Com isso, logo na introdução da defesa, o advogado

[55] Sobre o Golpe Militar de 1964, bem como sobre o AI 5, ver: FICO, C. **O regime militar no Brasil**: 1964–1985. São Paulo: Saraiva, 1999.

afirmava que ele e seus procurados se encontravam com as suas consciências tranquilas, pois sabiam que não eram "merecedores da imputação" que sofriam, e que o espírito de justiça dos militares que promoveram o Golpe o constataria.

Os Slaviero estavam entre os empresários da elite de Curitiba que adentraram o sudoeste do Paraná para devastar a FOM. Tiveram também experiências na construção da EFSPRG. O pai dos Irmãos Slaviero trabalhou na construção da EFSPRG e certamente conheceu a dinâmica das serrarias na região. Assim, em família, os Slavieiro iniciaram as atividades madeireiras no início do século XX na região de Irati e logo expandiram seus negócios para Ponta Grossa, além de possuírem concessionárias da marca Ford em Curitiba. Era uma família economicamente bastante estruturada e que detinha relações com importantes empresários e autoridades nocionais (GOULART, 2016). O advogado dos irmãos Slaviero, com isso, utilizou militares de alta patente como exemplos que poderiam atestar a idoneidade da família.

> Os irmãos SLAVIERO também possuem indiscutível idoneidade moral. Para só mencionar, dentre líderes revolucionários, os que podem dizer dos seus atributos pessoais, aí estão os generais Clovis Bandeira Brasil, Iberê Gouveia do Amaral, Olavo Viana Moog, Luiz Carlos Guedes, José Bretas Cupertino e Artur Candal, de cuja estima tem a honra de gozar (CGI n.º 51, 1969, p. 2.864).

A defesa estrategicamente demonstrou o alcance social do grupo econômico para legalizar os seus atos de espoliação de parte da Reserva Indígena Mangueirinha e colocá-los como sujeitos passivos no processo. Outrossim, a denúncia imputada à empresa apresentou certa fragilidade, a qual foi amplamente explorada pela defesa. Isso, porque a denúncia aceita pela CGI era de enriquecimento ilícito por meio de obtenção de vantagens pela corrupção e de tráfico de influência de Moysés Lupion e do grupo Forte-Khury.

Dessa forma, um dos argumentos da defesa foi, justamente, de que os seus clientes não eram servidores públicos e tampouco mantinham relações com a administração pública, não podendo, por isso, cometer tráfico de influência para enriquecimento ilícito. Eles teriam realizado, de acordo com o advogado, uma aquisição dentro de "marcos legais", a exemplo de várias outras propriedades que haviam comprado em várias regiões do Sul do Brasil e na região da Amazônia, e das quais dependia o funcionamento da empresa. A defesa relatou, ainda, que a análise do título de propriedade da área Kaingang foi realizada, antes da compra, por consultores e por representantes da justiça, como se demonstrará adiante.

A empresa F. Slaviero e Filhos S/A Indústria e Comércio de Madeiras foi fundada em 1927 e, no final da década de 1960, quando denunciada na CGI, operava com possibilidade de produção de 75.000m³ de madeira serrada por ano. Abastecia esse quantitativo a custo da devastação da FOM, como a própria defesa admitiu:

> O desenvolvimento da empresa sempre foi racionalmente dirigido e planejado.
> Os seus diretores cuidaram sempre de formar amplas reservas florestais, sendo uma das poucas empresas que tiveram consciência da progressiva extinção das florestas de araucária, fato aliás constatado pela FAO, órgão da ONU.
> Uma dessas reservas, até hoje mantida intacta, é a existente no imóvel indigitado.
> Demais, a empresa promove amplo plantio de novas florestas, estando a desenvolver o programa de implantação de 11.390.000 árvores, do qual já foram executadas mais de 20% (CGI n.º 51, 1969, p. 2.858).

De maneira contraditória e injusta, o defensor da empresa classificou a área Kaingang como uma reserva criada e mantida pela empresa Slaviero, quando se tratava de uma floresta milenar e imemorialmente habitada e conservada pela sociedade indígena. Se a serraria ainda não havia devastado completamente a região, não era com intuito de preservar, mas sim porque o povo Kaingang resistia e defendia a floresta.

O advogado do grupo Slaviero fortaleceu sua argumentação com os discursos de progresso e civilidade do governo federal e com os discursos do governo do Paraná para colonizar a região sudoeste, caracterizados pela violência ambiental simbólica. Nesse sentido, não era possível parar o "vasto progresso de infra-estrutura" que ocorria no Brasil, segundo o Dr. Laurindo. A continuidade do progresso apresentava grande demanda de madeira serrada para vários fins, e os Slaviero a forneciam para as Centrais Elétricas de São Paulo e para as companhias Siderúrgica Paulista e Siderúrgica Nacional, além de fornecê-la para obras do governo federal (CGI n.º 51, 1969).

Esse comércio e esses discursos de progresso que aos olhos desta pesquisa são formas de violência ambiental, por causarem a devastação da FOM e de outras formações vegetais e suas faunas, foram utilizadas como provas cabais de boa conduta e legalidade pela defesa dos Slaviero. O Dr. Laurindo, nesse sentido, apresentou vários exemplos documentados de como as serrarias do grupo promoviam a devastação das florestas nativas em nome do progresso em diversas regiões do país.

A partir dessa representação de boa conduta e importância ao mercado nacional, o advogado da empresa passou a narrar a aquisição da área Kaingang dentro de uma suposta legalidade. Informou que a empresa sempre manteve contato com os proprietários de terras florestadas, sobretudo de florestas com araucária, e que o mesmo aconteceu em Mangueirinha, quando em 1961 os irmãos e diretores da empresa, Ercílio e Alvino Slaviero, foram até a área Kaingang conhecer e analisar a floresta, sob uma perspectiva econômica e produtivista, com intermédio de uma pessoa que era funcionária de Osvaldo Forte e procurador da propriedade.

> Ocorre que, prevendo-se a extinção das reservas nativas para dentro em sete anos, e a possibilidade de aproveitamento daquelas que somente agora estão a ser plantadas, para dentro de 20 a 25 anos, haverá um período de absoluta carência de matéria prima.
> Se isso não preocupa ao aventureirismo de muitos, sempre preocupou aos diretores da F. Slaviero & Filhos S/A, que desde cedo cuidaram de preparar grandes reservas florestais para futura utilização. Enquanto mantinham sua atividade com a utilização de pequenas florestas que continuamente estavam a adquirir, mantinham intangíveis as melhores florestas que logravam comprar, preparando-se para a crise de carência de matéria prima cujo advento era, e é, indiscutível. [...]
> Estabeleceram, diante isso, um programa de corte que lhes permitiria assegurar a continuidade no abastecimento dos mercados, desde a data atual, até quando fosse possível a utilização da floresta plantada. Para isso poder fazer sem qualquer acidente, chegaram mesmo a adquirir, à margem da Rodovia Belém-Brasília, no Estado do Pará, um imóvel de florestas com a finalidade de valer com reserva supletiva para cobertura das necessidades do mercado interno.
> Ocorre que a sua floresta, localizada no município de Mangueirinha, adquirida de Oswaldo Forte e outros, constituía e constitui elemento fundamental desse seu programa. Jamais a empresa conseguirá manter suas atividades, enquanto necessário, se vier a perder essa reserva (CGI n.º 51, 1969, p. 2.890).

Como se vê na transcrição, os Slaviero, por meio de seu advogado, declaravam a extinção das espécies da FOM, destacadamente dos pinheiros, como um caminho natural e incontornável. A sua parcela de culpa pelo estimado fim da araucária ficava perdoada com o discurso moral do progresso da nação. É verdade que os Slaviero reflorestaram várias áreas, porém com monoculturas formadas com o *Pinus elliotti* e pouco ou nada fizeram para reverter a extinção da FOM, como o próprio Dr. Laurindo demonstrou (CGI n.º 51, 1969). Pelo contrário.

A defesa dos Irmãos Slaviero utilizou a devastação da FOM praticada pela empresa justamente para atestar a sua relevância social, econômica e sua conduta moral ilibada. E mais, utilizou-se disso como pretexto para normalizar a grilagem das terras Kaingang, alegando que a ausência dessa área, pequena se comparada a todo o patrimônio da empresa, causaria grande desequilíbrio para os madeireiros e, como consequência, para o progresso do país.

Somado a isso, o advogado dos Slaviero apresentou fotografias do Posto Indígena Mangueirinha com os Kaingang realizando atividades que, segundo sua ótica, eram próprias da sociedade não indígena, como a utilização de roupas, eleição de Rainha da Primavera, prática do futebol e desenvolvimento de atividades agropastoris. Assim afirmou o advogado:

> Os Cainganguês absorveram, de forma completa, as delícias e os defeitos da civilização. Aqui está a sua 'Rainha da Primavera', cuja coroa afirma a intensidade da vida social dos 'indígenas', e sua perfeita integração com a civilização, e o amplo intercâmbio e comunicação existentes entre eles e as comunidades do homem branco [sic] (CGI n.º 51, 1969, p. 3.875).

Tratava-se não apenas de racismo, mas também de uma forma de desvincular a sociedade indígena da FOM, pois o experiente advogado Dr. Laurindo tinha ciência da indissociabilidade entre as sociedades indígenas e a natureza. O defensor dos Slaviero sabia que esse era um ponto central para absolver os seus clientes e continuou arguindo que

> [...] a emigração, na comunidade Caingangue [sic], é um fato. Os elementos masculinos, socialmente bastante evoluídos, partem em busca de novos horizontes. Os que restam tem alto padrão de vida (CGI n.º 51, 1969, p. 3.891).

Assim como discursavam os intelectuais no início do século XX sobre o sudoeste do Paraná, uma vez mais eram colocadas em lados opostos a civilidade e a natureza, sendo o modo de vida da elite paranaense considerado evoluído, enquanto o modo de vida ligado à natureza era menosprezado. Mas curioso e estratégico foi que o advogado argutamente defendeu a civilidade dos Kaingang para poder desvinculá-los da natureza. Esse discurso era inspirado na política de aldeamentos do século XIX e de integração do SPI, que buscavam descaracterizar as sociedades indígenas para integrá-las às sociedades, retirando-as de seus territórios (CUNHA, 1992; LIMA, 1995).

De maneira semelhante, a defesa de Moysés Lupion arguia pela legalidade das transações sobre as terras Kaingang e Guarani, sempre vinculado aos discursos de progresso. Após argumentar sobre os processos de doação e alienação das terras indígenas, a defesa de Lupion expôs:

> Como se vê, a transferência à FPCI, entidade jurídica de direito privado, das obrigações que o Estado assumira, através do antigo Serviço de Proteção aos Índios, teve objetivos de alto alcance social, que interessava aos índios e principalmente ao desenvolvimento econômico do Paraná (CGI n.º 51, 1969, p. 3.781).

Mais uma vez, o que se vê no processo como álibi dos acusados é o discurso de progresso e desenvolvimento econômico amplamente encampado no Brasil nesse período. Já em relação aos interesses dos Kaingang e Guarani supostamente atendidos, a referência é à escritura de doação das terras Kaingang e Guarani feita pela FPCI em favor dos próprios indígenas, feita em 19 janeiro de 1961 em concordata do então diretor da IR 7 do SPI, Dival José de Souza, representando legalmente as sociedades indígenas, ainda que estas não concordassem. A escritura fazia referências a duas partes da Reserva Indígena Mangueirinha denominadas pela FPCI de glebas A e C e excluía, portanto, a área expropriada dos indígenas. Da mesma forma, foram absolvidos os demais envolvidos do grupo Forte-Khury, embora tenham perdido seus direitos políticos por dez anos, desde 1969 (CGI n.º 51, 1969).

Em 1976, o vice-presidente em exercício da CGI absolveu as partes acusadas de grilar as terras indígenas e arquivou o processo. Analisando o documento, com as ferramentas que um historiador ambiental possui, é possível notar que a forma com que se montou a denúncia fragilizou o processo e facilitou a defesa dos acusados, já que lhes foram imputados crimes dos quais puderam se defender sem maiores dificuldades, e deixou-se de imputar-lhes outros mais compatíveis com as provas juntadas aos autos.

Essa última impressão, porém, necessitaria de uma análise jurídica mais aprofundada, por um especialista da área do direito, mesmo que a título de história. Acrescenta-se ainda o fato de que o Brasil teve importantes avanços nos direitos indígenas e no que diz respeito a crimes ambientais e à conservação do meio ambiente apenas a partir da promulgação da Constituição Federal de 1988.

Além disso, em parecer sugerindo o arquivamento do processo à presidência da CGI, a sua Assessoria Jurídica admitiu várias falhas no processo e que, talvez pelo seu tamanho, irregularidades muito sérias haviam sido cometidas, como a não instauração do processo de Investigação Sumária nos termos do art. 2º do Decreto-Lei n.º 359, de 17 de dezembro de 1968, que criou a Comissão (CGI n.º 51, 1969).

Embora os Kaingang e os Guarani tenham retomado a ocupação da área central da Reserva Indígena Mangueirinha desde a década de 1960, liderados pelo cacique Ângelo Cretã, o litígio sobre sua posse continua até hoje. Após o arquivamento do processo CGI n.º 51 de 1969, os madeireiros abriram processo contra os Kaingang, em conjunto com uma senhora de nome Donatília de Freitas e com um senhor de nome Jonas Lima, de acordo com o planejamento de Visita de Coleta de Informações Setoriais de Área (Visa), da Fundação Nacional do Índio (Funai), encaminhado ao Ministério do Interior em dezembro de 1989. Esse documento ainda acusou dois indígenas por colaborar com o roubo de madeira da Reserva[56]. O processo a que faz referência o documento da Funai não está entre o conjunto de fontes desta pesquisa. Segundo Castro (2011), ao realizar consulta na 7ª Vara Federal de Curitiba, o processo continha 70 volumes e cerca de 14 mil páginas.

Os conflitos oriundos de grilagens de terras e de disputas por araucárias abrangeu, além das terras Kaingang, a maior parte do sudoeste do Paraná. Assim, no capítulo 3, é analisada a Revolta dos Colonos de 1957, processo emblemático na constituição da região, sob a perspectiva da história ambiental global.

---

[56] Na década de 1990, a antropóloga Cecília Helm publicou um ensaio no Boletim da Associação Brasileira de Antropologia sobre o corte ilegal de madeira na reserva indígena e as perseguições contra os Kaingang e Guarani (HELM, 1990, 1996).

3

A REVOLTA DOS COLONOS OU DOS POSSEIROS DE 1957 SOB A PERSPECTIVA DA HISTÓRIA AMBIENTAL GLOBAL

Com o avanço da colonização do sudoeste do Paraná na década de 1950, inúmeras disputas por terras e por reservas florestais aconteceram. Os colonos conheceram uma situação bastante indelicada quanto ao acesso e à propriedade da terra.

Segundo os estudos do historiador e antropólogo Mario Grynszpan (2010), especialista em temas relacionados à história agrária, a colonização de novas regiões, de modo geral, apresenta problemas quanto à legitimidade da propriedade da terra, porém, quando a estrutura do Estado passa a se fazer presente, a situação tende a ser alterada. Aquela população já residente na área que o Estado vai colonizar, por meio de seus próprios órgãos ou da venda a companhias colonizadoras privadas, são, com frequência, considerados posseiros. Esses posseiros, em muitos casos, são despejados ou subordinados pelo colonizador, público ou privado, gerando tensões e conflitos, como ocorreu em várias regiões do Brasil (GRYNSZPAN, 2010, p. 374).

Os posseiros são os indivíduos que ocupam um determinado espaço de terras, detêm a sua posse, porém não o título de propriedade legal com o direito de posse, domínio e usufruto expedido em cartório regularmente reconhecido pelo sistema judiciário nacional. A posse diz respeito à efetiva ocupação, habitação e manejo de um lote, rural ou urbano, ou seja, "[...] É o uso, a ocupação produtiva, que pode legitimar a pretensão do posseiro a terra, tendo o seu domínio, o seu direito, reconhecidos juridicamente" (GRYNSZPAN, 2010, p. 373).

Diferentemente dos casos em que o posseiro é considerado apenas aquele que antecede a colonização, os colonos que se instalaram no sudoeste do Paraná tornaram-se posseiros, em grande parte. Devido ao contexto criado pela atuação da CITLA nas glebas Missões e Chopim, os colonos não conseguiam ter a propriedade das suas posses, já que os imóveis passavam por disputas judiciais iniciadas na década de 1930 que remontavam a transações feitas no período do Brasil Imperial, impossibilitando as companhias colonizadoras da região de expedirem títulos legais. Com isso, vários litígios entre o estado do Paraná e a União, entre a CITLA e os posseiros e entre estes e os entes federados ocorreram ao longo do século XX.

Essa situação causou vários conflitos caracterizados por violências sociais e ambientais por parte dos agentes colonizadores, colonos e companhias colonizadoras, essas últimas com o uso de violência extrema a partir do ano de 1956. Essa conjuntura, não obstante ter colaborado com a devastação ambiental que avançou sobre as florestas, rios e terras da região, causou a Revolta dos Colonos ou Revolta dos Posseiros de 1957. Este capítulo é uma análise da Revolta dos Colonos sob a perspectiva da história ambiental global, que possibilita a percepção de que a violência ambiental é um elemento que se identifica em colonos, companhias colonizadores, madeireiras e no Estado.

Dessa forma, contextualiza-se, a seguir, a primeira forma de violência ambiental que recaiu sobre a natureza sudoestina, a sua transformação em mercadoria, doada pelo Brasil imperial a um indivíduo que, por sua vez, fez sucessões de seus direitos até a chegada da CITLA à região.

3.1 A NATUREZA COMO MERCADORIA: DAÇÕES E SUCESSÕES DE DIREITOS DOS IMÓVEIS MISSÕES E CHOPIM

No capítulo 1 desta obra, mencionaram-se acontecimentos econômicos, sociais e judiciais que influenciaram a constituição do sudoeste. Para corroborar a análise sobre a Revolta dos Posseiros, retoma-se a contextualização acrescentando-se informações mais detalhadas, com base em processos criminais da Vara Criminal de Pato Branco, processos civis disponíveis no Sistema de Informações do Arquivo Nacional (Sian) do Ministério da Justiça, assim como na historiografia especializada, e já citada em diversos momentos, sobre as transações econômicas e questões judiciais que levaram as glebas Missões e Chopim a serem alvo de grilagem e tornaram os colonos posseiros.

As transações sobre as terras do sudoeste tiveram início no final do século XIX por meio do Decreto Imperial n.º 10.432, de 9 de novembro de 1889, pelo qual o imperador concedeu ao engenheiro mineiro João Teixeira Soares[57] o privilégio de construir uma estrada de ferro desde o rio Itararé,

[57] Filho de uma família escravocrata de Minas Gerais, João Teixeira Soares tinha relações com a administração imperial. Após se formar engenheiro civil, no ano de 1872, João Teixeira passou a integrar o quadro de funcionários da Estrada de Ferro D. Pedro II, que com o advento da República passou a ser denominada de Estrada de Ferro Central do Brasil (COVELLO, 1935, p. 181).

estado de São Paulo, até o Rio Grande do Sul, bem como ramais, e utilizar e gozar de seus benefícios, concedendo-lhe, ainda, terras consideradas devolutas em uma extensão de 30 quilômetros para cada lado do eixo da estrada. Um dos ramais iria até a foz do rio Iguaçu, abrangendo, portanto, o território sudoestino (GOULIN, 1935, p. 225; OF. IBRA n.º 52/263/67, 1967, p. 2, anexo ao Memorando n.º 07-AJ/SG/CSN, 1972, p. 125).

Após a Proclamação da República, foi promulgado o Decreto n.º 305, de 7 de abril de 1890, que fez algumas alterações na concessão anteriormente aludida. Com isso, o engenheiro João Teixeira Soares organizou a companhia *Chémins de Fer Sud Ouest Brésiliens*, oriunda da França, e para esta transferiu, como o decreto imperial permitia, seus direitos e obrigações quanto à construção das estradas de ferro e à exploração das terras devolutas contíguas. A companhia francesa, por sua vez, fez nova transferência da concessão para a Companhia Industrial dos Estados Unidos do Brasil, oficializada pelo Decreto n.º 307, de 20 de junho de 1891. Essa última Companhia, em 1893, com assentimento do governo federal, dado pelo Decreto n.º 1.386, de 6 de maio de 1893, sub-rogou a sua concessão à EFSPRG (OF. IBRA n.º 52/263/67, 1967, p. 3, anexo ao Memorando n.º 07-AJ/SG/CSN, 1972, p. 126).

Em 1917 o estado do Paraná reconheceu os direitos da EFSPRG promulgando o Decreto n.º 613, de 4 de setembro de 1917, aprovando o acordo realizado entre a administração estadual e a EFSPRG, regularizando a concessão das terras de acordo com a Constituição Federal de 1891. No ano de 1920, o estado do Paraná fez contrato com a EFSPRG para a construção de um ramal Guarapuava-Foz do Iguaçu, que já havia sido previsto anteriormente, e doou-lhe as terras das margens do ramal (OF. IBRA n.º 52/263/67, 1967, p. 3, anexo ao Memorando n.º 07-AJ/SG/CSN, 1972, p. 126).

Como parte do contrato anteriormente referido, imóveis que ocupavam quase todo o sudoeste e o oeste do Paraná foram transcritos na comarca de Palmas da EFSPRG. Eram os imóveis Missões, Chopim e Chopinzinho, no sudoeste, e Andrada, Santa Maria, Silva Jardim e Rio das Cobras além do rio Iguaçu. Ainda no ano de 1920 a EFSPRG organizou a sua sucessora Braviaco e lhe transferiu os direitos e obrigações do contrato assinado com o Paraná para a construção do ramal Guarapuava-Foz do Iguaçu (OF. IBRA n.º 52/263/67, 1967, p. 3, anexo ao Memorando n.º 07-AJ/SG/CSN, 1972, p. 126).

Ainda durante a década de 1920, a Braviaco teve os direitos dos imóveis Catanduvas, Ocoí, Piquiri e Pirapó transcritos em seu favor, totalizando 1.700.268 hectares de terras, como elucidou em seus estudos o historiador Antônio Myskiw (2002, p. 149), cerca de 8,5% de todo o território do estado.

No início da década de 1930, após a ascensão do governo de Getúlio Vargas no país, o interventor federal do Paraná, Mário Tourinho, rescindiu o contrato com a EFSPRG, sub-rogado à Braviaco, determinando o cancelamento dos títulos expedidos em 1920. Mário Tourinho oficializou a nova ordem com os Decretos estaduais n.º 300, de 3 de novembro de 1930, e n.º 20, de 5 de janeiro de 1931, e ajuizou ação sumária contra as companhias na Comarca de Foz do Iguaçu, reconhecida pelo Tribunal de Apelação do Estado com o acórdão de 21 de junho de 1940, que determinou o cancelamento das transcrições em favor das concessionárias na Comarca de Palmas (OF. IBRA n.º 52/263/67, 1967, p. 4, anexo ao Memorando n.º 07-AJ/SG/CSN, 1972, p. 127).

No mês de março de 1940, o governo federal incorporou a EFSPRG ao patrimônio da União e transferiu várias glebas de terras cujos domínios haviam sido dados à Companhia para a Superintendência das Empresas Incorporadas ao Patrimônio Nacional (SEIPN). Assim, embora o Tribunal de Apelação do Estado tenha reconhecido a execução do julgado feita pelos advogados do governo paranaense, em junho de 1940, a incorporação dos bens da EFSPRG feita pela União possibilitou que a SEIPN oferecesse embargos de terceiros no processo. Em meados da década de 1960 os autos foram remetidos ao STF, que reconheceu e acolheu os embargos de terceiros interpostos pela SEIPN e declarou inexequível a decisão da justiça local, pois as terras eram devolutas e, pelo Decreto Imperial n.º 10.432, de 7 de novembro de 1889, haviam sido doadas à EFSPRG, não podendo a Comarca de Foz do Iguaçu decidir sobre a causa, de acordo com o relatório do Ministro Villas Boas (AC n.º 9.621, 1965, p. 3, anexo ao Memorando n.º 07-AJ/SG/CSN, 1972, p. 211).

Os ministros do STF foram unânimes na decisão pelo reconhecimento das reivindicações da SEIPN sobre os imóveis no sudoeste do Paraná. Abaixo, transcreve-se o voto do ministro Villas Boas, que foi acompanhado de seus colegas magistrados do STF:

> a) Pelo Decreto Imperial nº 10.432, de 7 de novembro de 1889, as áreas disputadas, pertencentes ao País, foram integradas na concessão outorgada à Estrada de Ferro São Paulo – Rio

Grande, e assim jamais entraram no domínio do Estado, como terras devolutas, consoante a atribuição do art. 64 da Constituição de 1891.

b) A tentativa de apossamento sumário, indisfarçável desrespeito ao citado Decreto Imperial e ao Decreto nº 305 do Governo Provisório da 1ª República, foi rechaçado por este Tribunal, que declarou inoperante o Decreto nº 300 de 1930, por ser ditatorial, e suscetível de controle judicial, mesmo em face do art. 18 das Disposições Transitórias da Constituição de 1934, o Decreto Interventorial nº 20, que não fora formalmente aprovado pelo Governo Federal, nos termos dos Decretos nºs 19.393/30 e 20.348/31.

c) Se a Justiça local deu ganho de causa ao Estado do Paraná, a sua decisão não é, evidentemente, exequível contra a União, a quem os Decretos-lei 2.073 e 2.436 imputaram bens e direitos das Companhias em cujo nome estavam registrados

d) "Empresas incorporadas ao Patrimônio Nacional", órgão criado para a administração das glebas descritas, tem irrecusável interesse em impedir o cancelamento dos registros, promovido pelo Estado do Paraná, a quem jamais, a nenhum título, elas pertenceram, e assim são de absoluta procedência os embargos de fls. 3 a 5, deduzidos perante o M. Juiz da Comarca de Foz do Iguaçu e remetidos a esta Corte Suprema com competência constitucional para a Matéria (art. 101, nº I, letra e).

e) O meu voto é para que assim se julgue (AC n.º 9.621, 1965, p. 3, anexo ao Memorando n.º 07-AJ/SG/CSN, 1972, p. 211–212).

No início da década de 1970, o STF tomou nova decisão a favor da SEIPN. Na ocasião, com o ministro Aliomar Baleeiro como relator, foram julgados novamente os embargos de terceiros interpostos pela SEIPN, sendo que o referido ministro chegou a citar o voto de Villas Boas sobre o caso no ano de 1965 (AC n.º 9.621, 1965, p. 3, anexo ao Memorando n.º 07-AJ/SG/CSN, 1972, p. 211).

Embora tardiamente, o STF tomou decisões, em diferentes ocasiões, favoráveis à União e contra o estado do Paraná e, por consequência, contra a CITLA e outras companhias colonizadoras privadas. Tardiamente, porque durante o hiato temporal entre os julgamentos que ocorreram a sociedade e a natureza do sudoeste do Paraná assistiram a inúmeras violências socioambientais que a resolução judicial com maior celeridade poderia ter impedido.

Essa conjectura torna possível considerar que a primeira forma de violência ambiental e social impetrada à região foi o Decreto Imperial n.º 10.432, de 9 de novembro de 1891, que promulgou a dação do seu território de Missões e Chopim ao engenheiro João Teixeira Soares, como já frisado. Essa consideração se deve ao fato de que com o Decreto anteriormente indicado, além do menosprezo pelas sociedades indígenas que ocupavam o sudoeste imemorialmente, a natureza foi transformada em uma mercadoria, no sentido do conceito marxista, isto é, um "objeto externo que, por meio de suas propriedades, satisfaz necessidades humanas de tipo qualquer" (MARX, 2011, p. 97). As florestas deixaram de ser organismos vivos para, aos olhos de determinados grupos humanos, tornarem-se mercadoria destinada a pagamentos e a trocas por outras mercadorias.

Como mercadoria, a natureza do sudoeste passa a ser disputada e negociada com diferentes valores econômicos para o mercado em diferentes circunstâncias. Como se viu nos capítulos 1 e 2, precedentes, para indivíduos ligados ao governo e à elite econômica paranaense desde finais do século XIX e início do século XX, a região poderia ser o grande "empório" do mercado do Paraná (NASCIMENTO, 1903, p. 3), isso quando era habitada pelas sociedades indígenas que viviam em grandes áreas de FOM e FES e as conservavam.

No período em que ocorreram as dações e transferências de direitos e obrigações entre João Teixeira Soares e as diferentes companhias, entre os anos de 1891 e 1930, a região não tinha nenhuma infraestrutura, estrada de ferro ou de rodagem, o que dificultava a industrialização de pinheiros, que era um dos principais elementos de interesse de empreendimentos de empresas colonizadoras instaladas na Região Sul do Brasil, como demonstrado no capítulo 2. Porém esse panorama começou a ser alterado no final da década de 1930.

No ano de 1938, o empresário José Rupp conseguiu penhorar as glebas Missões e Chopim em uma ação indenizatória que promoveu contra a EFSPRG, dois anos antes da SEIPN incorporar os bens da companhia, como já explicitado no capítulo 1 (p. 38-40).

A ação indenizatória interposta por José Rupp não foi um impedimento, mesmo sem estar concluída, para que, em meados da década de 1940, a SEIPN fosse autorizada, por meio do Decreto n.º 9.549, de 6 de agosto de 1946, a vender as terras que estavam sob sua administração, desde que realizasse concorrência pública e não vendesse, em hipótese alguma, imóveis por preços inferiores aos preços praticados nos estados do Paraná e de Santa Catarina, incluindo os imóveis Missões e Chopim. Na prática, isso não ocorreu (OF. IBRA n.º 52/263/67, 1967, p. 5, anexo ao Memorando n.º 07-AJ/SG/CSN, 1972, p. 128).

No mês de maio do ano de 1950, a SEIPN vendeu para a companhia colonizadora e madeireira Pinho Terras Ltda. duas áreas de 10.000 e 1.500 alqueires na gleba Missões sem proceder conforme o Decreto n.º 9.549/46, o que levou o Tribunal de Contas da União a denegar os contratos de compra e venda, com ato mantido por meio do Decreto Legislativo n.º 43, de 5 de outubro de 1966, promulgado pelo Senado Federal (OF. IBRA n.º 52/263/67, 1967, p. 5, anexo ao Memorando n.º 07-AJ/SG/CSN, 1972, p. 128).

Para piorar a situação jurídica dos imóveis no sudoeste, a SEIPN envolveu as florestas em uma transação sua em outro estado. A Superintendência realizou uma venda de 300 mil árvores de pinheiros adultos na Serra do Espigão, entre os Vales de Tamanduá e Timbó no estado de Santa Catarina para a Companhia de Madeiras Alto Paraná (MARIPÁ). Na região, entretanto, existiam 100 mil pinheiros com as características do contrato. Para quitar suas obrigações com a MARIPÁ, a SEIPN reservou 200 mil pinheiros adultos na gleba Missões quando transferiu as glebas de sua jurisdição ao Instituto Nacional de Imigração e Colonização (INIC) em 1958 (OF. IBRA n.º 52/263/67, 1967, p. 7, anexo ao Memorando n.º 07-AJ/SG/CSN, 1972, p. 130).

Após a desapropriação do imóvel Missões feita pela União no ano de 1961, a MARIPÁ acionou a SEIPN por meio do Processo IBRA/GB n.º 3.459/66. O complexo cenário jurídico em torno da gleba Missões impediu que a MARIPÁ retirasse as árvores de pinheiro do sudoeste para a quitação do contrato com a SEIPN, decisão tomada pelo juízo do Egrégio Tribunal Federal de Recursos de Curitiba em 29 de setembro de 1972 (ESTUDO n.º 16-AJ/73, 1973, p. 9, anexo ao Memorando n.º 07-AJ/SG/CSN, 1972, p. 10).

No mesmo ano das transações com a colonizadora Pinho e Terras, 1950, a SEIPN fez outro negócio que comprometeu a vida da natureza e dos seres humanos no sudoeste do Paraná. Após uma década de disputa judicial para ser indenizado, o empresário José Rupp conheceu outro colonizador e madeireiro no município de Clevelândia chamado Mario José Fontana. Rupp negociou os créditos indenizatórios que reivindicava junto à justiça com Mario José Fontana (WACHOWICZ, 1985, p. 188) e passou a trabalhar na sua companhia imobiliária, a CITLA, como diretor de colonização (JORNAL A NOITE, 1953, p. 2).

3.2 A ORIGEM DA CITLA NO SUDOESTE DO PARANÁ

A origem da CITLA remonta aos setores madeireiro e imobiliário. Na biografia de Mario José Fontana, escrita por seu genro Elias Féder[58] intitulada *200.000 alqueires por uma caixinha de fósforo,* esses interesses são evidentes. De acordo com a referida obra, o sogro de Fontana, o madeireiro João Menegassi, após esgotar as araucárias em sua propriedade no município de Caxias do Sul/RS, no ano de 1947, foi ao sudoeste do Paraná com o intuito de adquirir uma propriedade florestada. João Menegassi conheceu, no município de Clevelândia, uma fazenda com aproximadamente 29.000 hectares de terras cobertas por floresta com araucária. Voltando ao Rio Grande do Sul, convenceu Mario Fontana a adquirir a área em sociedade (FÉDER, 2001, p. 44, 143).

A fazenda foi adquirida para João Menegassi instalar a sua serraria e para o desenvolvimento de um projeto de colonização gerenciado por Mario Fontana. Para viabilizar o processo, os sócios criaram a CITLA, organizando subscrições de cotas para elevar o capital da companhia. Mario Fontana ficou com 1.650 cotas de um total de 5.000, seguido por seu sogro com 1.000 cotas e Claudio Dariz com 500 cotas. Os demais sócios detinham participações inferiores a 100 cotas. Assim, Mário Fontana e João Menegassi eram os sócios majoritários, com mais de 50% das cotas da sociedade (FÉDER, 2001, p. 157-161).

Uma vez instalada no sudoeste, a CITLA realizou, então, o negócio com José Rupp. Para receber os créditos indenizatórios adquiridos de José Rupp, a companhia passou a solicitar cinco imóveis no Paraná, não obtendo êxito devido à entrada de outro grupo colonizador na disputa, o já citado Pinho e Terras Ltda. A entrada desse último grupo, todavia, não impediu a CITLA de conseguir a transcrição dos títulos dos imóveis Missões e Chopim (parte)[59] a seu favor, fazendo-o de maneira escandalosa e com o apoio do governo do Paraná (WACHOWICZ, 1985, p. 188).

---

[58] A relação parental de Elias Féder e Mario Fontana foi descrita pelo escritor em entrevista concedida ao *Jornal de Beltrão* no ano de 2016. Disponível em: Elias Féder: genro de Mário Fontana conta suas histórias em livros (jornaldebeltrao.com.br). Acesso em: 19 jul. 2020.

[59] Em todas as fontes utilizadas nas análises deste capítulo, o imóvel Chopim é referenciado como "Chopim (parte)", pois apenas parte foi negociado com a CITLA. Ao longo deste trabalho, todavia, refere-se ao imóvel apenas como Chopim, deixando-se subentendido que é apenas a parte negociada com a CITLA. Na Figura 16, os imóveis denominados de Fartura 2 e 3 são as sobreposições de títulos feitas por Moysés Lupion na parte do imóvel Chopim que não foi negociada com a CITLA. Os casos de sobreposição de títulos serão abordados adiante e, igualmente, no capítulo 4 desta obra.

O superintendente responsável pela SEIPN, que acatava as ordens judiciais antes da entrada da CITLA no processo, pôs-se a serviço da Companhia para realizar as transcrições ilegalmente (OF. IBRA n.º 52/263/67, p. 5, anexo ao Memorando n.º 07-AJ/SG/CSN, 1972, p. 128). Ocorreu uma negociata, com a aquiescência do então governador Moysés Lupion, na qual a corrupção do superintendente da SEIPN saltou aos olhos, pois, segundo o estudo do presidente do Incra em 1972, José Francisco de Moura Cavalcanti, as terras alienadas à CITLA eram avaliadas em Cr$ 300 milhões em 1950, valor 60 vezes maior que os créditos que a Companhia cobrava na justiça:

> Em 1950, ao arrepio da Lei, o então Superintendente das Empresas Incorporadas ao Patrimônio Nacional em troca de crédito litigioso de Cr$ 4.720.000,00 (quatro milhões e setecentos e vinte mil cruzeiros velhos) deu à "Clevelândia Industrial e Territorial — CITLA", a gleba Missões e parte da gleba Chopim, perfazendo um total de 198.000 alqueires, cujo valor real à época, foi estimado em cerca de sessenta vezes mais, ou seja, aproximadamente Cr$ 300.000.000,00 (trezentos milhões de cruzeiros velhos) (OF. IBRA n.º 52/263/67, p. 5, anexo ao Memorando n.º 07-AJ/SG/CSN, 1972, p. 128).

O superintendente responsável pela assinatura que viabilizou a grilagem das terras em favor da CITLA, chamado Antônio Vieira de Melo, tentou colocar a culpa no cartório onde foram lavradas as escrituras alegando, em ofício encaminhado ao presidente do Tribunal de Contas da União, que seus funcionários teriam alterado a minuta que ele havia entregado para a realização das transferências. O cartório, todavia, era do sogro do superintendente, como esclareceu Wachowicz (1985, p. 190). Os indivíduos que participaram da negociata tinham relações antigas:

> A escritura de dação em pagamento foi assinada por Antônio Vieira de Melo em nome da Superintendência e datada de 17 de novembro de 1950. Saliente-se que os elementos que participaram das negociações desse estranho e ilegal acordo, eram pessoas ligadas ao antigo gerente geral da São Paulo-Rio Grande, Geraldo Rocha, ou seja: Geraldo Rocha Sobrinho era assistente do então Superintendente Antônio Vieira de Melo e filho do tabelião do 6º Ofício de Notas, Francisco Rocha, em cujo cartório foi registrada a escritura de dação em pagamento (WACHOWICZ, 1985, p. 189).

Foi dessa forma que Mario Fontana, Moysés Lupion e seus sócios lograram a transcrição dos imóveis Missões e Chopim e, por consequência, as suas coberturas vegetais predominantemente compostas de FOM e de FES, em nome da CITLA. As transações feitas pela SEIPN no ano de 1950 tenderam a valorizar economicamente as mercadorias do sudoeste, isto é, imóveis e florestas, pois três grandes grupos, além de serrarias menores e colonos, passaram a disputá-las na justiça e por meio da violência, como se demonstrará adiante.

É relevante destacar que a CITLA e a Pinho e Terras representavam no sudoeste, além dos setores imobiliário e madeireiro, a presença dos dois grandes grupos políticos que dominavam o cenário paranaense. A Pinho e Terras representava a União Democrática Nacional (UDN), oposição em 1950, e a CITLA era aliada do Partido Social Democrático (PSD), partido de situação liderado pelo então governador do Paraná, Moysés Lupion, fator fundamental para o sucesso dos empreendimentos de Mario Fontana nos imóveis Missões e Chopim (WACHOWICZ, 1985, p. 184).

Com todos esses negócios arbitrariamente feitos entre poderosas companhias colonizadoras e a SEIPN, a CANGO, criada no ano 1943 pelo governo de Getúlio Vargas, encontrava-se cada vez mais fragilizada. Em meados da década de 1950, a disputa jurídica pelas glebas Missões e Chopim tinha o seguinte panorama: o estado do Paraná disputava as terras contra a União; a União havia interposto uma ação sumária para o cancelamento das escrituras da CITLA; José Rupp retornou à disputa com uma ação que alegava que o STF era incompetente para a causa, que deveria ser julgada pelo Tribunal Federal de Recursos; o Inic apresentou embargos para salvaguardar os direitos da CANGO; a Pinho e Terras reivindicava direitos relativos a 11.500 alqueires adquiridos da SEIPN; e, já no final do decênio de 1950, a MARIPÁ ajuíza o contrato dos 200 mil pinheiros que não haviam sido entregues pela SEIPN (WACHOWICZ, 1985, p. 191-192; ENCAMINHAMENTO n.º 54/117/ACT/82, 1982, p. 8-9).

A Figura 14 exibe todos os imóveis do sudoeste do Paraná segundo o "Relatório apresentado à Comissão de Faixa de Fronteiras do Paraná e Santa Catarina", elaborado pelo DGTC no ano de 1966. Na figura em referência, é possível observar as glebas Missões, Chopim, a Fazenda São Francisco de Salles, além dos demais imóveis.

Figura 14 – Representação dos imóveis do sudoeste do Paraná no ano de 1966 segundo o Relatório do DGTC apresentado à Comissão de Faixa de Fronteiras

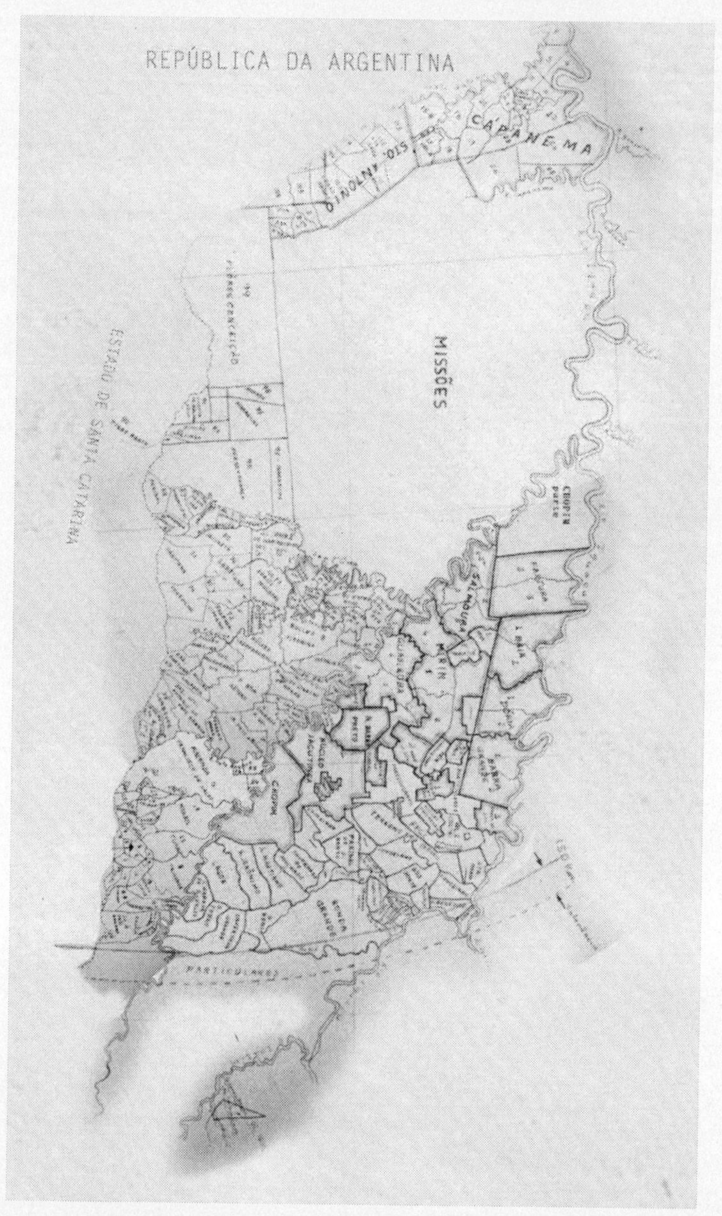

Fonte: Relatório do DGTC apresentado à Comissão de Faixa de Fronteiras (1966, p. 156, 159 e 168). Adaptação: Emilia Simon. Organização do autor deste trabalho
Observação: a fração do imóvel Chopim negociada com a CITLA está representada na parte superior da imagem, entre os imóveis Missões e Fartura 2 e 3.

Analisando as fontes, torna-se perceptível que a utilização da natureza é fator preponderante para que ela, enquanto mercadoria em que foi transformada, fosse economicamente valorizada e disputada na complexa conjuntura jurídica descrita no parágrafo anterior. Nesse caso, são relevantes, novamente, as conclusões de Karl Marx sobre a mercadoria. O filósofo alemão esclareceu que: "Como valores de uso, as mercadorias são, antes de tudo, de diferente qualidade; como valores de troca, elas podem ser apenas de quantidade diferente, sem conter, portanto, nenhum valor de uso" (MARX, 2011, p. 98).

A limitada distribuição de terras gratuitas que a CANGO promoveu a partir de 1943 (MONDARO, 2009, p. 256), como se analisará posteriormente, não retirou o caráter de mercadoria atribuído pelos demais agentes colonizadores à natureza, como demonstram as análises de Foweraker (1982). Na atuação da referida companhia, existiu a sustentação de um projeto nacionalista com o objetivo de incorporar efetivamente a região ao mercado e à política nacionais, para transformar, citando Foweraker (1982, p. 58), o "ambiente natural" em uma "sociedade produtiva", o que o incorporou à economia nacional capitalista.

A CANGO, ao doar terras, criava um meio para que o colono produzisse mercadorias, o que transformava a própria terra, isto é, a natureza, em uma mercadoria. Se para as sociedades indígenas da região a terra, as árvores e as águas eram elementos sagrados da vida, para a sociedade de colonos e para as companhias colonizadoras que se instalaram no sudoeste, a natureza passa a ser tratada como um produto e um meio produtivo sujeito à propriedade privada (FOWERAKER, 1982, p. 58).

Nesse sentido, foram analisados processos-crimes que evidenciam como a CITLA tinha interesse destacado na região de Verê/PR e, tão logo se instalou na região, começou a cercear os colonos e os posseiros que viviam e que chegavam para se fixar naquelas terras. O desejo era, sobretudo, dominar as fontes de águas sulfurosas ou águas termais existentes no município, na época distrito de Pato Branco. Essas fontes ficam próximas às margens do rio Chopim no extremo norte do Verê. Nos dias atuais, além de Chopim está o município de São Jorge D'Oeste e ao noroeste do mesmo rio está o município de Dois Vizinhos.

Desde o início da atuação da CITLA no Verê, os colonos demonstraram-se ativos contra as situações que consideravam injustas. A companhia buscou, por intermédio do Poder Judiciário, intimidar os colonos que, isoladamente, demonstravam insatisfação ou não aceitavam cumprir as obrigações impostas. Assim, os precedentes dos conflitos do ano de 1957 foram gradualmente se desenvolvendo e apontando para a violência, de ambos os lados, sobretudo contra a natureza, como se evidencia a seguir.

3.2.1 Os primeiros embates pela natureza do sudoeste: organização popular e tentativas de intimidações

Com a entrada da CITLA nos imóveis Missões e Chopim, os colonos começaram a se organizar pelo menos desde o ano de 1951, quando formaram uma Comissão Permanente em Francisco Beltrão com objetivos claros para superar as irregularidades que viviam quanto à posse e à titulação de terras, nos meios rural e urbano. Composta por 20 indivíduos, à Comissão eram atribuídas as tarefas de realizar o contato com os governos estadual e federal, auxiliar na defesa de colonos prejudicados pelas companhias ou por autoridades regionais e organizar subcomissões para esclarecer a população em geral (GOMES, 1986, p. 45).

A Companhia, por seu turno, começou a realizar queixas-crimes contra colonos e posseiros que viviam na localidade chamada de Águas do Verê, onde se situam fontes de águas minerais, e outros que não viviam nas proximidades ou na sede distrital, porém constituíam lideranças populares que procuravam se organizar contra os assédios que sofriam e para conseguirem a titulação definitiva das terras que ocupavam, conforme as evidências disponíveis nos processos-crimes e inquéritos policiais consultados na Vara Criminal de Pato Branco, citados subsequentemente.

Inquéritos policiais foram abertos a partir de denúncias de representantes da CITLA contra vários colonos, alguns originando processos, alegando que praticavam crimes como invasões de terras, espancamento e tentativas de homicídios contra funcionários da companhia, conforme se demonstrará adiante.

É importante recordar, como demonstram as análises do item 2.2 deste trabalho (p. 106), que nesse mesmo período Lupion igualmente fez manobras jurídicas para grilar terras indígenas em todo o Paraná, incluindo metade dos territórios Kaingang na Reserva Indígena Mangueirinha e em Palmas. E assim como no caso dos territórios indígenas, entre os anos de 1951 e 1955, quando Lupion ficou fora do governo do Paraná, as ofensivas da CITLA foram menos agressivas do que a partir de 1956, quando ele retornou ao Poder Executivo do estado.

A Companhia, que havia instalado um escritório no Verê, então distrito do município de Pato Branco, controlava uma balsa sobre o rio Santana, caminho pelo qual os novos colonos que chegavam de Pato Branco precisavam passar para alcançar o distrito. Para acessar a balsa, o colono precisava assinar um documento e fazer um pagamento para poder entrar em um lote rural, também denominado nas fontes como uma colônia (INQUÉRITO POLICIAL n.º 23/53, 1953, p. 8).

A CITLA encontrou, sem embargo, resistência entre os colonos e, com isso, desde 1953, pelo menos, realizou denúncias na delegacia de polícia de Clevelândia e de Pato Branco para tentar intimidar colonos. O Inquérito Policial n.º 23 de 1953, por exemplo, foi aberto porque a Companhia reclamava contra uma figura política do Verê, o vereador Pedro José da Silva. Na queixa, a CITLA acusava o vereador de impedir seu plano de colonização ao estimular a revolta entre os colonos, a quem a Companhia adjetivou de "intrusos da terra" (INQUÉRITO POLICIAL n.º 23/53, 1953, p. 9).

Pedro José da Silva ficou conhecido na história do sudoeste como Pedrinho Barbeiro. Vereador de Pato Branco pelo Partido Trabalhista Brasileiro (PTB), Pedrinho Barbeiro procurava organizar os colonos para resistir à CITLA e, posteriormente, a partir do ano de 1956, contra a atuação criminosa de sua subsidiária, a Companhia Agrícola Comercial do Paraná (Comercial).

Pedrinho Barbeiro conseguiu elaborar um abaixo-assinado com cerca de 200 nomes para entregar em mãos ao presidente da República para pedir providências contra a Comercial. Antes de viajar, entretanto, foi assassinado em sua casa em maio de 1957 por dois jagunços por encomenda de Iris Mário Caldart, sócio da CITLA e da Comercial, além de presidente do PSD de Pato Branco, à época. Um dos assassinos foi o jagunço João Pé de Chumbo, que exercia o cargo de chefe da turma do departamento de madeiras no distrito de Verê (GOMES, 1986, p. 61).

Alguns anos antes do assassinato de Pedrinho Barbeiro, nota-se o início de uma luta que teria um final trágico para o vereador. A CITLA fez uma queixa contra ele em 1953 alegando que Barbeiro impedia a instalação de novos colonos e ameaçava os funcionários da Companhia:

> Indivíduo por demais conhecido, sem expressão, sem capacidade a não ser para o seu ofício de barbeiro, exercendo agora, as funções de Sub Prefeito e Sub Delegado de Polícia daquele Distrito, digno de melhor suporte, e em cumprimento aos seus desígnios contra a CITLA, estimula uma revolta entre

> os intrusos da terra e a Suplicante, com o objetivo de tirar proveito político, e sem perceber que isso vem em atraso da região e do Estado.
> No afan de incentivar a colonização, legalmente, como proprietária do terreno, a Suplicante entendeu não mais deixar intrusar, dando ordens aos seus encarregados na zona, que procurassem não deixar entrar mais mudanças, sem que fosse de uma forma legal, com contrato de compra e venda feito, e localizado os colonos, dando assim organização aos serviços de colonização. No entretanto o Sub Prefeito e Sub Delegado de Polícia, Pedro José da Silva, se opôs a estas ordens emanadas do nosso escritório, dizendo que ali quem manda é ele, e que ninguém lhe deu ciência de que o terreno pertence a Suplicante, e que sendo assim, todo o intruso que chegar pode se alojar na terra, se alojará de qualquer maneira, mesmo A BALA.
> Ora, isso é um caso policial [...] para a abertura de inquérito e consequente responsabilização daquele funcionário, no caso de um conflito, que fatalmente por ele será provocado em breves dias, em Verê, contra o representante da Suplicante ali, conflito que poderá ter sérias consequencias e que V. Excia poderá evitar, mormente no caso das constantes ameaças por parte de Pedro José da Silva, que [...] nada tem que ver com questões de terras, que está no afecto ao Poder Judiciário, e principalmente quando se trata de terras do domínio particular, como são as que constituem as fazendas Missões e Chopim (INQUÉRITO POLICIAL n.º 23/53, 1953, p. 2–3, destaque no original).

Esse documento é um indício de que a CITLA tentava intimidar o líder popular desde o ano de 1953, pois Pedrinho Barbeiro esclarecia os colonos posseiros quanto às ilegalidades da Companhia. Essa afirmação fica comprovada ao analisarem-se os depoimentos das testemunhas intimadas pelo delegado de Clevelândia que dirigiu o caso, o senhor Alcebiades Rodrigues da Costa.

Entre as testemunhas de defesa, estavam colonos posseiros do Verê e, de acusação, funcionários da CITLA. O colono e vereador Arcenio Gonçalves de Azevedo, testemunha de defesa, relatou ao delegado que até onde sabia as terras nas quais era posseiro no Verê eram do governo federal, já que estavam dentro das glebas Missões e Chopim e que a CITLA havia armado no Verê

> [...] uma arapuca, tirando o dinheiro de pobres colonos chegando ao ponto de impedir a entrada de mudanças, forçando-o a fazerem um contrato sem garantias, obrigando ainda ditos colonos assinarem duplicatas, ficando todas as despesas por conta os mesmos [...] (INQUÉRITO POLICIAL n.º 23/53, 1953, p. 4).

A segunda testemunha, o colono Roberto Freisleben, posseiro na localidade das Águas do Verê, declarou que tinha ido à sede do distrito, conjuntamente com outro posseiro chamado Elpidio Machado, e comunicado Pedrinho Barbeiro de que ele, assim como os seus vizinhos, estava revoltado com a CITLA. Na ocasião, Freisleben também pediu para que Pedrinho avisasse os funcionários da Companhia sobre a insatisfação dos colonos. A revolta era pelo fato de que a

> [...] CITLA queria obrigar as mudanças que entravam para estes lados fazerem, antes de passarem, um contrato mediante pagamento; que as terras onde o declarante tem lavoura, as Águas do Verê (Mineral), pertence a Missões e Chopim; que o declarante sabe que o senhor Sub Prefeito Pedro José da Silva [Pedrinho Barbeiro], tem aconselhado ao povo a máxima calma e que tudo dentro da lei será satisfatoriamente resolvido (INQUÉRITO POLICIAL n.º 23/53, 1953, p. 5).

O chefe do escritório da CITLA no Verê entre 1953 e 1954 era o senhor Cristalino Silveira Machado, que declarou na delegacia que tinha se inteirado em Francisco Beltrão, quando foi assistir a corridas de cavalos, que Pedrinho Barbeiro alimentava o sentimento de revolta entre os colonos do Verê, que estariam, em 1953, planejando incendiar o escritório da Companhia e assassinar seus funcionários e consultaram o líder político sobre o assunto. Teria relatado a Cristalino essa situação o senhor Joaquim Afonso de Matos, agrimensor morador do Verê que prestava serviços para a CITLA e que, como Cristalino, estava em Francisco Beltrão assistindo às corridas, e que não soube informar se Pedrinho havia concordado com os colonos (INQUÉRITO POLICIAL n.º 23/53, 1953, p. 6).

A população do Verê, nesse contexto, manifestou determinada resistência. O depoimento de Pedrinho Barbeiro na delegacia em Clevelândia demonstra que a população reagiu e procurou se organizar contra a CITLA. De acordo com Pedrinho, quando viajava de ônibus para Pato Branco em outubro de 1953, ouviu que

> [...] diversos viajantes falavam sobre o Escritório da CITLA no Verê, dizendo que o mesmo merecia ser quebrado, ao que o declarante aconselhou que não fizessem isso porque ainda havia justiça; que o declarante estranha a queixa feita em Clevelândia pelo indivíduo Armódio de Oliveira, sabendo que o mesmo é ébrio e como tal quer fazer prevalecer sua qualidade de funcionário da CITLA para perseguir pobres colonos em favor da Companhia, sua empregadora; [...] que tem notado no povo um alto grau de aborrecimento, o qual se não for tomada providencias por quem de direito, poderá trazer sérias consequencias; que há tempos atrás chegou a Verê uma pobre família do litoral de Santa Catarina, a qual, por determinação do chefe do escritório da CITLA, ficou jogada ao relento, passando sérias privações, sendo socorridos pela população [...] (INQUÉRITO POLICIAL n.º 23/53, 1953, p. 7).

O funcionário da CITLA responsável por cuidar da balsa do rio Santana que dava acesso ao Verê era, no ano de 1953, o senhor Armódio de Oliveira. Ele depôs como testemunha de acusação contra Pedrinho Barbeiro. Ao ser ouvido pelo delegado de Clevelândia, repetiu as acusações feitas pelo seu chefe, Cristalino Silveira Machado, reforçando que Pedrinho procurava desautorizar os funcionários da CITLA perante os novos colonos, dizendo a eles que não assinassem contratos com a Companhia. Segundo Armódio:

> No começo do mês [de dezembro de 1953], quando o depoente se achava num terraço da Pensão Central, neste Distrito [de Verê], quando ali chegou um colono desconhecido perguntando ao depoente que lhe informa-se as condições exigidas pela CITLA para localização em suas terras; que diante do pedido, o depoente informou que o desconhecido procurasse o Escritório da CITLA, ali perto, para pegar um Cartão afim de passar no Passo do Rio Sant'Ana com sua mudança e uma vez no Verê, legalizar sua situação assinando um Contrato para sua entrada; que quando o depoente falava com o colono desconhecido não notou que em sua encosta se encontrava o Sub-Prefeito do Verê, conhecido por Pedro José da Silva, o qual chegou-se a conversa e sem ser interpelado foi logo dizendo: não precisa de cartão algum para entrar mudança aqui, eu não tenho ciência se a CITLA, tem ou não terras nestas zonas [...] (INQUÉRITO POLICIAL n.º 23/53, 1953, p. 8, destaques no original).

Continuando o seu depoimento, Armódio de Oliveira relatou um caso específico em que um colono teria tentado acessar um lote no Verê seguindo orientações de Pedrinho Barbeiro:

> [...] que deu margem a essa desinteligência ter dias antes um colono tentado usando de força entrar em terras da Companhia, sem que ele estivesse devidamente legalizado, cujo colono foi a Clevelândia, onde entendeu-se com o Excelentíssimo Senhor Doutor Juiz de Direito, voltando dias depois, fazendo contrato com a CITLA e tomando dentro da lei posse de dez alqueires de chão (uma colônia); que o Sub-Prefeito, que diz também ser Sub-Delegado de Polícia, conversando com o depoente, disse que logo ia se acabar e que os colonos que fossem chegando com suas mudanças entrariam de qualquer maneira, nem que disse a "BALA"; que diante do acontecido o depoente como funcionário da CITLA, dirigiu-se ao Escritório dizendo que a situação era péssima devido a autoridade estar contra a Companhia e que diante do fato foi procurando providências pedindo-se abertura de inquérito a fim de evitar sacrifícios de vida; [...] que enquanto o depoente foi a Clevelândia, pedir providências, o Sub-Prefeito Pedro José da Silva, avisou ao Escritório da Companhia que havia um bando pronto para atacar, destruir, tirar placas e talvez matar os funcionários da mesma; que o depoente exerce na CITLA, o cargo de guarda da Balsa do Rio Sant'Ana, distante da Sede do Verê, oito quilómetros, para não deixar por ali passar mudanças sem primeiro assinarem o compromisso de contrato com a Companhia [...] (INQUÉRITO POLICIAL n.º 23/53, 1953, p. 8, destaques no original).

Apesar de se tratar de um documento em que, pela sua própria natureza, duas partes claramente se acusam, observa-se, no depoimento das testemunhas da CITLA, que Pedrinho Barbeiro de fato havia se estabelecido como liderança dos colonos revoltados contra a Companhia no Verê. Da mesma maneira, ficam evidentes as tentativas de intimidação da CITLA quando o seu funcionário admite que impedia novos colonos de passarem pela balsa do rio Santana. É relatada, também, a complacência do juiz da Comarca de Clevelândia, que teve jurisprudência sobre o Verê até o ano de 1954, com a Companhia ao determinar que o colono em desacordo assinasse o contrato com a CITLA.

Enquanto Pedrinho Barbeiro empregou seus poderes de vereador e de liderança local para defender os colonos, a CITLA utilizou-se de suas boas relações com diferentes instâncias do Poder Judiciário regional para firmar-se e intimidar os colonos.

Outras três testemunhas de acusação, todos funcionários da CITLA, deram depoimentos praticamente idênticos aos já citados, colocando Pedrinho Barbeiro e Arcenio Gonçalves de Azevedo como idealizadores de movimentos dos colonos contra a CITLA. Em fevereiro de 1954, o promotor de justiça da Comarca de Clevelândia pediu o arquivamento do inquérito por falta de provas, o que foi acatado pelo juiz em novembro daquele ano.

Na biografia de Mario Fontana são relatados outros casos em que a CITLA, como no caso de Pedrinho Barbeiro, registrou queixas nas delegacias da região, porém contra madeireiros que retiravam pinheiros de suas propriedades (FÉDER, 2001, p. 109-115). No entanto, o autor não comprova com fontes em que situações isso ocorreu, ou seja, se eram pinheiros em posses que colonos vendiam para serrarias ou se realmente os madeireiros praticava furtos, tratando-se de memórias do próprio escritor.

Em relação aos recursos hídricos presentes no Verê, a CITLA fez levantamentos por meio de estudos sobre a bacia do rio Chopim e tinha ciência de que as fontes termais do Verê poderiam fornecer águas de grande qualidade para uma indústria de produção de celulose de grande porte. Esse projeto foi descrito por Wachowicz (1985, p. 195) e por Gomes (1986, p. 43)[60] e citado por outros(as) autores(as), como Pegoraro (2007, p. 41) e Piletti (2019, p. 52).

Os interesses nas Águas do Verê para o desenvolvimento do projeto celulose foram resumidos por Mario Fontana em carta encaminhada ao governo federal no ano de 1973, intitulada "Resenha explicativa das atividades da CITLA entre 1950 e 1962".

Mesmo tendo sido impedida de atuar na região a partir do ano de 1962, em virtude da desapropriação dos imóveis Missões e Chopim decretada pelo governo federal em 1961, a CITLA continuou reivindicando indenizações na justiça por aquilo que considerava de seu pleno direito. No documento intitulado de "Resenha explicativa", encaminhado para o governo federal, Mario Fontana informou ao governo militar que a intenção primária da CITLA era a de estabelecer uma grande indústria de celulose e executar de forma secundária a colonização da região.

[60] Wachowicz (1985, p. 195) e Gomes (1986, p. 43) tiveram acesso ao documento produzido pela CITLA intitulado Projeto Celulose, que contém detalhes sobre o empreendimento. Existe a possiblidade de esse documento estar no Arquivo Público do Paraná em Curitiba, entretanto a visita a esse arquivo foi inviabilizada pela pandemia de SARS-CoV-19 entre os anos de 2020 e 2022.

> Sempre se norteando no sentido do fracionamento da terra de cultura, colonizando-a com elemento humano afeito às lidas agrícolas e acostumado à policultura e habituado a idênticas condições climáticas — não perdia de vista seu objetivo principal, um empreendimento industrial de celulose de grande monta, com base na vultuosa reserva florestal existente no sudoeste do Estado, e elaborou um basto plano de desenvolvimento, para cuja consecução vinha, de há alguns anos, coletando dados, colhendo informações e reunindo elementos.
> A CITLA projetou estradas — que cortavam a gleba Missões no sentido Este-Oeste e Norte-Sul — escolhendo locais adequados para futuras cidades; planejou usinas hidrelétrica para suprimento de energia às futuras cidades e fixou local adequado à instalação da grande indústria de celulose, com previsão de produção de 20.000 toneladas mensais. [...]
> Iniciada a execução das obras, começando pela abertura de estradas, a princípio com muita falta de mão-de-obra — pois foi constatada a existência de apenas 43 famílias nas raras clareiras abertas na mata quase inacessível — turmas de agrimensores iniciaram a demarcação de lotes rurais nas zonas de mato branco para encaminhar a corrente migratória, afim, também, de prover à futura mão-de-obra para a indústria planejada e seu paulatino reflorestamento.
> Turmas de agrimensores [...] praticaram todo o levantamento-nivelamento do rio Chopim, desde o Rio Sant'Ana até sua barra no Iguaçu, compreendendo o estudo hidro-elétrico da "Volta das Águas Minerais do Verê", local escolhido para assentamento da grande indústria de celulose (CARTA DA CITLA para o presidente do CSN, 1973, p. 5–6, anexo ao Memorando n.º 07-AJ/SG/CSN, 1972, p. 23-24).

Como é possível perceber na carta de Mario Fontana, as ambições sobre a fauna e sobre as águas da região eram primárias. Entretanto, é notável a contradição em relação ao contingente populacional da região que o diretor da CITLA apontou como de apenas 43 famílias. No início da década de 1950 o sudoeste contava com cerca de 76 mil habitantes, conforme demonstrado na Tabela 1 deste trabalho.

Com essa negação, a Companhia grilava terras e conseguia elementos para justificar a sua atuação perante a justiça, pois, se as terras não eram habitadas, poderia ser mais legítimo cobrar por elas, além de alegar uma suposta ineficácia da CANGO, e assim muitos colonos eram obrigados a assinar contratos. Como Lazier (1983, p. 65) apontou, "Os homens da

CITLA forçavam os posseiros a comprar as terras onde moravam. Exigiam do posseiro uma entrada e a assinatura de notas promissórias [...]".

Não obstante, a justiça federal suspendeu a alocação de novos colonos pela CANGO, em dezembro de 1953. Essa foi, para Gomes (1986, p. 47), a primeira vitória da CITLA, pois a suspensão parcial das atividades da CANGO evidenciou uma indefinição jurídico-legal em torno da legitimidade da posse e do domínio dos imóveis Missões e Chopim, possibilitando à CITLA agir da forma que agiu.

No ano de 1955, o Paraná realizou eleições para o governo do estado. As campanhas eleitorais e os resultados das eleições fizeram com que a violência se instalasse definitivamente no sudoeste. O candidato eleito ao governo do estado do Paraná foi Moysés Lupion. Durante a sua campanha eleitoral, Lupion realizou acordos com diferentes setores econômicos, inclusive com companhias imobiliárias instaladas no sudoeste como subsidiárias da CITLA, quais sejam a Companhia Imobiliária Apucarana Ltda. (Apucarana) e a Companhia Comercial e Agrícola do Paraná (Comercial) (GOMES, 1986, p. 48).

O sudoeste estava prestes a adentrar uma situação na qual as companhias imobiliárias eram grandes ameaças, praticando diferentes crimes contra colonos, queimando casas, matando criações de gado, violando mulheres e crianças, além de cometerem homicídios. Essa conduta, entretanto, parece ter sido mais ativamente praticada a partir de 1956 (FOWERAKER, 1982, p. 49). O então governador eleito, Moysés Lupion, era sócio dessas companhias, embora seu nome não constasse entre os acionários das empresas, como se demonstra a seguir.

3.2.1.1 A ligação de Moysés Lupion com as companhias imobiliárias privadas e o "mito" da doação de terras pela CANGO

Como parte dos acordos e negócios que Moysés Lupion fez durante a sua campanha eleitoral no ano de 1955, estava a entrega de parte dos imóveis Missões e Chopim para duas companhias imobiliárias — Comercial e Apucarana — para, em conjunto com a CITLA, darem continuidade em uma suposta colonização do sudoeste (GOMES, 1986, p. 48).

O escritório da CITLA no Verê passou a ser gerenciado por representantes da Comercial a partir de 1956. Os lucros da empresa eram destinados a João Simões, então diretor do Banco do Estado do Paraná e proprietário da Companhia, como forma de pagamento das dívidas contraídas por Lupion durante sua campanha eleitoral no ano de 1955. Já a Apucarana foi instalada região de Capanema/PR para beneficiar outro aliado político de Lupion, Jorge Amin Maia, que no período era prefeito de Apucarana/PR (GOMES, 1986, p. 49).

O proprietário da Comercial, João Simões, enquanto diretor do Banco do Estado do Paraná, contraiu uma dívida no valor de Cr$ 656.861.328,90 no banco que dirigia, segundo o relatório sobre as transações da CITLA e de suas subsidiárias encaminhado ao presidente da República pelo chefe de divisão patrimonial do Inic em 1958, senhor Nilton Ronchini Lima (RELATÓRIO DO INIC, 1958, p. 22).

A Comercial fazia parte de um aglomerado econômico chamado Grupo Simões, cujos sócios majoritários eram João Simões e seu irmão Camilo Simões. O Grupo supracitado praticou terrorismo entre os colonos e procurou alienar as terras ilegalmente adquiridas no sudoeste ao Banco do Estado do Paraná para pagar suas dívidas, tornando a situação jurídica das terras nas glebas Missões e Chopim ainda mais embaraçosa (RELATÓRIO DO INIC, 1958, p. 22). De acordo com o chefe da divisão patrimonial do Inic,

> O grupo João Simões e Camilo Simões, do qual faz parte a firma Companhia Comercial e Agrícola Paraná — Comercial, é devedora ao Banco do Estado do Paraná da fabulosa importância de Cr$ 656.861.328,90.
> Esta dívida é decorrente de notas promissórias expedidas e avalizadas por testas te ferro do mencionado grupo, em favor do mesmo grupo e descontadas por este no Banco do Estado do Paraná, ao tempo em que era seu Presidente João Simões, o mesmo era sucessor da CITLA.
> Que a dívida é decorrente de verdadeiro assalto ao referido Banco que motivou, inclusive, a intervenção da SUMOC no estabelecimento bancário em causa, em setembro deste ano, com a nomeação de um interventor.
> Que o referido grupo Simões, por carta de 5 de novembro do corrente ano [1958], ofereceu ao banco do Estado do Paraná, as terras que adquiriu da CITLA para liquidação do débito de sua responsabilidade conforme substabelecimento de contrato de locação de serviços e procuração lavrado no terceiro Tabelião de Londrina, no Paraná, em data de 4 de novembro do corrente ano de 1958 (RELATÓRIO DO INIC, 1958, p. 22).

A ligação de Moysés Lupion com a CITLA, bem como com as companhias Comercial e Apucarana, é comprovada, de acordo com a historiadora Iria Zanoni Gomes (1986), de maneiras diferentes. Embora o seu nome não estivesse oficialmente entre os cotistas da CITLA, da Comercial ou da Apucarana, Lupion fez interferências com a máquina administrativa do Paraná para que as companhias tivessem pleno funcionamento no sudoeste. O primeiro e acintoso ato do ex-governador está relacionado à sua participação na transação ilegal da escritura de dação e pagamento dos imóveis Missões e Chopim pela SEIPN para a CITLA no ano de 1950. Complementando essa manobra, Lupion criou um cartório no município de Clevelândia no ano de 1951, facilitando os registros ilegais da CITLA (GOMES, 1986, p. 49).

Outra comprovação do vínculo de Lupion com a CITLA foi dada, no ano de 1978, por meio de uma entrevista que Mario Fontana, diretor-presidente da CITLA, concedeu ao historiador Ruy Wachowicz. Em tal entrevista, Mario Fontana afirmou que o grupo Lupion quis participar do projeto celulose e trouxe consigo grandes recursos econômicos provenientes de investidores franceses. Quando percebida a inviabilidade do projeto, Mario teria sido obrigado a assinar contratos com a Comercial e com a Apucarana para pagar as dívidas feitas por Lupion durante a sua campanha eleitoral no ano de 1955 (WACHOWICZ, 1985, p. 203, 206; GOMES 1986, p. 50).

Para Gomes (1986, p. 44), os projetos da CITLA, e, posteriormente, de suas subsidiárias, foram impedidos pela existência da CANGO na região. As principais atividades da CITLA, da Apucarana e da Comercial eram, na concepção de Gomes (1986, p. 44), a especulação imobiliária e a exploração da madeira. De acordo com a autora, a CANGO, que atuava desde 1943, já havia doado terras para milhares de colonos e outras dezenas de milhares chegaram espontaneamente, formando um grande crescimento populacional no sudoeste no decênio 1950–1960[61], o que obstruiu as companhias privadas (GOMES, 1986, p. 45).

Nos estudos dos historiadores Marcos Mondaro (2009) e Luiz C. Flávio (2011), sem embargo, a atuação da CANGO é relativizada se comparada ao que Gomes (1986) apresenta, especialmente no que tange à doação de terras. Para Mondaro (2009, p. 256), de fato a CANGO doou terras, porém não em grau suficiente para atender à demanda criada pelos contingentes de migrantes que chegaram à região, que em sua maioria compravam posses. A noção de que a doação de terras pela CANGO se estendeu para todos os colonos se constitui em um discurso criado pelo Estado para transfigurar-se

[61] A análise relativa ao crescimento populacional no sudoeste na década de 1950 está no item 1.4.1 deste trabalho.

como o principal agente da colonização na região e estabelecer seu poder, pois, afirmou Mondaro (2009, p. 257, destaques no original):

> [...] de acordo com os documentos que dispomos para análise, tais como fotos e relatórios, verificamos que houveram terras doadas; contudo, o que constatamos também é que grande parte dessa "doação de terras" participa de uma construção discursiva da colonização que vem da *imagem* construída pelo Estado paternalista, pois, de modo geral, a terra foi comprada e/ou foi "tirado um sítio", como na linguagem da época; ou seja, o processo de apropriação (e dominação de terras) devolutas ocorreu, sobretudo, pela posse, onde o controle através da ordem imposta pela CANGO "resvalava".

Amparado pela literatura e por suas fontes, Mondaro (2009) afirma também que diante do contexto sudoestino se pode asseverar que a colonização se deu por meio de uma ordem circunscrita no âmago de uma "desordem", já que

> [...] houve brechas no poder nacional e local, isto é, na forma de controle da chegada e instalação dos migrantes, pois, essa pretensa desordem faz parte histórica e geograficamente da política brasileira de controle social da população. A desordem e o descontrole na colonização participaram de uma forma de controle que o Estado brasileiro instituiu. A apropriação das terras através da migração, que aparentava uma pretensa desordem, foi, em parte, uma forma de controle instituída no processo de colonização desse território (MONDARO, 2009, p. 258).

Em sentido semelhante a Mondaro (2009), as considerações de Flávio (2011) são relevantes para descortinar determinado mito[62] sobre a doação de terras pela CANGO para os colonos. Após analisar mais de 860 entrevistas concedidas por colonos no município de Francisco Beltrão, Flávio (2011, p. 187) constatou que a maior parte dos depoentes que chegaram ao sudoeste do Paraná compraram posses de caboclos ou de migrantes recém-estabelecidos e não foram assentados pela companhia da União, demonstrando ineficiência por parte da Colônia em relação à doação de terras.

[62] Por mito entende-se aquilo que é baseado em uma fração de realidade, porém constitui uma narrativa, discurso ou história fantasiosa. A origem da palavra mito, de acordo com o Dicionário Priberam da Língua Portuguesa, remonta ao grego (mûthos) e significa palavra, discurso, coisa dita, conto ou ficção e em latim (mythos) significa fábula. Pode ainda ter o sentido de personagem ou fato que, embora irreal, simboliza uma generalidade admitida ou uma coisa ou indivíduo que não existe ou, ainda, uma hipótese. Disponível em: https://dicionario.priberam.org/mito. Acesso em: 12 jul. 2022.

Uma das entrevistas analisadas por Flávio (2011) foi, inclusive, de um ex-diretor da CANGO, o engenheiro agrônomo Glauco Olinger[63]. Segundo o depoimento de Olinger, o que a CANGO fazia, pelo menos durante sua gestão entre os anos de 1953 e 1954, era monitorar e medir as posses, contando com uma pequena equipe de engenheiros e topógrafos, sendo, portanto, "[...] que muitos lotes cadastrados pela CANGO não eram por ela doados, mas sim por ela *apontados* (medidos). Tal forma de atuação parece no relatório da própria CANGO [...]" (FLÁVIO, 2011, p. 188, destaques no original).

O principal argumento de Flávio (2011), nesse sentido, é de que a pesquisa histórica precisa superar o mito de que a CANGO teria doado terras e casas para os colonos e perceber a importância dos agentes históricos que realmente construíram a região tal como é conhecida:

> A ideia fundamental de nossa argumentação é que, para além do *mito* que enaltece a doação de terras e casas pela CANGO, é mister percebermos que a formação territorial do sudoeste paranaense e a respectiva fundação das cidades, dentre as quais, Francisco Beltrão, transcorreu-se comportando diversos elementos e agentes, para além do controle do efetivado pelo Estado, via atuação da CANGO (FLAVIO, 2011, p. 190, destaques no original).

As análises de Mondaro (2009) e de Flávio (2011) quanto à ineficiência da CANGO e sua imagem de constituidora do sudoeste do Paraná são reafirmadas pelo trabalho do historiador Luís Fernando Lopes Pereira (2020, p. 50), que levantou depoimentos orais de colonos posseiros que chegaram à localidade do Verê na década de 1940 e relataram, sem exceção, ter comprado posses de caboclos.

Entre os depoentes que afirmaram para Pereira (2020) ter chegado à região na década de 1940 até os que chegaram na década de 1950, os relatos são de instalação própria e sem auxílio da CANGO. Nos depoimentos coletados por Pereira (2020, p. 48), a região do Verê foi descrita como área florestada com araucárias e outras espécies vegetais e população humana

63 Glauco Olinger é natural de Lages/SC. Obteve formação de engenheiro agrônomo em 1946 pela Escola Superior de Agricultura de Viçosa. Sua área de expertise é a extensão rural, tendo atuado em funções de destaque, como secretário estadual da Agricultura de Santa Catariana e presidente da Empresa Brasileira de Assistência Técnica e Extensão Rural (Embrater), além de ter fundado em 1957 a Associação de Crédito e Assistência Rural de Santa Catarina (Aresc), atual Empresa de Pesquisa Agropecuária e Extensão Rural de Santa Catarina (Epagri), e ter sido um dos idealizadores do Centro de Ciências Agrárias da UFSC (OLINGER, 2020, apresentação).

formada por povos indígenas e caboclos. Foi desses últimos que os colonos entrevistados, no trabalho anteriormente referido, compraram suas posses (PEREIRA, 2020, p. 47).

Um relatório do Inic do ano de 1953 desvela, como fizeram os autores supracitados, que a CANGO atendeu a uma quantidade pequena do total de colonos que chegaram ao sudoeste. O diretor da CANGO informou no relatório que as administrações anteriores haviam localizado apenas 9.238 pessoas (EXPOSIÇÃO DE MOTIVOS n.º 1287, 1953, p. 2, anexo ao Of. 35/ Gab da Secretaria Geral do Exército, 1956, p. 43), período em que a região ultrapassou o contingente populacional de 100 mil habitantes, que, em sua maioria, residiam em áreas rurais (IPARDES, 2009, p. 13).

Embora nesse ponto, o da aquisição da posse da terra, se possa encontrar perspectivas distintas de Gomes (1986) em Mondaro (2009), Flávio (2011) e Pereira (2020), o mesmo não ocorre quanto ao caos que assolou o sudoeste após a instalação da CITLA. A compra de posses sem controle construiu um panorama, na década de 1950, em que as áreas cobertas com a FOM, as mais desejadas pela CITLA, já estavam, em grande parte, sendo ocupadas por colonos que passaram a derrubar as florestas existentes em suas posses, pelo próprio trabalho ou por terceirizado, para desenvolver atividades agrícolas e para evitar conflitos com jagunços de serrarias ou de companhias (CHAVES, 2008, p. 54).

3.3 A TERRA NUA PODERIA SER MAIS SEGURA

Com a introdução da propriedade privada em áreas florestadas da região, expressa, sobretudo, pela posse da terra, inúmeros colonos iniciaram o desmatamento nas áreas que consideravam suas, não apenas para utilizarem ou comercializarem madeira, porém como uma estratégia de manutenção da área de que se considerava proprietário ou posseiro, de acordo com as análises de Chaves (2008) e Vannini e Kummer (2018).

Chaves (2008, p. 50) argumentou que, para determinados empresários que tinham negócios no sudoeste tanto no ramo madeireiro como no imobiliário, alguns ocupando lugar de destaque na política paranaense como Moysés Lupion e seus associados, a não regularização das propriedades facilitou a grilagem de terras e pinheiros. Diante desse panorama, a devastação da região aumentou, pois muitos migrantes, por necessidade de sobrevivência, derrubavam a mata para implantar a agricultura e outros invadiam áreas, serravam as árvores e ainda vendiam sua posse, sem títulos, de acordo com Chaves (2008, p. 53). Para o autor,

> [...] todos os conflitos sobre a posse da propriedade da terra no sudoeste paranaense ao longo de sua história, contribuíram com o esgotamento das florestas na região. A situação permanente de conflitos entre entidades criou um ambiente de insegurança, onde alguns por cobiça e outros por falta de garantias, passaram a explorar ao máximo as matas (CHAVES, 2008, p. 54).

Essa situação permaneceu até a década de 1970, quando o GETSOP conseguiu realizar o trabalho de titulação das terras da região sem conflitos, titulando 32.356 lotes rurais e outros 24.661 lotes urbanos. O GETSOP foi extinto pelo Decreto n.º 73.292 de 11 de dezembro de 1973 (CHAVES, 2008, p. 54). É fundamental destacar que a atuação do GETSOP, como se demonstra em item específico, é válida apenas sobre os imóveis Missões e Chopim e que o contexto de insegurança, descrito anteriormente, permaneceu em outras partes do sudoeste, como na colônia Baía, objeto das análises do capítulo 4.

Em artigo publicado no ano de 2018, os historiadores Ismael A. Vannini e Rodrigo Kummer revisitaram a historiografia sobre o sudoeste do Paraná e concluíram que:

> O maior estimulador da ação sobre a derrubada das florestas de araucárias do sudoeste foi a insegurança quanto a legitimação da propriedade da terra. A devastação das matas, neste caso, foi acelerada pela indefinição legal e da titulação de lotes. O colono que fora assentado pela CANGO, como vimos, não poderia receber o título de proprietário. A partir dessa conjuntura os colonos lançaram mão da estratégia de demarcar a ocupação e reivindicar a posse por meio da derrubada da floresta. De forma consciente, os colonos entendiam como um *uti possidetis juris*, salvas as proporções do mesmo em caráter histórico, que onde haveria o desmatamento e produção de víveres, seria seu, pelo menos em direito precário (VANNINI; KUMMER, 2018, p. 108).

Chama a atenção o fato de que no artigo de Vannini e Kummer (2018) Chaves (2008) não é citado. Todavia, os autores acabaram chegando, por caminhos distintos, a conclusões semelhantes, sendo que as análises de Chaves (2008) são mais profundas do ponto de vista do Direito, por ser essa sua área de formação, enquanto é notável uma maior profundidade da perspectiva da historiografia em Vannini e Kummer (2018). Independentemente dos métodos dos autores, esses estudos colaboram para a interpretação deste livro de que a violência social foi expandida e transformada em violência ambiental, causando a devastação da FOM.

A confusão fundiária, entretanto, não foi o único fator a causar a violência contra a natureza no sudoeste do Paraná. Além da Revolta dos Colonos de 1957, constatou-se em processos-crimes disponíveis para pesquisa em varas criminais na região, como nas comarcas de Pato Branco e Chopinzinho, que a violência nessas pequenas cidades era relativamente frequente. Assassinatos ocorreram por disputas de terras ou como consequência de violência sexual, entretanto, também existem muitos processos de homicídios cometidos em jogos de bocha ou em bailes sem motivações externas, ou seja, desentendimentos em momentos de jogos ou festas levaram muitos homens a tirarem a vida de seus semelhantes[64].

Situações similares às supramencionadas também se passaram em outras áreas do Brasil ocupadas durante a primeira metade do século XX, quando pela falta de infraestrutura criaram-se lacunas em diversos setores sociais. Nesse sentido Wachowicz (1985, p. 159) afirma que:

> Este fenômeno ocorreu no oeste de São Paulo, no norte, oeste e sudoeste do Paraná e no oeste de Sta. Catarina. Ele ocorrerá [...] onde a infra-estrutura é estabelecida depois da presença da população. O crescimento dessas regiões foi tão rápido, que a lentidão da máquina estadual não conseguiu acompanhar. Consequentemente, formou-se um hiato entre as necessidades básicas da população e a capacidade administrativa das máquinas estaduais [...].

A despeito das disputas da CITLA com a União, o contingente de migração seguia um fluxo intenso e os novos colonos iam se instalando espontaneamente (MONDARO, 2009; FLÁVIO, 2011; PEREIRA, 2020), como citado anteriormente, assim como as serrarias, causando a degradação da natureza.

Foweraker demonstrou em suas análises que, no ano de 1950, 80% dos empregados em indústrias no sudoeste atuavam em serrarias devidamente registradas e que o contexto criado pelas disputas entre

[64] Aqui não são citados casos específicos. Trata-se de uma generalização constatada na leitura dos livros de sentenças das varas criminais mencionadas no texto. Esses livros de sentenças possuem a tipificação do crime e o resumo de cada processo, incluindo a transcrição da sentença final do juiz do caso.

as companhias colonizadoras durante a década de 1950 possibilitou a entrada de inúmeras serrarias clandestinas que derrubavam árvores com ou sem o consentimento de posseiros, já que esses últimos sabiam da dificuldade de se defender contra pistoleiros de serrarias e contra a invasão de suas posses quando florestadas. Assim, "[...] Como o nível de investimento necessário para entrar na extração de madeira é baixo, um número de serrarias desconhecido, porém muito elevado, operava sem obstáculos e claramente fora do controle do INP" (FOWERAKER, 1982, p. 65-66).

Outro fator relevante no caso da exploração das florestas era a maneira como a CITLA fazia os contratos com os colonos que chegavam ao sudoeste, vendendo-lhes as posses das terras e reservando para si todas as árvores, especialmente de araucárias. Na biografia de Mario Fontana, é possível constatar que essa prática da Companhia teve início no ano de 1947 na Fazenda São Francisco de Salles, atual município de Mariópolis, onde eram vendidas as posses das terras excluindo-se as árvores, pois para os colonos apenas "quatro ou cinco pinheiros, por colônia, lhes pertenciam" (FÉDER, 2001, p. 144). Ressalva-se que não há elementos para a realização de uma análise profunda sobre o caso específico da Fazenda São Francisco de Salles, que se localizava fora dos imóveis Missões e Chopim.

A prática descrita na biografia de Fontana foi estendida aos imóveis Missões e Chopim. Os contratos que a CITLA redigia para os posseiros assinarem não tinham, contudo, validade. Nesse sentido, a advogada Laís Mazzola Piletti (2019), em suas análises sobre o papel do Direito Administrativo na Revolta no sudoeste, assinalou que os contratos não continham valor jurídico porque foram celebrados, em sua grande maioria, apenas na presença de jagunços, em muitos casos, inclusive, sem recibos de pagamento (PILETTI, 2019, p. 55).

Ainda que sem validade, os contratos proibiam os colonos de derrubar as florestas, certamente não porque a CITLA preocupava-se com a conservação das florestas, mas porque desejava explorá-las como fontes de recursos para a fabricação de celulose.

A prática da CITLA, descrita anteriormente, foi confirmada pelo senador Othon Mader (1951-1959). Eleito senador pelo Paraná no ano de 1950, ele foi até o sudoeste para contribuir com a resolução da situação após a Revolta dos Colonos de 1957. Com isso, desempenhou importante papel na Comissão Própria de Investigação (CPI) que o Senado Federal iniciou em dezembro de 1957, pulicada no Diário do Congresso Nacional em 1959, para apurar todos os crimes cometidos pelas companhias colonizadoras privadas nas glebas Missões e Chopim no sudoeste do Paraná até o mês de outubro de 1957. Destaca-se que o relatório da CPI é um documento extenso, reúne elementos das esferas jurídicas criminal e civil e, em virtude disso, é analisado em vários subtítulos deste capítulo.

Tendo conhecimento do contexto local, o senador Othon Mader passou a advogar, na CPI, em favor da desapropriação das glebas conflituosas. Dessa forma, relatou que o Inic, que passou a comandar a CANGO a partir de 1953, já havia encaminhado um relatório com uma minuta para um decreto de desapropriação dos imóveis Missões e Chopim ao presidente da República que teve boa aceitação no sudoeste, exceto por parte do governo do estado e pela CITLA. A não aceitação da proposta de desapropriação por parte da Companhia, e de suas subsidiárias, se deu pelos lucros enormes que as especulações imobiliária e madeireira representavam para os seus proprietários e associados, como Moysés Lupion:

> Quando anunciada essa desapropriação das terras pelo INIC [...] todos a receberam com festejos, com alegria, porque viam que era uma solução adequada ao problema [...].
> Mas, infelizmente, o projeto da desapropriação das terras [...] não foi publicado oficialmente. Sobre a impugnação do governador do Paraná, aliás o único em todo o país, que a ele se opôs. Se V. Exa., como os membros da Comissão, indagar por toda a parte como seria recebida a desapropriação das terras no sudoeste do Paraná, há de verificar que todos colonos, posseiros, moradores mesmo os que tem terras naquela região, todos aprovam a medida, porque traria a solução ideal, no momento. Isso, entretanto, contraria os interesses econômicos e políticos do Sr. Moisés Lupion: contraria os interesses econômicos porque na realidade se houvesse desapropriação, seria pago o justo valor das terras, aquilo que naturalmente valem, e isso não conviria ao Sr. Moisés Lupion, dada a grande especulação que as suas companhias estão fazendo com as terras. De modo que ele não poderia obter, com a justa desapropriação, senão talvez 10 ou 20% do que obteria através da especulação. Até há pouco, estavam vendendo à razão de Cr$ 800,00 por alqueire. [...] O colono era obrigado a reservar para a companhia vendedora todas as madeiras existentes dentro do lote. Na hipótese de cada

> alqueire de terra conter uma média de duzentos pinheiros, imbúia, canela, canela, peroba ou outras madeiras de lei, ou, podemos dizer, que em média são quarenta árvores, dando um preço médio de Cr$ 200,00, que é baixo, porque, atualmente, está Cr$ 300,00 cada árvore da região, isso apresenta um excedente de Cr$ 8.000,00 para o valor da terra, ou seja, além do seu valor de venda. Conforme fizemos uma demonstração no Senado, partindo desse preço de Cr$ 16.000,00, essas terras valeriam 1 bilhão e 584 milhões de cruzeiros, aproximadamente [...] (CPI, DIÁRIO DO CONGRESSO NACIONAL, 1959, p. 1.376).

Os altos lucros que os pinheiros representavam motivaram Moysés Lupion a ser contrário à desapropriação dos imóveis que havia alienado à CITLA, de acordo com o senador, que continuou sua exposição esclarecendo que:

> Ora, diante desta quantia verdadeiramente astronômica, o Sr. Moisés Lupion não pode deixar de opor-se à desapropriação. Também ela contrariava seus interesses políticos, como absoluto que é na região, tendo nos cinco ou seis município do sudoeste do Paraná, em cada um deles, um prefeito do seu Partido, um mandatário do Governo do Estado, que cumpre suas ordens diretamente [...]. Para ele seria um desprestígio grande, porque naturalmente os colonos, os posseiros viriam que ele não poderia mais mandar sobre as terras transferidas para o domínio federal. Por tanto, como disse, isso viria diminuir-lhe o prestígio político. Aliando, pois, essas duas conveniências, políticas e econômica, opôs-se a que o decreto fosse publicado [...] (CPI, DIÁRIO DO CONGRESSO NACIONAL, 1959, p. 1.376).

Como esclarecem as afirmações do senador Othon Mader, as especulações imobiliária e madeireira que a CITLA e as suas subsidiárias realizavam geravam lucros astronômicos que a legalização da situação fundiária do sudoeste jamais permitiria alcançar.

A estimativa sobre a população adulta de pinheiros no sudoeste na década de 1950 era de 3 milhões (WACHOWICZ, 1985, p. 189). Contabilizando as árvores não consideradas adultas, isto é, com tronco com diâmetro inferior a 40cm, a população total era superior àquele número, de acordo com estimativa feita pelo Inic em meados da década de 1950, relatada na CPI pelo seu procurador, Dr. Xavier da Cunha:

> A melhor medida seria desapropriar toda a área e entrar em composição mesmo com aqueles intrusos que já tem a posse; entrar em composição com as companhias. A zona é talvez a melhor da colonização dos imigrantes nacionais para aquela região. Todo o mundo disputa ali um pedaço de terra, porque ela é de primeira ordem. Um fato que reputo de todo o interesse na disputa dessa área pelos grupos de intrusos, de particulares e da companhia que acabei de citar [CITLA] é grande reserva de pinheiros lá existente. Calcula-se que naquela região se encontrem nove milhões de pé. Isso representa alguns bilhões de pinheiros. Trata-se de grande reserva florestal (CPI, DIÁRIO DO CONGRESSO NACIONAL, 1959, p. 1.356).

A multiplicação do valor corrente por árvore na década de 1950 atestado pelo senador Othon Mader, ou seja, de Cr$ 300,00, pelo quantitativo de pinheiros calculado pelo Inic apresenta a cifra de Cr$ 2.700.000.000,00.

A venda de posses de terra e florestas de forma separada foi confirmada também pelo médico e político Walter Alberto Pecoits, o qual foi vereador (1956-1959) e prefeito (1960-1961) de Francisco Beltrão e um dos líderes do movimento dos colonos em 1957, tendo feito declarações que demonstram os interesses da CITLA nas reservas de araucária. Pecoits teve seus direitos políticos cassados e foi preso pela Ditadura Militar. No ano de 1978 recebeu anistia política (CORREIO DE NOTÍCIAS, 1985, p. 7).

Em julho de 1978, recém-anistiado, ele concedeu uma entrevista ao escritor Roberto Gomes, na qual relatou que a CITLA vendia as terras e retirava do contrato as árvores, principalmente nas áreas que tinham maior concentração de população de araucárias. Não obstante, vendiam as terras por valores muito altos. Essa entrevista foi republicada integralmente pelo jornal curitibano *Correio de Notícias* no mês de julho de 1985, quando Pecoits recebeu o título de Cidadão Honorário do Estado do Paraná. Nela, o político rememorou o seguinte quanto às práticas da CITLA e de seus agentes:

> Eles vendiam a terra num título muito interessante. Vendiam a terra mas as reservas florestais ficavam com o vendedor. Por exemplo, aqui na região do Herval, onde a mata era toda de pinheiro, se reservavam o pinheiro e vendiam a terra. Reservavam toda a árvore, não só o pinheiro. A madeira de lei, a madeira dura. E a reserva floresta aqui era enorme. Quando cheguei aqui, em 1952, devia existir no mínimo,

> uns oito milhões de pés de pinheiro. A região do Herval, de Nova Concórdia, a região do Rio do Mato, uma grande parte do Quatorze, a Linha Gaúcha, era toda exclusivamente de pinheiro. Mas pinheiro de grande porte, de 80 centímetros de diâmetro, de excelente qualidade. Um deles daria cerca de vinte dúzias de tábuas. O interesse maior, de fato, era a madeira. Mas vendiam a terra por um preço alto também (CORREIO DE NOTÍCIAS, 1985, p. 8).

O testemunho do Dr. Pecoits é de grande relevância, haja vista o seu papel na Revolta dos Colonos de 1957. Chegado a Francisco Beltrão em 1952 para atuar como médico da CANGO, Pecoits, filiado ao PTB, acabou influenciando o movimento dos colonos (CORREIO DE NOTÍCIAS, 1985, p. 7), como se evidencia no subtítulo subsequente.

Outro depoimento relevante no que tange à venda de terras em separado de sua cobertura vegetal foi prestado por Nilton Ronchini Lima, que, como chefe de divisão patrimonial do Inic, tentou entrar em acordos amigáveis com a CITLA e suas subsidiárias para resolver os problemas fundiários na região. As companhias reclamavam indenizações de grandes valores para aceitar os acordos sobre as terras e exigiam que se reservassem os direitos pela exploração das árvores em toda a área de litígio, conforme Nilton informou ao presidente da República em dezembro de 1958:

> Dos entendimentos verbais procedidos, a CITLA e seus sucessores pleitearam o pagamento do INIC, para ser efetuada a transação, de Cr$ 1.600,00 por hectare, o que, ao final, daria o pagamento total de Cr$ 680.689.600 pelos 425.606 hectares, [...] obrigando-se mais o Instituto a respeitar os contratos de cortes de pinheiros e de madeira de lei, [...] tornando-se credor das quantias ali consignadas (RELATÓRIO DO INIC, 1958, p. 19).

A forma contraditória e, por vezes, criminosa como a CITLA e, a partir de 1956, as suas subsidiárias estabeleciam contratos de posses ressalvando as reservas florestais se dava apenas contra os colonos. Não foram localizados em fontes relatos de enfrentamentos violentos entre as companhias e madeireiros, esses últimos também conhecidos pelo uso da violência, em muitos casos. A Companhia tinha ciência de que entre os anos de 1953 e 1957 já existiam muitas serrarias na gleba Missões, conforme o próprio Mario Fontana admitiu:

> Nessa altura dos acontecimentos [1953 a 1957], já existiam nas glebas Missões e Chopim, mais de 40 serrarias, dilapidando a reserva florestal, com péssimo aproveitamento,

> um panorama entristecedor, de centenas de queimas indiscriminadas dos pinheiros e derrubadas de pinheiro sem finalidade de aproveitamento, simplesmente para clarear as culturas; já a belíssima e vultuosa reserva — avaliada, a princípio, em MAIS DE TRÊS MILHÕES DE ÁRVORES ADULTAS DE PINHEIROS — estava reduzida a menos da metade, com prognósticos bem desalentadores quanto ao destino dos restantes.
> E assim, estava perdida, definitivamente superada a última possibilidade de o Sul do país possuir um parque industrial de celulose em excepcionais condições de matéria-prima de energia e água concentrados, e capaz, o parque, de atender às necessidades do país, com as melhores possibilidades de concorrência (CARTA DA CITLA para o presidente do CSN, 1973, p. 8, anexo ao Memorando n.º 07-AJ/SG/CSN, 1972, p. 26, destaques no original).

Como é possível constatar na transcrição anterior, durante a década de 1950 a devastação ambiental no sudoeste do Paraná foi intensificada, sendo que as reservas florestais foram reduzidas à metade nas glebas Missões e Chopim.

Essa situação fez Mario Fontana perceber a inviabilidade do projeto celulose (WACHOWICZ, 1985, p. 204). Com a entrada da Comercial e da Apucarana nos imóveis Missões e Chopim, no ano de 1956, e com a Revolta dos Colonos em 1957, a atuação da CITLA mudou. Após o ano de 1957, a CITLA passou a negociar e terceirizar a extração de pinheiros com diferentes serrarias cobrando uma porcentagem de 33% dos lucros econômicos das madeiras que cada árvore fornecia. Esse modelo de negócio, contudo, parece ter se restringido à Fazenda São Francisco de Salles em Mariópolis onde, no início da década de 1960, a companhia realizou convênios com 30 serrarias (FÉDER, 2001, p. 126).

O contexto local e a contestação jurídica dos títulos dos imóveis Missões e Chopim foram, para Gomes (1986, p. 44), os dois principais fatores que impediram a Companhia de concluir a grilagem das terras e das florestas sudoestinas. Entretanto, a instalação das subsidiárias da CITLA inaugurou, ainda segundo GOMES (1986, p. 48-50), uma nova fase na história da região, na qual passou a imperar a "lei do demônio", dada a violência cotidiana praticada pelas companhias imobiliárias privadas.

Denúncias de atos violentos, incluindo homicídios, praticados por jagunços das companhias contra colonos foram registradas a partir de 1956. Algumas denúncias deram origem a processos-crimes que foram acessados na Vara Criminal de Pato Branco e são analisados a seguir.

3.3.1 A "lei do demônio" sob a perspectiva da história ambiental global

Como mencionado anteriormente, as atuações das companhias imobiliárias caracterizaram-se pela violência extrema a partir da reeleição de Moysés Lupion em 1955. Com o ingresso das subsidiárias da companhia, a Comercial e a Apucarana, o número de assassinatos, espancamentos e violações aumentou consideravelmente. Pelo menos 11 colonos que perfaziam a linha de frente em diferentes locais, como Verê, Capanema e Santo Antônio, foram assassinados por jagunços da CITLA ou de suas subsidiárias. Um número incerto de mulheres e crianças foram estupradas e espancadas, mutiladas ou decapitadas, além do espancamento de pelo menos outros 30 homens. Esses dados e a explicação das formas de violência extremas praticadas pelas três companhias anteriormente referidas, sobretudo no ano de 1957, foram extraídos de Wachowicz (1985, p. 228–246), Gomes (1986, p. 61–68), Pegoraro (2007, p. 116-122) e da Comissão Nacional da Verdade: textos temáticos (BRASIL, 2014, p. 102-107), além de processos-crimes acessados na Vara Criminal de Pato Branco.

Não serão detalhados os horrores que a CITLA, a Comercial e a Apucarana, por meio de seus braços armados, praticaram no sudoeste. Concentra-se, aqui, nos dados que corroboram a tese de que o interesse primordial da CITLA estava ligado ao desejo de industrializar a natureza da região. Os documentos analisados a seguir demonstram a violência contra colonos justamente em uma das localidades que mais chamava a atenção da CITLA, as Águas do Verê, onde inicialmente foi planejada a instalação do projeto celulose.

Mesmo tendo percebido a inviabilidade do projeto celulose a partir de 1955, conforme afirma Wachowicz (1985, p. 204), a CITLA, contando com a Comercial, passou a agir violentamente contra os colonos do Verê.

Uma dessas situações de violência ocorreu no dia 27 de agosto de 1957 quando Domingos Maria Bergamini, um colono residente em Verê, foi até Pato Branco e prestou queixas contra dois funcionários da Comercial que o localizaram na casa de seu vizinho, o abordaram e o levaram para um lugar ermo onde o espancaram, ameaçando expulsá-lo do Verê caso fizesse denúncia para autoridades policiais (PROCESSO-CRIME n.º 92/57, 1957, p. 1).

A motivação da abordagem era o fato de que Domingos Maria Bergamini teria feito ponderações contra um corretor da Comercial no Verê, o que levou Guy de Bergonha Polmann, gerente temporário da Companhia, a ordenar que os jagunços praticassem os atos violentos contra o colono (PROCESSO-CRIME n.º 92/57, 1957, p. 5).

O vizinho do referido colono, chamado José da Silva Neckel, testemunhou e confirmou na delegacia de Pato Branco parte do que havia dito Domingos Maria Bergamini, afirmando que de fato havia visto os funcionários da Comercial, sem ter presenciado, porém, o espancamento de seu vizinho (PROCESSO-CRIME n.º 92/57, 1957, p. 7).

José da Silva Neckel também havia sido espancado por funcionários da Comercial e provavelmente isso o intimidou, já que a sua esposa, ao testemunhar, relatou que Domingos Maria Bergamini lhe tinha perguntado: "[...] como é que seu marido José havia feito quando fora agredido por homens da referida Companhia, tendo aí a depoente dito que não sabia explicar [...]" (INQUÉRITO POLICIAL n.º 92/57, p. 8-9).

Entre 18 de outubro e 5 de novembro de 1957, o delegado do caso informou que os jagunços da Comercial que haviam espancado Domingos, João Alves dos Santos (João Pé de Chumbo), Abílio Lucio (Paraíba) e Pedro Adeodato, haviam fugido da região com destino a Londrina/PR ou a Jandaia do Sul/PR na fazendo de Lino Manqueti. Ainda assim, o delegado pediu a prisão dos jagunços (PROCESSO CRIME n.º 92/57, 1957, p. 18).

O juiz do caso, contudo, seguindo a solicitação do promotor, contrária à do delegado, ordenou diligências para que os agressores fossem intimados apenas para depor. O mesmo sucedeu em relação ao mandante Guy de Bergonha Polmann, que foi procurado em diversas localidades do Paraná, além de Verê, sendo localizado em maio de 1958 no município de Xaxim/SC, onde prestou depoimento:

> Que o depoente disse que se encontrava em casa de sua propriedade, alugada para o Escritório da Companhia Comercial Agrícola do Paraná, no distrito de Verê, município de Pato Branco, que o depoente disse que uma turma de empregados de campo, que popularmente são chamados de 'jagunços', chegaram naquele local de Jeep, trazendo um cidadão de nome Domingos Maria Bergamini, também residente no distrito de Verê; que o depoente disse que havia sido encarregado de atender a Gerência do Escritório, por motivo de o Gerente Vanderlutz Monteiro ter viajado naqueles dias; que o depoente disse que atendeu a Gerencia, por pedido, motivo da saída do gerente oficial, porque ele depoente não possui emprego na Companhia; que o depoente disse que o jagunços

> chegaram no local, com o cidadão Domingos, dando queixa do referido cidadão, que o mesmo falava contra a Companhia, apontando o que o mesmo havia dito; que o depoente disse que não possui lembrança, dos termos apresentados como queixa, pelos jagunços; que o depoente disse que soube que o sr. Pedro Polidoro foi quem fez ciente aos empregados da Companhia daquilo que o sr. Domingos declarou havia falado; que o depoente disse que o sr. Domingos declarou que os empregados da Companhia se queixavam dele, pelas declarações que havia feito e que o sr. Pedro Polidoro, Corretor da Companhia, fora quem denunciara [...] (INQUÉRITO POLICIAL n.º 92/57, 1957, p. 34).

Alegando a falta de provas, o promotor público decidiu pelo arquivamento do inquérito policial. Em 9 de setembro de 1958, o juiz de direito se posicionou favorável à decisão do promotor público e arquivou o processo, conforme a transcrição a seguir:

> Verifica-se dos presentes autos de inquérito policial, que não está comprovada a autoria de espancamento, porém o comentário é geral de que foram elementos da famigerada Companhia Agrícola Comercial do Paraná, quando tinha escritório no Distrito de Verê e cidade de Francisco Beltrão. Felizmente, tais elementos desapareceram, porque senão estariam nas malhas da Justiça e um dia terão de prestar conta aos crimes que praticaram, nesta região. Correm, inúmeros processos, neste Juízo, contra vários empregados e funcionários daquela Companhia, os quais ainda tem andamento normal, à revelia dos réus.
> Ouvido o Dr. Promotor Público da Comarca, opinou pelo ARQUIVAMENTO dos presentes autos de inquérito policial, não por desconhecer a autoria do crime, para ser denunciado. Efetivamente, não ficou comprovada ainda a autoria, porque os elementos trabalhavam para a Cia. usando alcunhas, evitando que seus nomes verdadeiros fossem conhecidos pela prova e autoridades da região (INQUÉRITO POLICIAL n.º 92/57, 1957, p. 38, destaques no original).

Entre o início e o final do Inquérito n.º 92/57 ocorreu o levante dos posseiros em outubro de 1957, por meio do qual o contexto regional transformou-se severamente. Esse processo ficou consagrado na história e na historiografia como a Revolta dos Colonos de 1957 ou Revolta dos Posseiros de 1957. Com o avanço das práticas das especulações imobiliária e madeireira da CITLA em conjunto com a violência da Comercial e da Apucarana, para impor-se na região, até mesmo os cultivos de subsistência de colonos foram, em muitos casos, impedidos ou destruídos (GOMES, 1986, p. 81).

Os colonos, como demonstrado anteriormente, não foram agentes passivos e começaram a esboçar tentativas de organização contra a CITLA desde o ano de 1951, mesmo sendo desarticulados em virtude da morosidade de justiça federal e da cumplicidade da justiça local com a companhia colonizadora, além de violência extrema a partir de 1956.

No mês de agosto de 1957, uma importante iniciativa contra as companhias foi organizada no Verê, quando um grupo relativamente grande de colonos armados marchou pela rua principal do distrito em direção ao escritório da Comercial. À frente, estava um colono enrolado em uma bandeira do Brasil e desarmado, para simbolizar a pacificidade daquela marcha. Os jagunços da Comercial, que já haviam assassinado um dos líderes dos posseiros do Verê, Pedrinho Barbeiro, reagiram à manifestação dos posseiros disparando inúmeros tiros contra aquele senhor. Durante o ano de 1957, o número de assassinatos de colonos aumentou demasiadamente e as ofensivas armadas, de ambos os lados, também (GOMES, 1986, p. 71).

Outros levantes aconteceram após mais um crime de extrema violência em Capanema. Um colono foi amarrado pelos jagunços da Apucarana e foi obrigado a presenciar a sua mulher e suas filhas de 9 e de 11 anos serem seviciadas e assassinadas. Assim, em 6 de setembro de 1957, colonos fizeram uma emboscada e assassinaram Arlindo Silva, gerente da Apucarana, e feriram o jagunço que fazia sua segurança pessoal (GOMES, 1986, p. 75).

Ainda no mês de setembro de 1957, os colonos conseguiram marcar uma reunião com uma equipe da Apucarana no distrito de Capanema chamado Lageado Grande, onde havia sido assassinado o gerente da companhia. O objetivo apresentado pelos colonos à companhia era o da realização de acordos pacíficos. A real intenção, no entanto, era a realização de uma emboscada que ficou conhecida como Tocaia do km 17. Os diretores da Companhia desconfiaram da situação e enviaram apenas dois jagunços de camionete com ordens de dar carona a todos os colonos que pedissem. O resultado é que, quando chegaram ao local da tocaia, os dois jagunços foram assassinados e outros cinco colonos que estavam de carona também, incluindo o pai de um dos atiradores (WACHOWICZ, 1985, p. 221; GOMES, 1986, p. 77).

O cenário de horrores levou cerca de 2 mil colonos armados a tomar Capanema, obrigando os jagunços e diretores da Apucarana a refugiarem-se em Santo Antônio e, por consequência, colonos daquele município abrigarem-se além da fronteira nacional, na República da Argentina, intimidados pela presença dos criminosos ligados à Companhia. Esse levante sedimentou a organização dos posseiros e o palco da Revolta de 1957 (WACHOWICZ, 1985, p. 224; GOMES, 1986, p. 78).

Os colonos formaram uma comissão e foram até Foz do Iguaçu pedir providências à polícia. Em reunião com o chefe de polícia de Foz do Iguaçu, a comissão, representada por cinco colonos, reivindicou a intervenção do Exército Nacional. Foram, todavia, persuadidos pelas autoridades a aceitar um delegado especial que teria amplos poderes para resolver a situação. Uma vez na região, os novos indivíduos das forças policiais, não corrompidos pela Apucarana, agiram para desarmar os colonos e restabelecer certa ordem social, ainda em setembro de 1957 (WACHOWICZ, 1985, p. 225-226; GOMES, 1986, p. 79-81).

As notícias sobre acontecimentos em diferentes municípios circulavam em rádios da região. Nesse sentido, a comunicação dos colonos passou a ser organizada, principalmente por meio da rádio *Colméia*, instalada no município de Pato Branco (PEGORARO, 2007, p. 79)[65]. Profissionais liberais juntaram-se ao movimento dos posseiros, destacando-se, entre eles, o Dr. Walter Pecoits, que prestava esclarecimentos aos colonos, procurando organizá-los em um movimento (CORREIO DE NOTÍCIAS, 1985, p. 9).

Após sofrer uma ameaça de Lino Marquetti, sócio e líder dos jagunços da Comercial, Pecoits passou a ter atitudes claras, dialogando e incentivando os colonos a criarem um movimento com proporções nacionais, pois, em sua ótica, esse seria o único meio para resolverem a questão, já que as autoridades locais atuavam em favor das companhias. Nas palavras do próprio Pecoits: "Eu dizia: não paguem, não assinem. A terra não é deles. Andem armados, não abram a porta à noite. Como tinham confiança em mim, me ouviam" (CORREIO DE NOTÍCIAS, 1985, p. 9).

Após o assassinato de Pedrinho Barbeiro no Verê, também político do PTB, como já mencionado neste trabalho, Pecoits escreveu um artigo no qual relatou os crimes das companhias e convocou os colonos para a luta e o leu na rádio *Colméia* de Pato Branco (CORREIO DE NOTÍCIAS, 1985, p. 9). O artigo de Pecoits foi lido no dia 9 de outubro de 1957, dois dias antes da tomada de Francisco Beltrão pelos colonos.

---

[65] Para uma análise da atuação da imprensa do estado do Paraná na Revolta, recomenda-se a leitura integral do trabalho: PEGORARO, E. **Dizeres em confronto**: a Revolta dos Posseiros de 1957 na imprensa paranaense. Dissertação (Mestrado em História) — UFF, Niterói, 2007.

No mesmo dia, 9 de outubro de 1957, 2 mil colonos se reuniram em Pato Branco para uma reunião, convocada por meio da rádio *Colméia*, a partir da qual foi redigida uma resolução para ser entregue para autoridades em Curitiba. No dia 10 do mesmo mês, outro contingente de colonos iniciou a ocupação de Francisco Beltrão, chegando, no dia seguinte, a uma força de 6 mil colonos, que tomaram as instituições públicas (delegacia, fórum e prefeitura), prenderam o juiz da comarca em sua própria casa, renderam todos os diretores e jagunços da CITLA e os expulsaram do município, tomando o escritório da Companhia, rasgando e jogando as promissórias assinadas compulsoriamente pelas ruas da cidade, afastando as companhias em definitivo das glebas Missões e Chopim (GOMES, 1986, p. 98-100).

Na região do Verê, colonos que haviam participado do levante em Pato Branco passaram a agir com o consentimento de um militar encaminhado para atuar como delegado especial no município, após as reivindicações levadas a Curitiba, e prenderam quase todos os jagunços que estavam no distrito em cerca de uma semana. Alguns jagunços conseguiram fugir, cientes de que não poderiam mais regressar (GOMES, 1986, p. 94).

O município de Santo Antônio, que havia se tornado o refúgio de agentes da Apucarana e da CITLA desde o levante em Capanema no mês de setembro de 1957, foi igualmente tomado por colonos nos dias 12 e 13 de outubro. O governo de Lupion se viu obrigado a aceitar todas as condições que os colonos haviam imposto para o reestabelecimento da ordem. A partir do dia 15 de outubro, o governador desrespeitou parte das exigências, enviando um contingente da polícia militar para a região. Essa quebra de acordo, embora tenha indignado os colonos, não causou maiores problemas, tendo grande parte da tropa retornado a Curitiba ainda no mesmo mês (GOMES, 1986, p. 112).

A sangria causada pela atuação da CITLA e de suas subsidiárias foi estancada. Ainda restava aos colonos os problemas dos títulos de suas posses. Quanto à natureza, nesse contexto a devastação ambiental continuava avançando.

O Inic manteve sua posição pela desapropriação das glebas Missões e Chopim como única forma para solucionar os problemas de posse e domínio das terras, apresentando, em dezembro de 1957, um projeto de desapropriação que foi suspenso pelo governo federal em virtude da forte oposição feita por Moysés Lupion, conforme o depoimento, já citado, do senador Othon Mader na CPI sobre as terras do sudoeste em 1958 (CPI, DIÁRIO DO CONGRESSO NACIONAL, 1959, p. 1.376).

Durante a CPI, entre os meses de dezembro de 1957 e abril de 1958, foram ouvidos depoimentos de testemunhas que confirmam as informações levantadas em processos-crimes da Vara Criminal de Pato Branco analisados nesta pesquisa em relação à violência regional. Vários posseiros das Águas do Verê, do distrito de Verê e de Dois Vizinhos relataram à CPI espancamentos, ameaças de mortes, assassinatos e expulsão de suas posses e que, mesmo após a Revolta de 1957, o clima naquelas localidades ainda era tenso, pois havia "elementos das Companhias em Pato Branco", o que deixava os colonos inseguros (CPI, DIÁRIO DO CONGRESSO NACIONAL, 1959, p. 1.380).

Os colonos foram ouvidos pelos deputados Frota Aguiar e Ostoja Roguski, que, como representantes da CPI, tomaram os depoimentos das vítimas em 8 de março de 1958 no Fórum de Pato Branco e, posteriormente, os apresentaram à Comissão. Na ocasião foram ouvidas 19 testemunhas que haviam sido espancadas, expulsas de suas posses e, em alguns casos, que haviam perdido parte ou toda a família assassinada por jagunços da Comercial (CPI, DIÁRIO DO CONGRESSO NACIONAL, 1959, p. 1.379-1.380).

A situação da devastação florestal desordenada e intensa que recaiu sobre a natureza no sudoeste foi abordada pelo presidente da CPI em diferentes momentos. Durante os depoimentos de procuradores do Inic, o assunto foi referido e ficou evidente a situação das florestas na região. O senhor Justos José Galbes Filho, procurador contratado do Inic para os estados do Paraná e de Santa Catarina, informou que a CANGO colocava como condição aos colonos a derrubada da mata na localidade em que se instalava em um prazo máximo de dois anos para a consequente realização de plantio de diversas culturas (CPI, DIÁRIO DO CONGRESSO NACIONAL, 1959, p. 1.363).

Ao ser questionado pelo presidente da CPI, o procurador do Inic admitiu que, por não existir um delegado florestal na região, em 1958, a "devastação" era "completa", conforme se transcreve a seguir:

> O SR. JOÃO MACHADO, Presidente — Permita-me uma interrupção. É um assunto um tanto à margem deste que estamos focalizando, mas que me tem preocupado muito e foi até objeto de discurso muito meditado, feito por mim nesta Casa, que teve grande repercussão em todos os Estados do brasil: o problema da devastação das nossas reservas florestais. Como V. Sª acaba de dizer o INIC, depois que o colono derruba o mato e se dispõe a plantar, é que toma certas providências, queria apenas registrar que o INIC nesse

> particular, a menos que haja alguma justificação para o que está acontecendo não está procedendo conforme aconselham os técnicos brasileiros e, muito menos, conforme as necessidades visíveis do nosso País, que é a preservação das nossas reservas florestais.
>
> Estou mencionando esse fato para que fique devidamente registrado. Não sei se V. Sª está de acordo ou não.
>
> O SR. JUSTO JOSÉ GALBES FILHO — De pleno acordo com V. Exª.
>
> O SR. JOÃO MACHADO, Presidente — É um assunto de maior importância, que está transformando o Brasil num deserto.
>
> O SR. JUSTO JOSÉ GALBES FILHO — Exatamente.
>
> O SR. JOÃO MACHADO, Presidente — Fatos criminosos como esse são patrocinados, muitas vezes, por órgãos do Governo, como é o Instituto Nacional de Imigração e Colonização.
>
> O SR. JUSTO JOSÉ GALBES FILHO — Como V. Exª sabe, temos um Código Florestal, e para que se derrube alguma árvore é necessária uma licença do delegado florestal. Não existindo lá um delegado florestal, a devastação é completa (CPI, DIÁRIO DO CONGRESSO NACIONAL, 1959, p. 1.363).

O trecho do depoimento do procurador do Inic anteriormente citado deixa claro que o avanço da devastação das florestas no sudoeste paranaense, incentivada por diversas frentes, reafirma a existência de consciências políticas, técnicas e sociais sobre a possível extinção da FOM já na década de 1950.

O relatório do chefe de divisão patrimonial do Inic, Nilton Ronchini Lima, igualmente permite o entendimento de que a devastação ambiental era contínua e gerava intranquilidade social. Nesse caso, a situação advinha da atuação de madeireiros no sudoeste:

> Que, de contato pessoal mantido em 10 dias junto aos colonos do Núcleo, desde o rio Jaracatiá ao Cotegipe e deste ao Rio Siemens e desde, ainda, do Rio Iguaçu ao Rio Marmeleiro e linha São Paulo-Rio Grande, enfim em toda a gleba Missões, a opinião, quase unânime dos colonos e posseiros, é que aguardam com a solução do problema não se importando, todavia que esta solução demore um, dois ou três anos, mas, contanto que se lhes assegure a aquisição das áreas que cultivam por preço acessível.
>
> Que o ambiente no sudoeste do Paraná é de relativa calma, sendo que a Administração do Núcleo somente é perturbada por "tiradores" de madeiras (RELATÓRIO DO INIC, 1958, p. 24, destaques no original).

A situação de indefinição quanto às posses dos colonos perdurou até as campanhas eleitorais para a presidência da República e para o governo do estado no ano de 1960, que tiveram como pauta principal, no sudoeste, a titulação das terras. Cumprindo a promessa de sua campanha, o presidente eleito, o senhor Jânio Quadros, desapropriou os imóveis litigiosos por meio do Decreto Federal n.º 50.379, de 27 de março de 1961 (GOMES, 1986, p. 113).

O governo federal encontrou o fundamento jurídico para a desapropriação pelo fato de os imóveis estarem geograficamente localizados em faixa de fronteira. Pelo Decreto n.º 50.379, de 27 de março de 1961, o governo federal invalidou as transcrições feitas em favor da CITLA em 1950:

> Art. 1º - São declaradas de utilidade pública, para desapropriação, a gleba denominada "Missões" e parte da gleba denominada "Chopim", inclusive benfeitorias nelas existente, situadas na faixa de fronteira no sudoeste do Estado do Paraná [...].
> Parágrafo Único: A utilidade para efeito dos bens referidos neste artigo é declarada sem prejuízo dos direitos da União Federal oriundos das ações judiciais por ela propostas, ou que vier a propor, no sentido de reconhecimento judicial da invalidade da escritura de ação em pagamento celebrada em notas no 6º Ofício do Distrito Federal, em data de 17 de novembro de 1950, no livro de nº 491, a folhas 14 sob o número de ordem de 6.390 (DOU n.º 71 de 27 de março de 1961, anexo ao Memorando n.º 07-AJ SC/CSN, 1973, p. 51).

Complementando o decreto supracitado, o governo federal ainda sancionou o Decreto n.º 50.494, de 25 de abril de 1961, promulgando regime de urgência para a desapropriação. A desapropriação dos imóveis Missões e Chopim foi a primeira medida fundamental para a resolução das violências socioambientais advindas das disputas entre os colonos e a CITLA. Outra importante medida foi a criação do GETSOP. Antes de abordar a atuação do GETSOP na região, contudo, demonstram-se, a seguir, outros episódios de violência e revoltas de colonos ocorridas no Paraná ao longo do século XX, que tiveram a mesma origem que os problemas no sudoeste.

3.3.1.1 Revoltas agrárias no Paraná: três casos semelhantes à Revolta dos Colonos de 1957

Situações semelhantes ao contexto que propiciou a Revolta de 1957, ou seja, imóveis doados à EFSPRG, sub-rogados à Breviaco e, posteriormente, titulados a companhias de colonização privadas, ocorreram em outras regiões do Paraná, assim como perduraram no sudoeste mesmo após a chegada do GETSOP. A continuidade de conflitos e litígios em virtude de disputas por posses de terras e araucárias no sudoeste será analisada no capítulo 4.

Quanto aos outros casos de revoltas agrárias no Paraná, amparamo-nos na bibliografia existente sobre o tema, especialmente nos trabalhos dos historiadores Antonio Marcos Myskiw (2002) e Angelo Priori (2010) e da historiadora Mayara da Fontoura das Chagas (2015). Myskiw (2002, p. 62) esclarece em seu trabalho que demandas do governo de Getúlio Vargas, iniciado no ano de 1930, assim como do governo estadual, em diferentes gestões, aliados a interesses políticos e econômicos, foram elementos constitutivos do contexto violento do sudoeste, assim como no norte e no oeste paranaenses.

Myskiw (2002) atribui ao governo varguista alguns elementos importantes na construção da sociedade nacional que influenciaram áreas que foram ruralizadas e urbanizadas após a década de 1940. O autor aludido refere-se às políticas adotadas durante o governo de Getúlio Vargas para expandir o mercado interno, para incentivar migrações internas para a colonização de novas áreas[66], de campanha de nacionalização e de instituição de órgãos governamentais voltados para a implementação das políticas públicas (MYSKIW, 2002, p. 63).

Foi justamente dentro dessas concepções que os bens de empresas estrangeiras que detinham a concessão ou direito de domínio de vastas áreas no Sul do Brasil foram incorporados ao patrimônio da União, como o confuso caso dos imóveis Missões e Chopim (MYSKIW, 2002, p. 63).

Myskiw (2002, p. 69-70) chega à conclusão de que os presidentes sucessores de Getúlio Vargas, Juscelino Kubitscheck e Jânio Quadros, e os governadores do Paraná Moysés Lupion e Bento Munhoz da Rocha Neto, aliados às políticas varguistas, realizaram uma reestruturação fundiária, incentivando a migração interna para a colonização por meio da pequena propriedade agrícola e familiar na fronteira Brasil-Argentina-Paraguai. Pelo que já foi exposto a respeito de Moysés Lupion nesta pesquisa, deixa-se de concordar plenamente com Myskiw (2002) a respeito desse ex-governador paranaense, pois se entende que ele não agiu, necessariamente, para a formação do padrão que o autor descreve, dado que as suas ações estiveram diretamente ligadas à grilagem de terras e a violências socioambientais para o seu próprio benefício e de aliados políticos e econômicos. Se Lupion colaborou com a formação de um padrão de pequenas propriedades rurais familiares, foi mais como consequência dos seus empreendimentos particulares para os quais utilizou a máquina do poder público, como é evidente

[66] O autor utiliza a noção de "expansão das fronteiras agrícolas".

no sudoeste no caso das grilagens da Reserva Indígena Mangueirinha e dos imóveis Missões, Chopim e Chopinzinho, do que por intenção, ciência ou ideologia política, como se pode atestar em várias fontes e referências literárias citadas ao longo deste trabalho.

A introdução das políticas públicas de colonização, todavia, não foi pacífica no Paraná. Ao contrário, derramou-se muito sangue em confrontos entre colonos (posseiros) e companhias colonizadoras, essas últimas com apoio das forças públicas. No norte do Paraná, posseiros que haviam recebido determinada infraestrutura para suas instalações perceberam a entrada de outros agentes históricos e, sem títulos de domínios da terra, começaram a sofrer ameaças de despejo e de morte. Muitos conflitos armados e mortes ocorreram a partir do ano de 1942, deflagrando a Guerra de Porecatu, que durou até o ano de 1951 (PRIORI, 2010, p. 372).

Segundo o historiador Ângelo Priori, os maiores embates da Guerra de Porecatu se deram entre posseiros e jagunços de companhias colonizadoras. Houve também confrontos entre posseiros e a polícia militar que defendia os interesses dos grileiros, porém esta era considerada mais fácil pelos posseiros, pois julgavam a força policial despreparada. Por outro lado, os jagunços "[...] conheciam detalhadamente a região e lutavam de igual para igual, às vezes com as mesmas táticas, às vezes com a mesma precisão, por isso era fundamental a eliminação dos jagunços [...]" (PRIORI, 2010, p. 375).

Em 1951, após a desapropriação de parte das terras, o conflito foi pacificado quando foram enviadas para a região, no mês de julho, tropas da polícia militar do Paraná, agentes das Delegacias Especializadas de Ordem Política e Social (Dops) de São Paulo e do Paraná e foi instituída uma Comissão Especial para o assentamento dos posseiros (MYSKIW, 2002, p. 72; PRIORI, 2010, p. 369).

No oeste do Paraná aconteceram outras duas revoltas por parte de colonos. No início da década de 1960, ocorreu a Revolta de 1961 na gleba Silva Jardim, onde atualmente se localizam os municípios de Medianeira/PR, Flor da Serra/PR e Jardinópolis/PR. Após inúmeras arbitrariedades cometidas contra os colonos pela Colonizadora Alto Paraná Ltda., no dia 30 de junho de 1961, um grupo de 12 posseiros se escondeu em um matagal à beira da Estrada do Colono para armar uma tocaia contra o paulista e especulador imobiliário Lauro Camargo, proprietário da Alto Paraná. Na ocasião, Lauro Camargo foi baleado na cabeça. Apesar disso, sobreviveu, porém nunca mais foi visto na gleba Silva Jardim. No dia seguinte, outra tocaia foi armada contra um carro que levava policiais militares e jagunços fardados, ocasião em que dois policiais foram assassinados (MYSKIW, 2002, p. 83-84).

Após esse segundo atentado, os colonos, no mesmo dia, reuniram-se na comunidade de Flor da Serra em contingente aproximado de 250 pessoas. No dia 2 de julho de 1961, 50 policiais e jagunços foram até Flor da Serra e entraram em confronto com os colonos, que saíram vitoriosos. Um colono e um policial foram assassinados. Com isso, o governo de Ney Braga destacou para a região o comandante-geral da polícia militar do Paraná, o diretor do DGTC e o chefe da polícia civil do Paraná. A situação fundiária, todavia, foi resolvida apenas no final da década de 1960 (MYSKIW, 2002, p. 85-86).

Ainda no oeste paranaense, ocorreu a Revolta de Três Barras do Paraná. Nessa situação, aproximadamente 400 colonos e posseiros mobilizaram-se entre 6 e 8 de agosto de 1964 e prenderam vários indivíduos que atuavam, mediante contrato, como agrimensores e topógrafos da companhia colonizadora Bellé & Simioni (CHAGAS, 2015, p. 9). Nesse período, Três Barras era um distrito do município de Catanduvas/PR. Sua emancipação foi oficializada pela Lei Estadual n.º 7.305, de 13 de maio de 1980[67].

A origem dos problemas remonta ao imóvel Andrada, que foi um dos imóveis que Moysés Lupion rebatizou e criou superposição de títulos. A gleba Andrada passou a ser chamada de colônia Timburi a partir de 1959, ano em que seus 103.096 hectares foram titulados pelo governo do Paraná à empresa Bellé & Simioni (MYSKIW, 2002, p. 92; CHAGAS, 2015, p. 63).

Para Myskiw (2002, p. 87), a revolta dos colonos teria causado "pânico aos moradores daquela vila". Em pesquisa mais recente, todavia, a historiadora Mayara F. Chagas (2015), utilizando depoimentos orais de colonos e posseiros revoltados, discordou da abordagem de Myskiw (2002), nesse ponto, demonstrando, com suas fontes, que os moradores de Três Barras se sentiam ameaçados pela violência policial, e não pelos revoltosos (CHAGAS, 2015, p. 141).

As análises de Myskiw (2022) sobre a Revolta de Três Barras do Paraná partiram de um processo-crime que foi instaurado na Comarca de Cascavel/PR em setembro de 1964 contra colonos e posseiros. A partir desse documento, o autor elucidou que foram tornados réus 33 rebelados, entre os quais estava uma figura conhecida na Revolta dos Posseiros de 1957, o médico e político Dr. Walter Alberto Pecoits. Recaiu sobre ele, e aos demais 32 posseiros, as acusações de "[...] crimes de bando armado, constrangimento ilegal, sequestro e cárcere privado, homicídio qualificado e lesões corporais [...]" (MYSKIW, 2002, p. 91).

[67] Disponível em: https://tresbarras.pr.gov.br/municipio/historia. Acesso em: 22 jul. 2022.

A presença de Pecoits sugere determinada fluidez de comunicação entre as revoltas ocorridas no sudoeste e em Três Barras do Paraná, porém não se dispõe de fontes suficientes e, tampouco, este trabalho se propõe a analisar essa hipótese. O promotor público, no caso de Três Barras, acusou o político de instigar e orientar os posseiros a rebelarem-se, bem como praticarem os crimes que perpetraram durante o levante. Pecoits, todavia, negou as acusações alegando que não tinha feito parte do levante, pois estava ausente da região desde o mês de junho de 1964 e que havia retornado para a cidade de Cascavel nos mesmos dias em que ocorreu o levante por coincidência (MYSKIW, 2002, p. 95).

Pecoits chegou a ser preso em agosto do mesmo ano em virtude das acusações do Ministério Público no caso de Três Barras. Segundo Chagas (2015, p. 94), vários colonos e posseiros foram intimidados, sob ameaça de morte, para, em seus depoimentos, declararem que Pecoits era o líder do movimento. Em 23 de setembro de 1964 ele foi solto mediante habeas corpus.

Essas revoltas ocorridas no Paraná foram, exatamente, em imóveis doados à EFSPRG, sub-rogados à Braviaco, incorporados pela União e, posteriormente, alienados às companhias colonizadoras privadas. Quanto ao sudoeste, como evidenciado anteriormente, como parte da resolução da violência após a Revolta dos Colonos de 1957, os imóveis Missões e Chopim foram desapropriados em 1961 e em 1962 foi criado o GETSOP.

3.4 RURALIZAÇÃO E URBANIZAÇÃO DO SUDOESTE ÀS CUSTAS DA FOM: A CRIAÇÃO E ATUAÇÃO DO GETSOP

Com a desapropriação dos imóveis Missões e Chopim decretada no ano de 1961, o governo federal criou o Grupo Executivo para as Terras do Sudoeste do Paraná (GETSOP) por meio do Decreto n.º 51.431, de 19 de março de 1962. Ao GETSOP foram incumbidas as tarefas de efetivar a desapropriação e organizar e titular definitivamente as posses de terras na região. O grupo ficou subordinado ao Gabinete Militar da Presidência da República e, inicialmente, foi composto por representantes do CSN, da Procuradoria Geral da República (PGR), do Ministério da Agricultura, da Comissão de Faixa de Fronteiras e do Serviço de Patrimônio da União, podendo solicitar a colaboração de qualquer outro órgão federal (DECRETO N.º 51.431, DE 19 DE MARÇO DE 1962).

No mês de junho de 1962, a União e o estado do Paraná, que antes litigavam pelos títulos das glebas Missões e Chopim, realizaram um acordo para viabilizar as atividades do GETSOP, transformando-o em um órgão misto. O acordo foi oficializado pelo Decreto n.º 51.514, de 25 de junho de 1962, que também determinava que quatro representantes do estado do Paraná, indicados pelo governador, passariam a compor a diretoria inicial. Já em funcionamento, o GETSOP estabeleceu dois escritórios, um em Curitiba e outro em Francisco Beltrão, contando com um efetivo total de 180 funcionários. Com isso, incialmente, o órgão foi estruturado conforme o organograma da Figura 15.

Figura 15 – Organograma do GETSOP no início de seu funcionamento

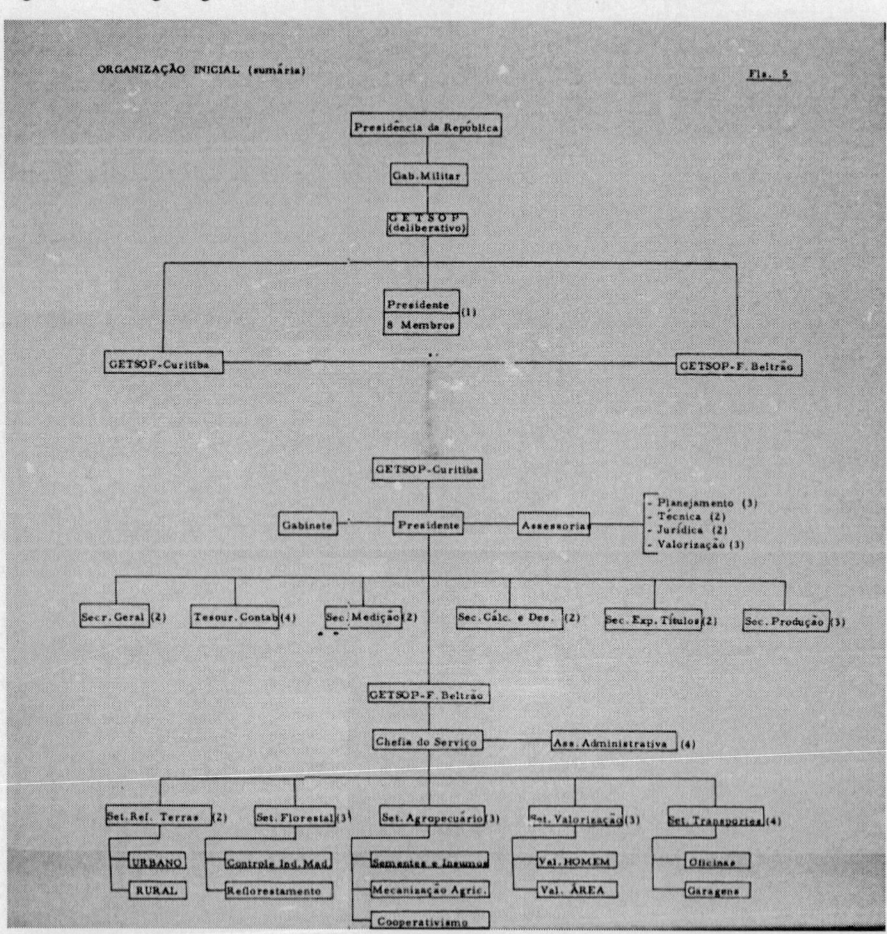

Fonte: GETSOP, 1973, p. 5, anexo ao Of. n.º 255/15/73, p. 9

Cinco anos após o início de suas atividades, o GETSOP passou a ser subordinado ao Ministério da Agricultura pelo Decreto n.º 60.901, de 26 de junho de 1967. Além disso, desde o princípio das atividades do órgão, houve a previsão de encerrar as atividades de cada setor conforme as questões a que se destinavam fossem resolvidas. Assim, no ano de 1972, já não existiam em Francisco Beltrão os setores florestal, agropecuário e de valorização do homem e da área que iniciaram as suas atividades em 1962, e o efetivo total de funcionários já estava reduzido a 71 indivíduos (GETSOP, 1973, p. 8, anexo ao Of. n.º 255/15/73, p. 15).

Uma das funções do GETSOP era realizar um regime especial para a regularização das atividades madeireiras, assinando, para tanto, convênio com o INP e com órgãos do governo federal, conforme deliberava o nono item do acordo assinado entre a União e o governo do Paraná, em 22 de junho de 1962: "O órgão misto estabelecerá regimes especiais para a venda ou exploração da reserva florestal existente, inclusive firmando convênio com o Instituto Nacional do Pinho e com o Serviço Florestal do Ministério de Agricultura visando a defesa da mesma reserva florestal" (ACORDO QUE ENTRE SI FAZEM A UNIÃO FEDERAL E O ESTADO DO PARANÁ, 1962, p. 1).

A necessidade de o GETSOP realizar a tarefa anteriormente descrita pode estar ligada a diversos fatores, como a existência de muitas serrarias clandestinas, a venda de pinheiros por posseiros como estratégia de posse ou para a criação de espaços agricultáveis, a violência que parte dos madeireiros apresentava, os grandes lucros que o setor gerava ou, ainda, a soma de vários desses fatores.

Em documento contendo informações das atividades realizadas pelo GETSOP para o governo militar no ano de 1973, o presidente do órgão frisou que, entre os motivos para a sua criação, além dos abusos das companhias colonizadoras, da grilagem de terras e de a região localizar-se em faixa de fronteira, estavam "A riqueza constituída de recursos naturais (pinheiros e madeiras de lei) e a fertilidade das terras" e "O interesse de madeireiros na industrialização daqueles recursos" (GETSOP, 1973, p. 5, anexo ao Of. n.º 255/15/73, p. 16).

Esse panorama já havia sido transmitido à União pelo GETSOP, em 1964, no Ofício n.º 64/64-G encaminhado pelo chefe da seção jurídica do órgão, Dr. Ildephonso Gugisch de Oliveira. O Ofício prestava esclarecimentos sobre a situação jurídica do GETSOP, bem como de sua atuação. Para o Dr. Ildephonso, a exploração da FOM de forma desordenada e predatória estava "firmemente enraizada" nas áreas dos imóveis Missões e Chopim. Segundo o advogado

> O GETSOP, encontrou uma situação de fato irregular, porém, firmemente enraizada, no que tange a exploração das reservas florestais, que era procedida indiscriminadamente, sem ordem, por quem não possuía título legítimo para tal. O controle provisório da exploração nas glebas "Missões" e "Chopim", consiste fundamentalmente na autorização concedida pelo órgão, às serrarias ali instaladas, de produzirem, transportarem e comercializarem madeira, limitadas, porém, a quotas mensais correspondentes à 50% da capacidade das suas máquinas instaladas, visando com essa medida, calcada nas normas fundamentais do Código Florestal e da disciplina adotada pelo Instituto Nacional do Pinho, não causar perturbações na evolução da economia e paz social da região, reduzindo, ao mesmo tempo, ao estritamente necessário, o abate de pinheiros e outras árvores industrializáveis das reservas florestais das Glebas. A autorização às serrarias para produzirem, transportarem e comercializarem a madeira, é concedida pelo GETSOP, através de GUIAS FLORESTAIS, que são entregues aos produtores mediante o pagamento de Cr$ 500,00 (quintos cruzeiros) por metro cúbico, sendo que as Guias Florestais são exigidas, para o despacho das madeiras, nas Coletorias Estaduais juntamente com as Guias de Produção Autorizadas, EMITIDAS pelo Instituto Nacional do Pinho, de conformidade com o Convênio assinado entre aquela Autarquia e o GETSOP (OFÍCIO N.º 64/64-G — GETSOP, 1964, p. 9, Memorando n.º 07-AJ/SG/CSN, de 6 de setembro de 1973, p. 102, destaques no original).

O Ofício do GETSOP põe em evidência que a exploração predatória das florestas era uma prática sedimentada na região e que o grupo regularizou as serrarias mediante a cobrança de taxas, o que não evitou a devastação. Quanto ao convênio firmado com o INP, este, igualmente, não foi favorável à manutenção de áreas para a conservação da FOM ou da FES nos imóveis Missões e Chopim, como em todo o Sul do Brasil. Isso, porque, segundo Carvalho (2018, p. 86), ao referir-se às florestas com araucária, o Instituto tinha uma visão produtivista sem objetivos ligados à preservação e "[...] não logrou estabelecer nenhuma Unidade de Conservação Integral envolvendo esse tipo florestal [...].

O setor florestal do GETSOP teve iniciativas em relação ao manejo florestal e ao reflorestamento. O órgão informou, em 1973, ter produzido cerca de 4 milhões de mudas de "pinus, araucária e outras" e que ofertou "cursos de extensão para estudantes de engenharia florestal de diversas universidades e faculdades" (GETSOP, 1973, p. 7, anexo ao Of. n.º 255/15/73, p. 16).

Embora tenha tido tais iniciativas, as atividades do GETSOP, como as do INP, parecem ter sido produtivistas e insuficientes para impedir a devastação florestal. No mesmo relatório aludido anteriormente foi comunicado ao presidente da ditatura militar que o GETSOP regularizou 202 serrarias até o ano de 1969, quando o assunto passou a ser da jurisdição do IBDF. Se até o ano de 1957 as reservas florestais dos imóveis Missões e Chopim já haviam sido reduzidas à metade, conforme a já citada carta de Mario Fontana (CARTA DA CITLA para o presidente do CSN, 1973, p. 8, anexo Memorando n.º 07-AJ/SG/CSN, 1972, p. 26), é possível perceber que a atuação do GETSOP colaborou com a legalização da dilapidação da outra metade.

O que fez o GETSOP quanto às serrarias foi, tão somente, regularizá-las por meio da cobrança de taxas sem, no entanto, estabelecer um regime de manejo adequado para a conservação de áreas florestais. Também teve essa percepção Chaves (2008), que concluiu que "[...] O GETSOP para evitar um problema social maior, resolveu não fechar as serrarias. Passou a regularizá--las e cobrar uma taxa que seria revertida para o reflorestamento da região" (CHAVES, 2008, p. 53-54).

Na Figura 16 demonstra-se a área em que o GETSOP atuou durante a sua existência por meio de uma representação feita pelo próprio grupo no ano de 1972.

Figura 16 – Representação da área de atuação do GETSOP

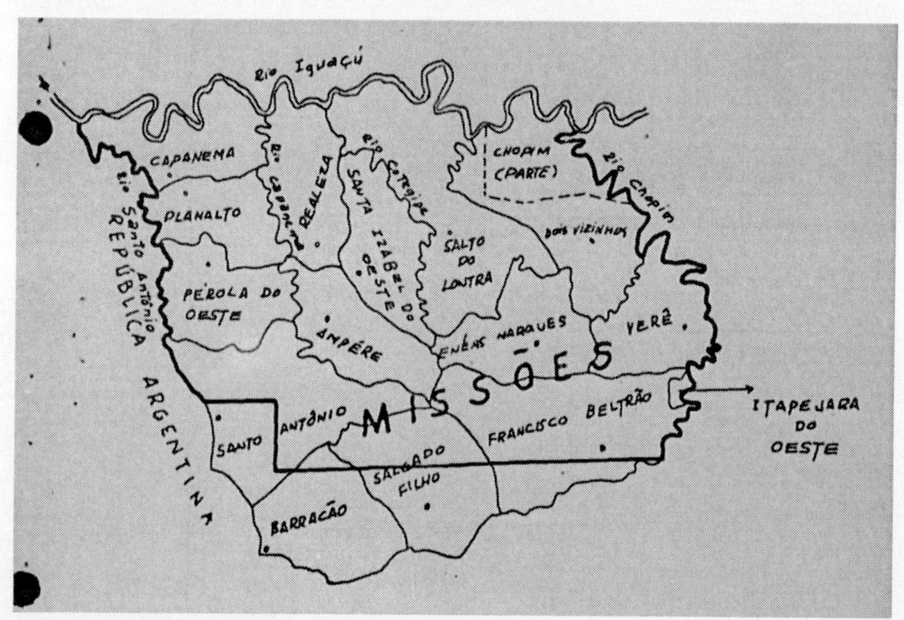

Fonte: GETSOP: Normas de organização e funcionamento, 1972, p. 25, anexo ao Of. n.º 255-15-73 p. 43

No ano de 1965, foram registradas 475 serrarias no sudoeste, incluindo as 202 regularizadas pelo GETSOP. Nesse período, a população e a quantidade de municípios apresentaram crescimento significativo, sendo que em 1950 a região contava com apenas 3 municípios e, em meados da década de 1960, passou a ter 27. A seguir, na Tabela 3, são apresentados os quantitativos de serrarias em funcionamento no ano de 1965 por município. Os dados quantitativos da Tabela 3 foram extraídos do Cadastro Industrial do IBGE de 1965, para a melhor organização do texto.

Tabela 3 – Quantitativos de madeireiras e municípios do sudoeste no ano de 1965

Municípios do sudoeste do Paraná na década de 1960	**Ano de emancipação ou criação**[68]	**Quantitativo de serrarias em 1965**	**Imóveis Missões ou Chopim**
Ampére	1961 (Lei Estadual n.º 4.348, de 11 de abril de 1961)	15	Sim
Barracão	1951 (Lei Estadual n.º 790, de 14 de novembro de 1951)	3	Apenas uma parte do município
Capanema	1951 (Lei Estadual n.º 790, de 14 de novembro de 1951)	12	Sim
Chopinzinho	1955 (Lei Estadual n.º 253, de 14 de dezembro de 1955)	19	Não
Clevelândia	1909 (Lei Estadual n.º 862, de 29 de março de 1909)	21	Não
Coronel Vivida	1954 (Lei Estadual n.º 253, de 26 de novembro de 1954)	21	Não
Dois Vizinhos	1960 (Lei Estadual n.º 4.245, de 25 de julho de 1960)	22	Sim
Enéas Marques	1964 (Lei Estadual n.º 4.823, de 18 de fevereiro de 1964)	5	Sim
Francisco Beltrão	1951 (Lei Estadual n.º 790, de 14 de novembro de 1951)	20	Sim
Itapejara D'Oeste	1964 (Lei Estadual n.º 4.859, de 28 de abril de 1964)	10	Sim

[68] Alguns dos municípios foram instalados em anos diferentes daquele das leis que os emanciparam. Nesses casos, foram considerados como ano de emancipação o mesmo da promulgação da lei emancipatória.

Municípios do sudoeste do Paraná na década de 1960	Ano de emancipação ou criação[68]	Quantitativo de serrarias em 1965	Imóveis Missões ou Chopim
Mangueirinha	1946 (Lei Estadual n.º 533, de 21 de setembro de 1946)	29	Não
Mariópolis	1960 (Lei Estadual n.º 4.245, de 25 de julho de 1960)	9	Não
Marmeleiro	1960 (Lei Estadual n.º 4.245, de 25 de julho de 1960)	17	Não
Palmas	1877 (Lei Provincial n.º 484, de 13 de abril de 1877)	37	Não
Pato Branco	1951 (Lei Estadual n.º 790, de 14 de novembro de 1951)	57	Não
Pérola D'Oeste	1961 (Lei Estadual n.º 4.348, de 11 de abril de 1961)	14	Sim
Planalto	1963 (Lei Estadual n.º 4.731, de 24 de junho de 1963)	17	Sim
Realeza	1963 (Lei Estadual n.º 4.731, de 24 de junho de 1963)	8	Sim
Renascença	1951 (Lei Estadual n.º 790, de 14 de novembro de 1951)	14	Não
Salgado Filho	1963 (Lei Estadual n.º 4.788, de 29 de novembro de 1963)	1	Sim
Salto do Lontra	1964 (Lei Estadual n.º 4.823, de 28 de fevereiro de 1964)	19	Sim
Santa Izabel do Oeste	1963 (Lei Estadual n.º 4.778, de 14 de dezembro de 1963)	19	Sim
Santo Antônio do Sudoeste	1951 (Lei Estadual n.º 790, de 14 de novembro de 1951)	34	Sim
São João	1960 (Lei Estadual n.º 4.245, de 25 de julho de 1960)	7	Não
São Jorge D'Oeste	1963 (Lei Estadual n.º 4.730, de 24 de janeiro de 1963)	9	Não
Verê	1963 (Lei Estadual n.º 4.730, de 24 de junho de 1963)	15	Sim
Vitorino	1951 (Lei Estadual n.º 790, de 14 de novembro de 1951)	13	Não

Municípios do sudoeste do Paraná na década de 1960	Ano de emancipação ou criação[68]	Quantitativo de serrarias em 1965	Imóveis Missões ou Chopim
Total de municípios em 1965: 27		**Total de serrarias no sudoeste em 1965:** 475	
Total de serrarias nos imóveis Missões e Chopim em 1965: 211			

Fontes: dados sobre emancipações: sítios virtuais das prefeituras de cada município na rede mundial de computadores. Dados sobre o quantitativo de serrarias: Cadastro Industrial do IBGE de 1965 (1968, p. 14–564). Dados do GETSOP: Normas de organização e funcionamento, 1972, p. 25, anexo ao Of. n.º 255-15-73, p. 43. Organização do autor deste trabalho

Nota-se com os dados da Tabela 3 que, além do território dos imóveis envolvidos na Revolta de 1957, ainda havia 264 serrarias no sudoeste. Quantitativos relevantes de serrarias funcionavam regularmente em Palmas (município que regularizou o funcionamento da primeira serraria na região em 1935), em Pato Branco, em Clevelândia, em Chopinzinho, em Coronel Vivida, em Mangueirinha e em Mariópolis, esse último sob forte influência de Mario Fontana, pois o município originou-se da Fazenda São Francisco de Salles, adquirida pelo grupo CITLA em 1947, e foi emancipado em 1960, durante a segunda gestão de Moysés Lupion como governador do Paraná.

Mario Fontana, aliás, após a desapropriação dos imóveis Missões e Chopim, passou a questionar a validade dos títulos que o GETSOP expedia aos colonos e a reivindicar judicialmente, assim como alguns de seus sócios, altos valores relativos à infraestrutura que a sua companhia teria desenvolvido nos imóveis em questão (CARTA DA CITLA para o presidente do CSN, 1973, p. 10 a 30, Memorando n.º 07-AJ/SG/CSN, 1972, p. 36-56).

Como a União fazia apelos para o cancelamento das titulações dos imóveis transcritas para a CITLA em 1950 por considerá-las ilegítimas e ilegais, não pagou indenizações pelos imóveis, pois a propriedade, nesse caso, era da própria União por meio da incorporação dos bens da SEIPN no ano de 1940 (PARECER SG/CSN n.º 016/5ªSC/73, 1973, p. 20, anexo ao Memorando n.º 07-AJ/SG/CSN, 1972, p. 20).

Diante dessa situação, Mario Fontana alegava que a titulação efetiva das terras só poderia ocorrer se houvesse um consenso entre ele e a União e por isso estava disposto a receber indenizações apenas pelas benfeitorias e infraestrutura construídas pela CITLA. Em comunicação com o presidente do CSN, Fontana alegou o seguinte:

> Com o intuito de colaborar com o Governo da República, que sabe da necessidade de dar tranquilidade e segurança a população daquela região, a CITLA vem solicitar o interesse o apoio do elevado órgão que V. Excia. dignamente preside, no sentido de mandar regularizar o domínio dos títulos, de posse da terra expedidos pelo GETSOP, para o que será necessário se promover um acordo entre o Incra e a CITLA. A CITLA está disposta a retirar a apelação que defende seus direitos, para prevalecer a sentença em 1ª instância em favor da União e abrir mão da indenização sobre as terras e pinheiros, objetivando pacificar e tranquilizar definitivamente aquela região. A CITLA, entretanto, deverá receber as indenizações correspondentes as benfeitorias que por necessidade do plano de colonização, foram por ela implantados na Região sudoeste do Paraná (CARTA DA CITLA para o presidente do CSN, 1973, p. 29, anexo ao Memorando n.º 07-AJ/SG/CSN, 1972, p. 55).

A CITLA teria construído, segundo o seu proprietário, cerca de 585km de estradas, conforme demonstra a Tabela 4, a seguir.

Tabela 4 – Trechos de estradas de rodagem que a CITLA alegou ter construído entre os anos de 1950 e 1958 e solicitava indenização

Trecho	Extensão em km	Gleba
Marmeleiro-Dionísio Serqueira/SC-Barracão-Santo Antônio	36	Missões e Perseverança
Pranchita/SC-Porto Iguaçu	83	Missões
Santo Antônio-Valdomeira (em direção a Ampére, entretanto não foi construída até esse último município)	17	Missões
Rio das Antas-Rio Capanema-Pinhal de São Bento	20	Missões
Acantilado-Salgado Filho	18	Missões
Jacutinga-Francisco Beltrão-Pinhal de São Bento	56	Missões
Francisco Beltrão-Ampére	65	Missões
Sarandi-Marmelândia	54	Missões
Bela Vista-Igreja do Lontra	15	Missões e Chopim
Francisco Beltrão-Herveira	64	Missões e Chopim
Lageado do Veado-Rio dos Micos	20	Missões
Francisco Beltrão-Águas Sulfurosas do Verê	58	Missões e Chopim
Realeza-Capanema	54	Missões

Trecho	Extensão em km	Gleba
Francisco Beltrão-Porto do Rio Santana	25	Missões
Total em km	585[69]	

Fonte: Pretensões da CTILA, 1973, p. 32-36, anexo ao Memorando n.º 07-AJ/SG/CSN, 1972, p. 52–56. Organização do autor deste trabalho

Não obstante, a CITLA reivindicava indenizações pela construção de dois campos de aviação, por serviços topográficos, entre outros expedientes, projetos e obras de infraestrutura num montante de Cr$ 152.630.250,00. A Tabela 5 dispõe os valores e tipos de obras, serviços ou projetos que, segundo Mario Fontana, deveriam ser indenizados.

Tabela 5 – Benfeitorias, serviços ou projetos que a CITLA realizou nas glebas Missões e Chopim, segundo Mario Fontana

Benfeitoria, serviço ou projeto	Valor em Cr$ estimado pela CITLA
Estradas	83.139.000,00
Campos de aviação	2.600.000,00
Serviços topográficos	14.800.000,00
Levantamentos de cursos d'água	4.600.000,00
Levantamento altimétrico do rio Chopim	1.100.000,00
Projeto hidrelétrico do Salto Osório e Chopim	22.091.250,00
Projeto industrial de celulose	8.500.000,00
Benfeitorias gerais	15.800.000,00
Valor de indenização reivindicado: Cr$ 152.630.250,00	

Fonte: Pretensões da CITLA, 1973, p. 40, anexo ao Memorando n.º 07-AJ/SG/CSN, 1972, p. 60. Organização do autor deste trabalho

O desfecho dos processos jurídicos que Mario Fontana continuou promovendo após a CITLA ser expulsa dos imóveis Missões e Chopim não fez parte dos objetivos desta pesquisa. Entretanto, a título de contextualização, esclarece-se que representantes do GETSOP negavam ter encontrado qualquer tipo de infraestrutura construída pela CITLA (PARECER SG/CSN n.º 016/5ªSC/73, 1973, p. 14, anexo ao Memorando n.º 07-AJ/SG/CSN, 1972,

[69] No cálculo da CITLA disponível em seu pedido de indenização, o total de extensão de todas as estradas seria de 583km.

p. 14). No ano de 1990, a juíza do Tribunal Regional Federal da 4ª Região, Dra. Silvia Goraieb, relatora dos processos movidos por Mario Fontana, informou em seu relatório que oficiais do Exército acompanharam uma perícia na região, na década de 1960, solicitada pelo Incra, e confirmaram a existência das obras de infraestrutura da CITLA (FÉDER, 2001, p. 193-200)[70].

Retomando a atuação do GETSOP, destaca-se que, além de regularizar as 202 serrarias, o grupo de fato resolveu os problemas relativos às posses de terras, titulando 42.899 lotes urbanos e rurais até abril de 1973, conforme se elucida na Tabela 6.

Tabela 6 – Quantitativos de lotes regularizados pelo GETSOP entre os anos de 1963 e 1973

Ano	Quantidades de lotes		Total
	Rurais	**Urbanos**	
1963	280	14	294
1964	687	20	707
1965	1.416	226	1.642
1966	2.508	186	2.694
1967	3.690	305	3.995
1968	4.301	490	4.791
1969	4.202	823	5.025
1970	4.617	715	5.332
1971	4.496	1.606	6.102
1972	5.590	2.737	8.327
1973	2.784	1.690	3.990
Total de lotes rurais: 34.571[71]	**Total de lotes urbanos:** 8.812	**Total de lotes titulados:** 43.383	

Fonte: GETSOP, 1973, p. 7, anexo ao Of. n.º 255/15/73, p. 16; Lazier (1983, p. 96). Organização do autor deste trabalho

[70] O processo teve Baixa Definitiva em 7 de abril de 2016 e a sua última movimentação registrada foi o "Ato Ordinatório: Recebida comunicação de Julgamento do STJ 20001457578" em 21 de junho de 2017, segundo consulta realizada no site do Tribunal Regional Federal da 4ª Região. Disponível em: https://consulta.trf4.jus.br/trf4/controlador.php?acao=consulta_processual_resultado_pesquisa&txtValor=199404010004530&selOrigem=-TRF&chkMostrarBaixados=&todasfases=S&selForma=NU&todaspartes=&txtChave=. Acesso em: 1 set. 2022.

[71] Os números divergem em outras pesquisas. Lazier (1983, p. 95) informa que o GETSOP regularizou 30.920 lotes rurais e 12.385 lotes urbanos, com um total de 43.383 titulações. Chaves (2008, p. 52) informa que o GETSOP teria expedido 32.256 títulos de lotes rurais e 24.661 de lotes urbanos com um total de 56.917 titulações. Intui-se que os números apresentados por Chaves (2008), no entanto, dizem respeito, comparando-os ao estudo de Lazier (1983, p. 96), à somatória dos lotes titulados e dos apenas medidos pelo GETSOP. Neste trabalho, adotaram-se os quantitativos de 34.571 lotes rurais e 8.812 lotes urbanos por serem provenientes de um relatório do GETSOP apresentado para a presidência militar no ano de 1973.

Os dados da Tabela 6 demonstram que a atuação do GETSOP para a titulação das terras nos imóveis sob a sua jurisdição foi gradativa e levou dez anos para ser concluída. A medição dos lotes contou com a participação do Exército (ZATTA, 2009, p. 96-98)[72].

Outra tarefa que o GETSOP cumpriu diz respeito à introdução da Revolução Verde na região. A geógrafa Roseli Alves dos Santos (2008, p. 119), em sua tese de doutorado, demonstrou que o GETSOP realizou convênios com outras instituições que foram essenciais para o processo de modernização da agricultura na região.

Durante a década de 1960, colonos realizavam frequentemente queimadas nas áreas que cultivavam ou que desmatavam como uma técnica de manejo do solo. Esse panorama passou a ser alterado, segundo Santos (2008, p. 120), com o início do cultivo de soja (*Glycine max*) no ano de 1968. A introdução da cultura da leguminosa se deu, em grande parte, por conta dos trabalhos do sistema de Assistência Técnica e Extensão Rural (Ater), da Associação de Crédito e Assistência Rural do Paraná (Acarpa)[73] em convênios com o GETSOP (SANTOS, 2008, p. 120).

Os técnicos da Acarpa faziam campanhas, em reportagens extensionistas, advogando pelo fim das queimadas e pela utilização de "sementes selecionadas", realizando treinamentos técnicos junto aos agricultores interessados, além da introdução de insumos químicos, na década de 1970. As atividades dessas instituições consolidaram a modernização agrícola no sudoeste do Paraná (SANTOS, 2008, p. 124).

A modernização agrícola anteriormente referida foi a porta de entrada para a Revolução Verde no sudoeste do Paraná, como em outras partes do Brasil. Técnicos, vinculados a trabalhos de extensão rural, davam assistência e realizavam, com isso, a implementação da modernização agrícola nas propriedades rurais. Santos (2008) esclarece que essa situação pode ser constatada

> [...] pelo incremento dos recursos destinados à extensão rural, no período, o qual é maior do que o destinado à pesquisa. Comprova-se, assim, a intenção do Estado, mediando e facilitando a disseminação do pacote da revolução verde. A assistência técnica assume importante papel no convencimento e na instrução dos produtores rurais; na geração

[72] Sobre a presença do Exército brasileiro no sudoeste, ver: ZATTA, R. **Sentinelas do sudoeste**: o Exército brasileiro na fronteira paranaense. Dissertação (Mestrado em História). Passo Fundo: UPF, 2009.

[73] A Acarpa foi incorporada pela Emater no ano de 1977.

> de demandas não tecnológicas, cujos resultados promovem demandas tecnológicas, sob implantação do pacote para a modernização. Isso ocorre, por exemplo, na forma de plantio (SANTOS, 2008, p. 120-121).

Os agricultores do município de Francisco Beltrão no final da década de 1960 detinham ferramentas e conhecimento para o desenvolvimento de culturas e manejo do solo bastante precários, sendo que cerca de 3.800 agricultores não possuíam sequer arados ou grades para arar a terra. Na área de suinocultura, base econômica de cerca de 50% da população rural do município na década de 1960, além de atividade de subsistência do restante de tal população, apresentava problemas sérios, sendo que a cada dois anos morriam 69 mil cabeças de suínos e, no mesmo período, apenas 33 mil eram comercializadas (SANTOS 2008, p. 121, 123). Com esses índices, não seria difícil a entrada de uma assistência técnica que teria facilidade em apresentar números melhores a curto prazo, dados os insucessos produtivos das práticas vigentes.

Ainda com base em Santos (2008, p. 123), percebe-se que esse foi o padrão da ruralização do sudoeste em sua constituição, ou seja, muitos colonos que chegaram à região para desenvolver atividades agrícolas detinham baixos recursos econômicos. Comparando as análises de Santos (2008) com as fontes desta pesquisa, percebe-se também que havia baixo nível de escolaridade entre os colonos agricultores.

Em 1969, a Acarpa, o GETSOP e a Companhia Brasileira de Armazenamento (Cibrazem) firmaram um convênio para criar locais de produções de sementes no sudoeste. Esse convênio contou com o Ministério da Agricultura como fornecedor de sementes selecionadas. Os municípios que fizeram parte de referido convênio foram Capanema, Francisco Beltrão, Verê e Pato Branco, este além da área de jurisdição do GETSOP, que já contavam com produtores de soja no ano de 1969 (SANTOS, 2008, p. 124).

Para Santos (2008, p. 124), as chamadas sementes selecionadas fornecidas pelo Ministério da Agricultura construíram o caminho para a introdução de sementes híbridas e patenteadas por empresas multinacionais características da Revolução Verde. Assim,

> [...] na década de 1960, a produção de soja está sendo direcionada para o cultivo no sudoeste do Paraná, e a matriz tecnológica utilizada tem por base o uso de insumos químicos, considerados indispensáveis à alta produtividade esperada para resolver o problema da pobreza rural. É nesses muni-

> cípios que surge o germe da modernização no sudoeste, como por exemplo, a primeira lavoura de soja "solteira" que foi produzida em Verê, em 1969 (SANTOS, 2008, p. 124).

A modernização da agricultura no sudoeste é, para Santos (2008), o principal fator para a existência de erosão e outros problemas ambientais assistidos na região, como a devastação das florestas. A autora apontou que:

> Se a vegetação de araucárias, típicas deste território, encontra-se devastada, assim como os solos têm perdido fertilidade natural e sofrido um processo intenso de erosão, especialmente nos espaços de maior declividade, é em decorrência do tipo de uso e manejo implantado, a partir dos anos 1960-1970. Contudo, é importante destacar que as condições iniciais adversas e os impactos gerados não se constituem em impedimento à modernização da agricultura (SANTOS, 2008, p. 117).

Deve-se reconhecer que, com a regularização e a titulação de mais de 40 mil lotes urbanos e rurais efetivadas pelo GETSOP, os conflitos agrários generalizados nos imóveis Missões e Chopim foram superados. O mesmo não se pode afirmar quanto à violência ambiental, pois a regularização fundiária viabilizou também a devastação das áreas florestadas que ainda existiam nos imóveis.

Percebe-se, com as análises de Santos (2008), que a atuação do GETSOP não foi inoportuna no que tange à conservação ambiental apenas quando regularizou centenas de serrarias, mas também pela introdução daquilo que a autora considerou em sua tese como o maior fator de devastação da vegetação no sudoeste, ou seja, a modernização agrícola.

Não é possível afirmar, igualmente, que o GETSOP sanou todos os problemas fundiários do sudoeste do Paraná, dados os limites de sua jurisdição. No imóvel Chopinzinho, as mazelas advindas das administrações de Moysés Lupion, que causavam violências socioambientais na região, persistiram durante e após a atuação do GETSOP, que restringia sua atuação aos imóveis Missões e Chopim.

No capítulo 4, é analisado o caso da gleba Baía, com título superposto ao imóvel Chopinzinho, no município de Chopinzinho, onde o contexto socioambiental que causou a Revolta de 1957 continuou presente durante as décadas de 1960 e 1970.

4

"A SANGUE E SUBORNO": O CASO DA DEVASTAÇÃO DA FOM NA COLÔNIA BAÍA EM SULINA/PR

Durante a realização desta pesquisa, constatou-se que grande parte dos estudos da historiografia a respeito da constituição do sudoeste do Paraná possuem como principal referência os acontecimentos envolvendo a CANGO, a CITLA e o GETSOP nas glebas Missões e Chopim, considerando que o GETSOP resolveu os problemas fundiários na região, como demonstrado no capítulo 3.

As análises do capítulo anterior evidenciam que o GETSOP, de fato, concedeu títulos aos posseiros das glebas Missões e Chopim. Todavia, embora os referidos imóveis ocupassem grande extensão territorial no sudoeste, a região contava com muitos outros imóveis, companhias colonizadoras, serrarias e colonos além de Missões e Chopim. Nesse sentido, cabe elucidar que os problemas fundiários e socioambientais que levaram milhares de colonos a se unirem na Revolta de 1957 continuaram existindo no sudoeste durante e após a atuação do GETSOP.

Um dos casos de continuidade de conflitos fundiários e violência socioambiental ocorreu no imóvel Chopinzinho, no município de mesmo nome, onde atualmente se localiza o município de Sulina. Assim como em Missões e Chopim, o imóvel Chopinzinho passou por várias negociações que, em alguns casos, foram consideradas ilegais. Os colonos que lá se instalaram viram, assim como os posseiros de Missões, Moysés Lupion grilar as terras em favor de companhias imobiliárias e madeireiras, gerando conflitos pela manutenção de posses e, especialmente, pelas reservas florestais, consideradas de alta qualidade por madeireiros do período.

Durante a pesquisa de fontes, localizou-se, nas varas criminal e civil da Comarca de Chopinzinho, processos que demonstram como foi a dilapidação de uma das últimas áreas com FOM e FES preservadas até a década de 1970 que estava localizada na parte do imóvel Chopinzinho que foi rebatizado como colônia Baía, em 1959, pelo ex-governador do Paraná Moysés Lupion.

A colônia Baía foi palco de vários conflitos sociais quando, no ano de 1970, parte dos posseiros que a ocupavam se uniram para buscarem meios na justiça para se defenderem e, por meio de advogados e de um agrimensor de Pato Branco, chamado Apparicio Henriques, protocolaram um pedido de "medida acauteladora de **sequestro preventivo**, das árvores de pinheiros, cedros e outras madeiras industrializáveis ou de valor comercial" (PROCESSO n.º 76/70, 1970, p. 3, destaque no original) para sanar os graves conflitos socioambientais que ocorriam na região. O pedido foi aceito pelo juiz da Comarca de Chopinzinho e deu origem ao Processo n.º 76/70, inaugurando-se um período litigioso e violento.

As análises deste capítulo demonstram que os litígios e os conflitos violentos ocorridos na gleba Baía tinham como motivação principalmente a exploração econômica das florestas. Nas fontes fica perceptível a ausência de apelos pela conservação das reservas florestais da área em tela por parte de serrarias, de colonos, de juízes, de promotores e de policiais. Ademais, identifica-se nos argumentos de defesa dos réus e no deferimento de suas petições pelos juízes que atuarão nas diferentes peças processuais que serão citadas adiante, assim como em depoimentos de testemunhas, determinada normalização do comportamento predatório sobre as florestas nativas. Ou seja, as práticas de desmatamento eram legitimadas pelos discursos de progresso dos entes federados difundidos no imaginário local em um período em que existiam amplas discussões e publicações, entre outras iniciativas, sobre os riscos da extinção das araucárias, como evidenciado no capítulo 1.

A violência ocorria, especialmente, contra e sobre a natureza. A companhia Colonizadora Dona Leopoldina coagia os colonos para, em conjunto com serrarias aliadas, furtar as árvores de pinheiros, cedros e outras espécies de madeira de lei. Com a instauração do Processo n.º 76/70, os colonos e os madeireiros, em um primeiro momento, iniciaram acordos amigáveis para serrar as florestas. Em um segundo momento, por meio de novo acordo, contrataram uma serraria alheia ao contexto da gleba Baía para serrar as árvores, acreditando que ela desempenharia o seu papel de maneira isenta. Na prática, o que ocorreu foi uma nova fase de violências socioambientais.

Diante disso, contextualiza-se, a seguir, o histórico de dações e sub-rogações do imóvel Chopinzinho, assim como a superposição de títulos feitas por Lupion em seu segundo mandato como governador do Paraná. Posteriormente, analisam-se as violências socioambientais que ocorreram na gleba 1 da colônia Baía enquanto existiram pinheiros nas posses dos colonos.

4.1 HISTÓRICO DE DAÇÕES E "SUB-ROGAÇÕES" DO IMÓVEL CHOPINZINHO

Os problemas de títulos de terras ou propriedades rurais que serão abordados neste capítulo remontam às dações de imóveis a empresários e empresas privadas ligadas às atividades de construção de estradas de ferro, de colonização e de madeireiras no final do século XIX, da mesma forma que os imóveis Missões e Chopim. No capítulo 3, foi feita a contextualização quanto ao início daquilo que se entende como a primeira forma de violência ambiental sobre a natureza do sudoeste, ou seja, as sucessivas dações e "sub-rogações" que a tornaram uma mercadoria, ora doada ou trocada com menos valor econômico, ora vendida e especulada com mais valor econômico.

O que ocorreu quanto aos títulos das glebas Missões e Chopim até a promulgação dos Decretos-Leis n.º 2.073, de 8 de março de 1940, e n.º 2.434, de 22 de junho de 1940, aplica-se ao imóvel Chopinzinho, com uma importante ressalva. No ano de 1937, a EFSPRG reivindicou administrativamente a revalidação do título do imóvel Chopinzinho, que lhe havia sido cedido em outubro de 1920 pelo estado do Paraná como forma de pagamento pela construção do ramal de Guarapuava. O direito da EFSPRG foi reconhecido por meio de sentença administrativa do estado do Paraná em 30 de dezembro de 1937. Com isso, no ano de 1939, a EFSPRG obteve o título original sobre o imóvel Chopinzinho (OF. Incra/P/n.º 555, 1975, p. 5, anexo ao DSI/MF/BSB/AS/654/75, 1975, p. 234; ENCAMINHAMENTO n.º 54/117/ACT/82, 1982, p. 4).

Desde o ano de 1920, a EFSPRG sub-rogou os seus possíveis direitos sobre o imóvel Chopinzinho à sua subsidiária Braviaco. Assim como os demais imóveis sob gestão da Braviaco, Chopinzinho foi incorporado pela SEIPN em 1940, pelos decretos citados no parágrafo anterior. No ano de 1953, a Braviaco outorgou uma procuração à companhia colonizadora e madeireira Pinho e Terras Ltda. para transacionar qualquer área que fosse de propriedade, dúbia ou legítima, da outorgante. Daí em diante, qualquer acordo, obrigação ou ajuste celebrados com o estado do Paraná ou com a União, representada pela SEIPN, passou aos cuidados da Pinho e Terras (OF. Incra/P/n.º 555, 1975, p. 6, anexo ao DSI/MF/BSB/AS/654/75, 1975, p. 235; ENCAMINHAMENTO n.º 54/117/ACT/82, 1982, p. 10). Essa companhia, também envolvida em litígios nos imóveis Missões e Chopim como demonstrado no capítulo 3, iniciou, dessa forma, a sua atuação na gleba Chopinzinho.

No ano de 1956, um advogado da SEIPN, que detinha poderes como procurador concedidos pela instituição, requereu no Juízo de Direito da Comarca de Palmas a transcrição da gleba Chopinzinho em nome da Braviaco, utilizando como base a dação feita pelo Paraná para a EFSPRG. A transcrição foi realizada no Cartório de Registro de Imóveis de Palmas e no documento constou como transmitente da propriedade a EFSPRG, e não a SEIPN, detalhe exigido pelo advogado da SEIPN e que foi fundamental para a grilagem do imóvel (OF. Incra/P/n.º 555, 1975, p. 6, anexo ao DSI/MF/BSB/AS/654/75, 1975, p. 235).

O Inic, no ano de 1958, obteve, mediante escritura de compra e venda registrada no Tabelião do 23.º Ofício do Estado da Guanabara, vários imóveis litigiosos da SEIPN, incluindo os do sudoeste do Paraná, Missões, Chopim e Chopinzinho. Essas aquisições feitas pelo Inic desvelaram para a União a grilagem do imóvel Chopinzinho feita no ano de 1956. Para apurar o caso, o Ministério da Fazenda instaurou uma Comissão de Inquérito oficializada pela Portaria n.º 246/60, de 1960. No hiato temporal entre a transcrição do imóvel na Comarca de Palmas no ano de 1956 e a instauração da Comissão pelo Ministério da Agricultura em 1960, a companhia Pinho e Terras fracionou o imóvel Chopinzinho e alienou partes para a empresa Colonizadora Dona Leopoldina. As referidas alienações também foram transcritas no Registro Geral de Imóveis da Comarca de Palmas sob os números 9.895 e 9.698 no Livro 3-M e n.º 10.123 no Livro 3-N (OF. Incra/P/n.º 555, 1975, p. 7, anexo ao DSI/MF/BSB/AS/654/75, 1975, p. 236).

A Comissão de Inquérito do Ministério Público concluiu, no ano de 1961, que as transcrições em favor da Braviaco, bem como as sucessões que realizou, eram irregulares e que os responsáveis por elas deveriam responder criminalmente, além da anulação dos registros por parte da União Federal (OF. Incra/P/n.º 555, 1975, p. 7, anexo ao DSI/MF/BSB/AS/654/75, 1975, p. 236).

A intervenção do governador do Paraná, e grande aliado das companhias imobiliárias e madeireiras privadas, Moysés Lupion, aumentou a gravidade da situação do imóvel Chopinzinho. Como mencionado no capítulo 3, ele rebatizou vários imóveis no estado do Paraná, no ano de 1969, criando superposição de títulos e diversas revoltas camponesas (MYSKIW, 2002, p. 92; PRIORI, 2010, p. 372; CHAGAS, 2015, p. 63).

Um dos imóveis foi o Chopinzinho, o qual não apenas foi rebatizado como, igualmente, dividido em três partes que passaram a ser chamadas de Baía, Barra Grande e Dória. As medidas de Lupion causaram, novamente, uma série de ações possessórias entre posseiros, estado do Paraná, União e companhias colonizadoras e prática de violências socioambientais, incluindo diversos assassinatos por questões de terras e pinheiros, como será demonstrado a diante (OF. IBRA n.º 52/263/67, p. 8, anexo ao Memorando n.º 07-AJ/SG/CSN, 1972, p. 132; OF. Incra/P/n.º 555, 1975, p. 6, anexo ao DSI/MF/BSB/AS/654/75, 1975, p. 235; PROCESSO n.º 76/70, 1970).

Ao realizar as superposições de títulos, o governo de Lupion não levou em consideração a população de colonos que detinham posses nas áreas e

> [...] reloteou-as, vendendo os lotes a pessoas estranhas às atividades agrícolas. Em consequência, passou a haver superposição de títulos nas glebas seguintes:
> "Glebas Silva Jardim" - Tucuruví
> "Gleba Andrada" - Timburí
> "Gleba Missões" - Colônia Cerro; Capanema; S. Antônio
> "Chopim" - Colônia Fartura
> "Chopinzinho" - Colônia Dória; Baía; Barra Grande (OF. IBRA n.º 52/263/67, p. 8, anexo ao Memorando n.º 07-AJ/SG/CSN, 1972, p. 132).

Foi dessa forma que o presidente do Instituto Brasileiro de Reforma Agrária (Ibra), o senhor Cesar Reis de Cantanhede Almeida, em agosto de 1967, descreveu a situação criada por Moysés Lupion na gleba Baía, bem como nas demais áreas litigiosas envolvendo a Braviaco e a CITLA. As "pessoas estranhas às atividades agrícolas" a que se referiu o presidente do Ibra eram especuladores imobiliários e madeireiros, assim como foram os grupos econômicos Forte-Khury e Irmãos Slaviero na Reserva Indígena Mangueirinha (HELM, 1997, p. 2) e a CITLA, a Comercial e a Apucarana nos imóveis Missões e Chopim (GOMES, 1986, p. 44), como elucidado, respectivamente, nos capítulos 2 e 3. Na Figura 17, é possível visualizar a localização do imóvel Chopinzinho, já rebatizado como colônias Baía, Barra Grande e Dória, segundo o Relatório do DGTC apresentado à Comissão de Faixa de Fronteiras em 1966. A Figura 17 demonstra, ainda, as subdivisões 1 e 2 das colônias Baía, Barra Grande e Dória.

Figura 17 – Representação da colônia Baía e imóveis vizinhos segundo Relatório do DGTC apresentado à Comissão de Faixa de Fronteiras em 1966

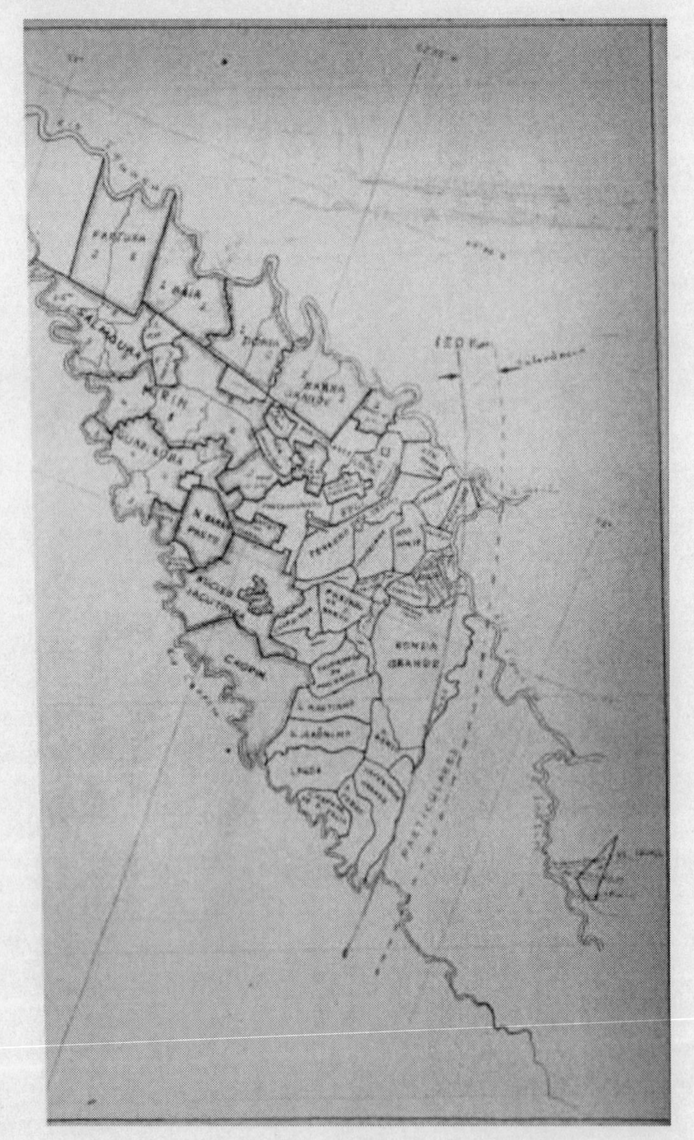

Fonte: Relatório do DGTC apresentado à Comissão de Faixa de Fronteiras (1966, p. 159)
Organização: do autor deste trabalho

A gleba Baía localizava-se onde atualmente está instalado o município de Sulina/PR, que no período analisado nesta pesquisa era um distrito do município de Chopinzinho. Desde que as terras começaram a ser ocupadas por colonos, companhias imobiliárias e madeireiras na década de 1950, o clima de tensão e os conflitos armados estiveram presentes no imóvel Chopinzinho. Na fração do imóvel rebatizada como gleba Baía, esse clima se apresentou mais grave, sobretudo na gleba 1, uma de suas subdivisões. Por esse motivo, o imóvel Chopinzinho chegou a ser desapropriado em 1966 pelo governador do Paraná, cumprindo o Decreto n.º 16.871, de 21 de janeiro de 1965 (PROCESSO n.º 76/70, 1970, p. 4; SNI, ENCAMINHAMENTO n.º 0054/177/ACT/82, 1982, p. 26; OF. Incra/P/n.º 555, 1975, p. 7, anexo ao DSI/MF/BSB/AS/654/75, 1975, p. 236).

A medida desapropriatória levou relativa calma à situação local, especialmente no que tange à segurança dos posseiros que passaram a ter os direitos sobre as terras que ocupavam parcialmente respeitados (OF. Incra/P/n.º 555, 1975, p. 8, anexo ao DSI/MF/BSB/AS/654/75, 1975, p. 237).

Em 1970 o mesmo estado do Paraná desistiu da desapropriação da área, justificando que já havia pacificado as disputas pelas terras e resolvido os demais problemas de infraestrutura que a região apresentava. Essa justificativa não era verdadeira, segundo o advogado dos posseiros, pois os conflitos na gleba Baía seguiam acontecendo em virtude da grilagem das árvores, o que levou os colonos a buscarem meios jurídicos para a resolução da situação, como se demonstra no item subsequente (PROCESSO n.º 76/1970, p. 7; OF. Incra/P/n.º 555, 1975, p. 7, anexo ao DSI/MF/BSB/AS/654/75, 1975, p. 236).

4.1.1 Sequestro judicial e "grilagem" de pinheiros

Com o intuito de impedir a continuidade dos conflitos, os colonos procuraram mobilizar-se por vias legais. Assim, em 1970 um grupo formado por 76 indivíduos, todos migrantes e em sua maioria do estado do Rio Grande do Sul, que ocupavam a gleba 1 da gleba Baía e/ou detinham posse adquirida antes da promulgação do Decreto n.º 16.871, de 21 de janeiro de 1965, que desapropriou as áreas em favor do estado do Paraná, entraram na justiça com pedido de sequestro preventivo das florestas dos seus lotes e das árvores já serradas. O advogado representante do coletivo de colonos, Dr. Alcides Bitencourt Pereira, informou no Processo Civil n.º 76/70, protocolado em 29 de abril de 1970 na Vara Civil da Comarca de Chopinzinho[74], que os posseiros que requeriam a medida de sequestro preventivo permaneciam ocupando suas posses e continuavam sendo perturbados por um grupo que estava interessado na "grande reserva florestal

[74] Ao longo deste trabalho, será feita a referência a esse processo apenas como Processo n.º 76/70.

ali existente". Essa situação gerava intranquilidade, conflitos e violência contínuos, pois o grupo interessado na reserva florestal era conformado por várias madeireiras e uma companhia colonizadora, chamada Dona Leopoldina Ltda. (PROCESSO n.º 76/1970, p. 3).

O advogado dos colonos solicitou ao juiz da Comarca de Chopinzinho uma medida acauteladora de sequestro preventivo das araucárias, cedros e madeiras de lei que eram valorizadas pela indústria madeireira,

> [...] bem como, a busca e apreensão das árvores já abatidas, inteiras ou cortadas em toras ou mesmo já serradas, quer estejam no local do imóvel objeto da ação de desapropriação, em trânsito ou onde forem encontradas (PROCESSO n.º 76/70, p. 3).

A medida era necessária porque, continuou o Dr. Alcides Bitencourt Pereira,

> I – [...] os requerentes muito embora na qualidade de titulares de domínio e da posse das terras e acessórios dos lotes rurais números 1, 3, 5, 6, 7, 9, 23, 14, 15, 16, 17, 18 e 22, da gleba 1, da colônia Baía, do município de Chopinzinho, desta comarca e Estado, com origem em títulos expedidos pelo Governo do Paraná, se viram atingidos em seus legítimos direitos por uma liminar concedida à Colonizadora Dona Leopoldina Limitada e outros, em autos de ação possessória contra Fioravante Carnieleto e outros, na Comarca de Palmas, no ano de 1962.
> II – Em consequência, os requerentes se viram compelidos a defender seus direitos através da medida incidental de Embargos de Terceiros Senhores e Possuidores, obtendo, face a abundante prova apresentada e após ouvido o representante do Ministério Público, em sentença fundamentada, e reconhecimento de seus direitos, para exclusão naquela ação possessória [...] acima referida, manutenendo em suas posses os embargantes, ora requerentes (PROCESSO n.º 76/70, p. 3).

A liminar concedida para a Colonizadora Dona Leopoldina, no ano de 1962, possibilitou que a companhia desenvolvesse atividades imobiliárias e madeireiras em toda a gleba Baía, inclusive nos lotes da gleba 1, sequestrados pela justiça, como demonstra a Figura 18, onde os colonos não queriam negociar por entenderem serem eles os proprietários legítimos das posses que ocupavam. Com a liminar, a polícia local, acatando ordens de Curitiba, desempenhava suas atividades protegendo a colonizadora (PROCESSO n.º

76/70, p. 4). Os lotes ocupados pelos posseiros que reivindicaram o sequestro das árvores existentes em suas posses podem ser visualizados na Figura 18.

Figura 18 – Planta da gleba 1 da colônia Baía com os lotes sequestrados preventivamente no ano de 1970 destacados

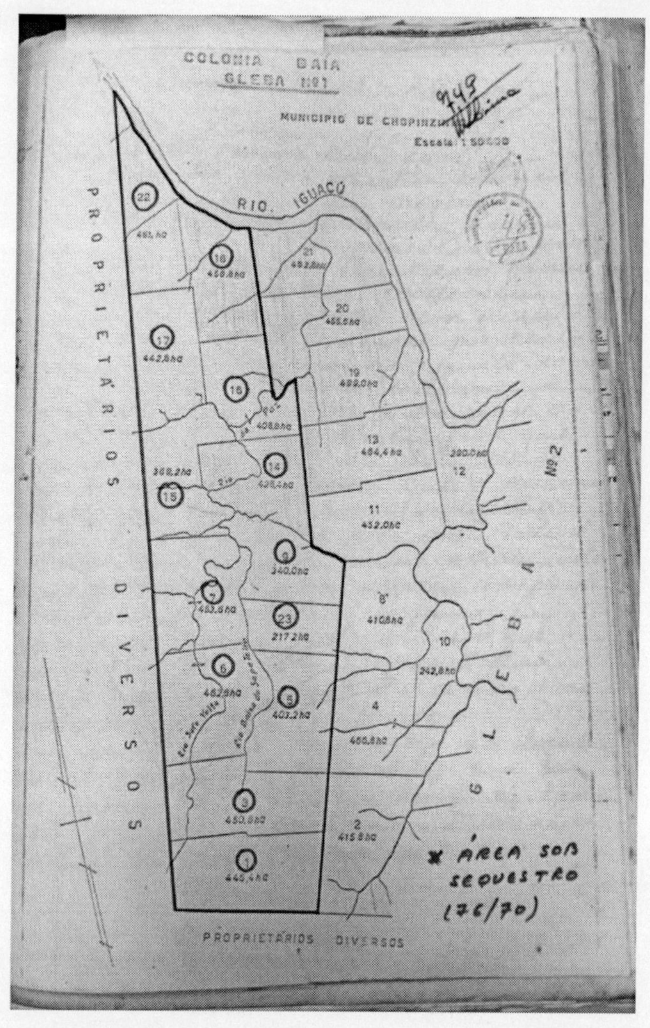

Fonte: Processo n.º 76/70 (1970, p. 749)
Os lotes litigiosos possuem destaques originais do Processo n.º 76/70 e contêm informações relativas ao espaço total de cada lote em hectares. Destaques no original.

Com a desapropriação de todo o imóvel Chopinzinho decretada no ano de 1965 e iniciada em 1966, os colonos tiveram, em parte, seus direitos possessórios reconhecidos. No caso da gleba 1 da colônia Baía, a situação não avançou porque, segundo os documentos apresentados pelo advogado dos colonos, o estado do Paraná não cumpriu corretamente o que previa o Decreto n.º 16.871, de 21 de janeiro de 1965, e indenizou outras áreas do imóvel Chopinzinho por valores acima do valor de mercado e superiores aos ofertados para os lotes dos clientes do Dr. Alcides Bitencourt Pereira (PROCESSO n.º 76/70, p. 4).

Os lotes vizinhos à gleba 1 da colônia Baía que o estado do Paraná indenizou por valor superior já estavam devastados, enquanto os da gleba Baía eram as últimas áreas que ainda possuíam florestas com araucária. Segundo o advogado dos colonos:

> Mais grave a nebulosa ainda, foi o critério de preços atribuídos pelo Estado nessas transações, pois que a área de terrenos devassados, sem pinheiros ou madeira de lei, dentro e fora das glebas expropriadas, foram indenizados à base de NCR$ 140,36 por alqueire, enquanto atribuiu-se o baixíssimo e irrisório valor de NCR$ 21,53 por alqueire para as terras dos ora requerentes com abundante reserva florestal constituída de pinheiros e madeiras de lei (PROCESSO n.º 76/70, 1970, p. 5).

Diante dessa situação, a indenização não foi realizada, pois os colonos perceberam as diferenças de valores e recusaram-se a receber a proposta do estado do Paraná, o que inviabilizou a efetivação da desapropriação das terras (PROCESSO n.º 76/70, 1970, p. 6). Os valores de indenização pagos ou propostos pelo estado do Paraná para os imóveis vizinhos à gleba Baía, pertencentes ao imóvel Chopinzinho antes da superposição dos títulos, podem ser observados na Tabela 7.

Tabela 7 – Valores de indenização pagos ou propostos pelo estado do Paraná em cumprimento ao Decreto n.º 16.871, de 21 de janeiro de 1965

Valores de indenização pagos pelo estado do Paraná para desapropriados(as) em 1968				
Imóvel	**Área em alqueires**	**Desapropriados(as)**	**Valor da indenização por alqueire em NCr$**	**Valor da indenização em NCr$**
Colônia Fartura – gleba II	3.617,85	Família Hauer, João Rocha Loures; Affonso Ribas Kendrik	140,36	507.801,00

Colônia Fartura – gleba III	4.922,68	Adyr Alcídio Moss, João Rocha loures e Família Formighieri	139,75	576.912,20[75]

Valores propostos pelo estado do Paraná para indenização na gleba 1 da colônia Baía em 1968

Área total em alqueires	**Quantidade de posseiros**	**Valor proposto por alqueire em NCr$**	**Valor total proposto em NCr$**
1.984,34	60	21,53	42.428,96

Fonte: Processo n.º 76/70, 1970, p. 155–156. Organização do autor deste trabalho

Após apresentar os documentos indicando as divergências de valores das indenizações praticados pelo estado do Paraná, o advogado dos colonos esclareceu que

> Pelas razões expostas, o pagamento não fora realmente feito e nem recebido, mas nada justifica o preço do alqueire do imóvel e a falta de indenização das benfeitorias dos seus titulares e então ocupantes, tendo em vista o seu maior valor, quer pelas terras, quer principalmente pela grande quantidade de pinheiros, cedros e outras madeiras existentes em relação ao preço da indenização das glebas II e III da Colônia Fartura, já devassadas (PROCESSO n.º 76/70, 1970, p. 156).

Uma diferença importante entre as colônias Fartura II e III e a Baía, salientada anteriormente, é que as primeiras já haviam sido completamente devastadas pela Serraria ou Fita Adyr Moss[76]. Essa serraria, aliás, cometeu vários crimes por questões relacionadas às atividades madeireiras, inclusive assassinatos. Um sobrevivente da época, morador das adjacências da gleba 1 da colônia Baía e da colônia Fartura, descreveu a época ao jornalista e escritor José Antônio Rizzardi (2006, p. 150) dessa forma:

> Era uma festa, tinha gente o tempo todo trabalhando. Enquanto uns estaleiravam as toras retiradas da mata durante

[75] Os valores apresentados no processo apresentam divergência. A divisão do valor de NCr$ 576.912,20 por 4.922,68 resulta em 117,19. Pode ter sido realizado algum desconto nesse caso, pois na área da gleba III da Colônia Fartura existiam benfeitorias construídas que também foram indenizadas pelo valor de NCr$ 137.155,34.

[76] O proprietário, de nome igual ao da serraria, mudou-se para o estado do Amazonas para explorar terras e a Floresta Amazônica, sendo sócio das empresas Fronteira Oeste da Amazônia Ltda. (Froeste) em Benjamim Constant/AM e Madeireira Waldemar Moss Ltda. em Manaus/AM (Informação n.º 079/SNI/AMA/71, 1971, p. 4). Faltaram fontes para as análises sobre a Serraria ou Fita Adir Moss devido à pandemia de SARS-CoV-19 entre os anos de 2020 e 2022.

> o dia outros grilavam de noite. Na serraria do Adir, lá no Marco Zero, a ordem era matar quem não entregasse os pinheiros. Falava-se inclusive em gente viva jogada dentro da fornalha da máquina. Eu nunca vi, mas acredito que era verdade. Até os peões que tinham muito para receber eram assassinados (RIZZARDI, 2006, p. 150).

Já na gleba Baía, apesar de crimes como os anteriormente descritos não terem ocorrido até o ano de 1970, o advogado dos colonos, apresentando provas nos autos do processo, demonstrou que os seus clientes nunca haviam tido seus direitos de posse reconhecidos, pois, antes da desapropriação, a Colonizadora Dona Leopoldina era favorecida pelo poder público com o apoio de policiais locais e durante a desapropriação a indenização dos posseiros da gleba 1 da colônia Baía não foi efetivada em função dos valores ofertados (PROCESSO n.º 76/70, 1970, p. 6 e p. 157).

Após a desapropriação, ou melhor, com a desistência da desapropriação da área, o estado do Paraná voltou a favorecer a Colonizadora Dona Leopoldina mantendo na região uma Guarda Florestal da Polícia do Paraná na sede da companhia colonizadora. Essa Guarda, apesar de seu nome, agia em favor das atividades madeireiras da Colonizadora e de suas associadas (PROCESSO n.º 76/70, 1970, p. 7).

A Guarda Florestal começou a cumprir mandados de busca e apreensão de árvores serradas nos lotes dos posseiros e entregá-las para a madeireira da Colonizadora Dona Leopoldina. Os mandados haviam sido emitidos após interpelação na justiça feita pela Colonizadora com base na desapropriação de 1965. Foi justamente por esse motivo que os colonos encontraram no pedido de sequestro preventivo uma medida provisória para evitar o furto de seu patrimônio. A Guarda Florestal destacada em Sulina impedia os posseiros de realizarem suas atividades diárias de agricultura e corte de árvores, mas não impedia os funcionários da Dona Leopoldina, o que desvelava tentativas de intimidações, pois vários colonos foram presos, perderam instrumentos, veículos e animais utilizados para trabalhar (PROCESSO n.º 76/70, 1970, p. 8). Essa situação pode ser verificada no Processo n.º 76/70 (1970, p. 6-8) e nos Processos-Crimes n.ºs 80/71, 85/71, 14/72 e 45/72 da Vara Criminal de Chopinzinho, instaurados contra colonos que serraram pinheiros de suas posses na gleba 1 da colônia Baía.

Como já esclarecido no início deste capítulo, a Colonizadora Dona Leopoldina detinha títulos das terras oriundos das dações feitas à EFSPRS e da sua subsidiária Braviaco anterior à reincorporação do território à União em 1940. As terras da gleba Baía, portanto, estavam sujeitas a um cenário semelhante ao das glebas Missões e Chopim, nas quais os colonos compravam as posses de lotes rurais sem estarem completamente seguros de que era uma transação legal.

O presidente da Consultoria Geral do Estado do Paraná, Dr. Ronald Accioli Rodrigues da Costa, ordenou em 1967 que fossem canceladas as transcrições imobiliárias sobre a gleba Chopinzinho que envolviam as transações feitas pela Braviaco, por meio do Ofício n.º 208, de 19 de janeiro de 1967, e encaminhou cópia ao Oficial de Registro de Imóveis de Palmas para conhecimento e cumprimento da ordem (PROCESSO n.º 76/70, 1970, p. 7).

O grupo de empresários ligados à Colonizadora D. Leopoldina, que grilavam as terras e as florestas dos posseiros, buscou, usando de influência política e empresarial, restaurar suas posses por via administrativa, uma vez que tomou conhecimento do Ofício n.º 208. Assim, solicitaram ao diretor do DGTC, o senhor José Burrigo, a restauração de suas posses, pedido protocolado sob o n.º 406/70 DGTC no ano de 1970 (PROCESSO n.º 76/70, 1970, p. 7-8).

Cabe destacar que o DGTC defendia a prática de uma "colonização racional" no Paraná, entendida, segundo o historiador Ely Bergo de Carvalho (2008, p. 55), como a redução da natureza e dos grupos humanos não integrados a um mercado nacional, a exemplo das sociedades indígenas e caboclas, ao princípio único da produtividade. Analisando a colonização do município de Campo Mourão/PR, entre os anos de 1940 e 1970, Carvalho definiu a colonização racional da seguinte maneira:

> A *colonização racional* expressa [...] um desejo de controle. Afinal, o agente responsável por esta valorizaçãoseria o "governo da República". A tecnoburocracia representava as duas faces de tal desejo de controle: o controle dado pelo planejamento estatal e pelo planejamento técnico. Para a tecnoburocracia controlar as terras significa antes de tudo, ter o poder de fiscalizar as companhias e concessões privadas, por ter força policial para expulsar posseiros de pequenas e grandes áreas, e ter autonomia para não ser influenciado por nenhum critério a não ser o técnico.

> A *colonização racional* significava, ainda, que tudo deveria ser reduzido ao "sentido" do princípio único da produtividade [...] (CARVALHO, 2008, p. 55).

O princípio único da produtividade a que se refere Carvalho (2008, p. 55) pode ser vislumbrado na gleba Baía. O presidente do DGTC, que também acumulava o cargo de presidente do Conselho de Desapropriação de Terras do Paraná (CDTP), emitiu, por meio do Ofício G 87/70 DGTC, em fevereiro de 1970, uma ordem ao comandante do Corpo da Polícia Florestal do Paraná para decidir os critérios para a derrubada de árvores, bem como quais empresas ou indivíduos poderiam fazê-lo, em uma manobra administrativa para contornar a decisão de sequestro da justiça local que proibia o grupo de madeireiros composto pela Colonizadora Dona Leopoldina e suas(seus) associadas(os) Madeireira Sulinense, Maldabasmi Indústria Madeireira Ltda., Domingos Luiz Ughini, Florêncio Beduschi e Silvestre Deduschi e seus funcionários de continuarem a extração de pinheiros.

O que Carvalho (2008, p. 55) denominou de tecnoburocracia se fez presente por meio da ordem do presidente do DGTC à Polícia Florestal, que, supostamente, teria condições técnicas para decidir sobre o corte das árvores. Seguindo, ainda, o autor supracitado, percebe-se que a força policial agiu coercitivamente contra posseiros e colonos, porém se ressalva que, cumprindo o Ofício G 87/70 DGTC, não fiscalizou a companhia colonizadora e as madeireiras aliadas.

Na prática, como mencionado previamente, a companhia colonizadora e as serrarias continuavam a devastação da gleba Baía sob a tutela da Guarda Florestal sediada em Sulina, em um constante clima de terror local, dada a violência que reinava pelas disputas das florestas e das terras entre os colonos e os madeireiros. Entre os grileiros, estavam figuras com notada influência política em Chopinzinho, como o prefeito do município, José Armin Matte, proprietário da Madalbsmi Industrial Madeireira Ltda. e o tabelião do distrito de Sulina, Frederico De Carli, proprietário da Madeireira Sulinense (PROCESSO n.º 76/70, 1970, p. 8).

Segundo o advogado Alcides Bitencourt Pereira, a partir do momento em que o diretor do DGTC ordenou o arbítrio sobre a ocupação das terras e a derrubada das florestas ao comandante da Guarda Florestal sediada em Sulina em fevereiro de 1970, pelo Ofício anteriormente citado, os madeireiros mandaram grande quantidade de homens armados e equipados com tratores, caminhões, motosserras, entre outras ferramentas, para a gleba Baía. De lá, esses homens passaram a retirar várias dezenas de pinheiros, assim como de cedro e de outras espécies não nominadas, diariamente, sob a tutela da Guarda Florestal (PROCESSO n.º 76/70, 1970, p. 8-9).

No Quadro 2, apresentado a seguir, relacionam-se as empresas madeireiras, bem como os seus proprietários, que agiam contra os posseiros da gleba 1 da colônia Baía.

Quadro 2 – Empresas e indivíduos acusados de grilar as terras e as floresta da gleba Baía com documentos emitidos pela Braviaco

Empresas ou indivíduos acusados de grilagem das terras e das florestas da gleba Baía	Local	Proprietário(a) ou sócio(s)
Madeireira Sulinense Ltda.	Distrito de Sulina	Frederico De Carli, Tabelião do distrito de Sulina; João Inácio Thomas, empresário dos ramos imobiliário e madeireiro
Madalbosmi Industrial Madeireira Ltda.	Chopinzinho	José Armim Matte, prefeito municipal de Chopinzinho (1969–1973); Orfelino Romeu Boschi e Orlando Dalmutt, sócios e gerentes da empresa
Colonizadora Dona Leopoldina Ltda.	Distrito de Sulina	João Inácio Thomas
Bratz, Thomas Ltda.	Distrito de Sulina	João Inácio Thomas; Armando Bratz
Florencio Beduschi; Silvestre Beduschi; Domingos Luiz Ughini; e Ângelo Pelegrini	Chopinzinho	-

Fonte: Processo n.º 76/70, 1970, p. 12, 13, 99 e 105. Organização do autor deste trabalho

Como é possível observar no quadro anterior, o senhor João Inácio Thomas, além de proprietário da Colonizadora Dona Leopoldina, também era sócio da Bratz, Thomas Ltda. e da Madeireira Sulinense. As atividades de devastação florestal praticadas por João Inácio Thomas, por seus sócios e seus mandatários foram admitidas em interrogatório, para o qual, em conjunto com Frederico de Carli, foi intimado a depor na delegacia de Pato

Branco em 29 de abril de 1970 (PROCESSO n.º 76/70, 1970, p. 99–107). Ao ser questionado sobre as denúncias de grilagem de pinheiros da gleba Baía, João Inácio Thomas disse que o fazia com base nos documentos abalizados pelo DGTC.

> [...] as áreas onde estão sendo retirados os pinheiros e de onde já foram, são terras de propriedades legítimas, e que os documentos em apreço foram submetidos à apreciação da Consultoria Geral do Estado, de quem obtiveram a aprovação necessária, tendo em vista se tratarem de áreas situadas dentro da área desapropriada, de cujo fato o DGTC tem ciência e ordenou à Polícia Florestal a fiscalizar e controlar tais cortes; que a atividade tomada por certos supostos posseiros, pode esclarecer que se tratam de intrusos, na maioria deles, que estão sendo arregimentados [...] para oferecer resistência aos trabalhos de extração de pinheiros; que os crimes de esbulho e furto de pinheiros alegado nos autos, não tem procedência [...]; que quanto ao andamento dos serviços do mato o declarante desconhece pormenores, porquanto não parte ativa da administração da firma, podendo porém afirmar que o aproveitamento dos pinheiros é total [...] e que quanto à atividade da Polícia Florestal, todo o povo da Sede Sulina está satisfeito [...] (PROCESSO n.º 76/70, 1970, p. 100).

Frederico De Carli, sócio majoritário da Madeireira Sulinense, alegou em sua defesa, durante o seu depoimento, como João Inácio Thomas, que detinha autorização administrativa dada pela Consultoria Jurídica do estado do Paraná (PROCESSO n.º 76/70, 1970, p. 105-107).

Após os depoimentos feitos na delegacia de Pato Branco e com base no contexto de provas apresentadas inicialmente pelo advogado dos colonos, o pedido do sequestro preventivo das árvores da gleba 1 da colônia Baía foi aceito pelo Ministério Público. O promotor público ofereceu a denúncia ao juiz da Comarca de Chopinzinho, que a aceitou justificando que a decisão homologatória da desistência da Ação Desapropriatória n.º 70/66 ainda não havia transitado em julgado, o que deveria ocorrer por conta da interposição do recurso de agravo de petição de efeito suspensivo enviado pelos colonos ao Egrégio Tribunal de Justiça. Com isso, em 11 de maio de 1970 o juiz determinou o sequestro preventivo por "[...] interesse das próprias partes das árvores em pé e das já extraídas, que deverão ficar depositadas sob a responsabilidade do Sr. Depositário Público" (PROCESSO n.º 76/70, 1970, p. 102).

O grupo de madeireiros que havia negociado os títulos das áreas com a Braviaco quando o imóvel ainda se chamava Chopinzinho defendeu-se, por meio de seu advogado, afirmando que gozavam de direito sobre os pinheiros da gleba Baía, já que o estado do Paraná havia desistido da desapropriação da área e o DGTC tinha lhes concedido a exploração por meio de ordem ao chefe local da Polícia Florestal para decidir sobre o "[...] abate de madeiras nas aludidas áreas de terra, uma vez que, como já dito, foge à competência administrativa, a restauração da posse pleiteada" (OFÍCIO G 87/70 DGTC, anexo ao PROCESSO n.º 76/70, 1970, p. 138).

No mês de junho de 1970, pela primeira e única vez em todo o processo, foi registrada uma interdição das atividades dos madeireiros, ao serem impedidos de retirar uma carga de toras de pinheiro da área litigiosa pela força policial que acompanhava oficiais de justiça designados pelo juiz para a fiscalização do sequestro. O advogado dos madeireiros, Dr. Beno Frederico Hubert, recorreu ao magistrado alegando que os oficiais de justiça que cumpriam o mandado de sequestro, por ele expedido, agiam como "pistoleiros" ou "jagunços", provocando terror na área, e pediu a substituição dos agentes públicos e a instauração de inquérito contra eles. O juiz considerou sem procedência a reclamação dos madeireiros (PROCESSO n.º 76/70, 1970, p. 143).

No ano de 1971 houve uma mudança de juiz na Comarca de Chopinzinho. Analisando o processo, o novo juiz, substituto, decidiu por anular os autos em junho de 1971, pois compreendeu que o processo estava à "beira do tumulto", tinha vício fundamental em seus trâmites e que o seu juizado não era competente para apreciar o processo, que deveria ser protocolado em instância superior. Após análises do Conselho Superior da Magistratura do estado do Paraná, em dezembro de 1971, o processo foi considerado válido e teve continuidade com o retorno do juiz titular (PROCESSO n.º 76/70, 1970, p. 146).

Ao longo dos anos de 1971 e 1972, a polícia local efetuou a prisão de vários indivíduos que furtaram árvores da área sequestrada, mesmo que fossem posseiros, assim como apreendeu instrumentos, veículos e toras de pinheiro que transportavam. Os materiais apreendidos ficavam na Delegacia de Polícia de São João ou na sede do DGTC no distrito de São João denominado Ouro Verde (ou gleba Fartura) na antiga Serraria ou Fita Adir Moss, que fazia divisa com a área litigiosa. Vários processos criminais foram instaurados na Comarca de Chopinzinho contra os indivíduos presos (PROCESSOS n.ºs 80/71, 85/71, 14/72 e 45/72 são exemplos levantados).

Além dos casos anteriormente citados, houve furtos pelos quais ninguém foi preso, como de madeiras depositadas na sede do DGTC. O advogado Alcides Bitencourt Pereira protocolou várias denúncias sobre furtos de árvores das florestas da gleba 1 da colônia Baía, bem como de árvores serradas em depósito público, ao juiz do caso. O advogado denunciou, no mês de agosto de 1971, com posterior confirmação de oficial de justiça, que haviam sido furtadas do pátio do DGTC 1.124 toras com cerca 1,8m³ de um total de 1.981 apreendidas, 2.844 dúzias de tábuas, com tamanho não informado, e 47 árvores de pinheiros e cedros inteiras. O advogado, entretanto, não acusou ninguém especificamente pelos furtos e, tampouco, o oficial de justiça (PROCESSO n.º 76/70, 1970, p. 248-249).

Ainda em 1971, no mês de novembro, o oficial de justiça relatou ao juiz do caso que realmente o furto de madeira, definido no processo como grilagem de madeira, era contínuo. Após levantar informações no local, em conjunto com o depositário público, descobriu que indivíduos de diferentes empresas estavam adentrando a área sequestrada armados e bem equipados para realizar a derrubada da floresta:

> O Depositário Público, em companhia do Oficial de Justiça da Comarca, dirigiu-se ao imóvel objeto do litígio nos dias oito e nove, cujas árvores vivas e as cortadas estão sob minha responsabilidade e pelo exame minucioso que procedemos e indagações de terceiros e conforme aquela relação de pessoas e serrarias, verificamos que realmente a floresta foi invadida por um bando armado, com máquinas, ferramentas, caminhões, motosserras, tratores e dela extraem em quantidade desordenada, transportando-os para as serrarias de Vila Paraíso, São João, São Jorge D'Oeste, Chopinzinho e até para Coronel Vivida, algumas relacionadas na queixa mencionada e na declaração de diversos, prestadas a este Depositário Público, que anexa [...] (PROCESSO n.º 76/70, 1970, p. 257).

As árvores eram serradas ininterruptamente e o transporte para as serrarias era feito durante a noite. Os madeireiros, para defenderem-se quando abordados com carregamentos de toras de pinheiros, alegavam que a madeira era de outras propriedades, fora da área sequestrada, conforme o oficial de justiça prosseguiu em seu comunicado ao juiz de direito:

> Acresce dizer, que o corte de árvores se faz dia e noite, sendo a madeira transportada preferencialmente à noite para fora do imóvel.

> Entretanto, com as pessoas relacionadas com quem tive oportunidade de falar, alegam que os pinheiros que cortam vêm de outras glebas, fora da área litigiosa, como seja Gleba 6 da Colônia Fartura, Colônia Limeira ou da Gleba Cascavel, segundo os declarantes João Batista Ferreira da Silva e da firma Felber & Crisnani, enquanto Guerino Cella diz que adquiriu pinheiros do lote 69 da Gleba Fartura.
> Mesmo com as informações acima, podemos verificar que a madeira que tem sido transportada para as serrarias mencionadas, são extraídas da área sequestrada, não só pelos sinais das estradas trilhadas, corte fresco indicado nos tocos, pontas e cascas, bem como furto de madeira serrada depositada no pátio do DGTC e toros. Além do Mais, há que se considerar que não há pinheiros perto das serrarias mencionadas, assim em quantidade suficiente para abastecer tantas serras como foi feito. E se não fosse da zona do sequestro, não haveria razão para a sua retirada à noite e tão depressa como vem sendo feito (PROCESSO n.º 76/70, 1970, p. 257).

No documento apresentado ao juiz pelo oficial de justiça, não há indicação dos autores dos furtos de madeiras do pátio do DGTC nem da derrubada da floresta. Foi o Dr. Beno Frederico Hubert, advogado da Colonizadora Dona Leopoldina, da Madeireira Sulinense e demais associados, quem nominou e acusou indivíduos e empresas responsáveis pelos recorrentes furtos nas florestas e no pátio do DGTC. Entre os acusados de furto, estavam, inclusive, posseiros da gleba 1 da colônia Baía e, acusadas de receptação e beneficiamento das árvores, serrarias não peticionárias e não requeridas no processo de sequestro (PROCESSO n.º 76/70, 1970, p. 259). No Quadro 3 são apresentados os indivíduos e as serrarias que realizavam corte de árvores na área sequestrada e que receptavam a madeira, respectivamente, com base nos dados apresentados pelo advogado Beno Frederico Hubert.

Quadro 3 – Acusados de furtar árvores na área sequestrada, pelo Dr. Beno Frederico Hubert em novembro de 1971

Acusados de furtar árvores na área sequestrada, pelo Dr. Beno Frederico Hubert	
Pessoas Físicas	**Profissão; residência**
João Batista Ferreira da Silva	Comerciante e vereador de São João; São João
Ari Ambrosi	Agricultor e posseiro na área sequestrada ou imediações; distrito de Sulina

Acusados de furtar árvores na área sequestrada, pelo Dr. Beno Frederico Hubert	
Pessoas Físicas	**Profissão; residência**
Crescêncio Correira de Mello	Agricultor e posseiro na área sequestrada ou imediações; distrito de Sulina
Alcebiades Correia de Mello	Agricultor e posseiro na área sequestrada ou imediações; distrito de Sulina
Euclides Correia de Mello	Profissão ignorada; residência ignorada
Artilio Schneider	Agricultor e posseiro na área sequestrada ou imediações; distrito de Sulina
Floriano Moura	Agricultor; Ouro Verde, distrito de São João
Amazonas Vaz Assermann	Agricultor; Ouro Verde, distrito de São João
Antônio Bock	Profissão ignorada; distrito de Sulina
José Inácio da Costa	Agricultor; Ouro Verde, distrito de São João
Diamantino Gessi	Comerciante; São João
Nelson Perin	Profissão ignorada; São João
Adão Reis	Suplente de delegado em Dois Vizinhos/PR; Dois Vizinhos/PR
Serrarias receptadoras	**Localização**
Serraria de Clóvis Paduan	São João
Serraria de João De Carli ou Primo De Carli	Vila Paraíso, distrito de São João
Serra-Fita de Querino Cella	Ouro Verde, distrito de São João
Serra-Fita de Felber de Crestani Ltda.	Chopinzinho
Serra-Fita de Alcides Viaceli	Sulina
Madeireira Peki Ltda.	São Jorge D'Oeste
Dissenha S. A. Indústria e Comércio	São Jorge D'Oeste
Madeireira Paulista	Localização desconhecida

Fonte: PROCESSO n.º 76/70, 1970, p. 261–262. Organização do autor deste trabalho

Como o Quadro 3 revela, vários posseiros cortavam as árvores sequestradas. Nas fontes não foi possível identificar uma dinâmica para a ocorrência dos cortes, porém, em linhas gerais, percebeu-se que os cortes e as vendas de pinheiros e cedros se davam conforme as demandas econômicas ou de infraestrutura que cada posseiro ou cessionário tinham. Como os cortes desrespeitavam o mandado de sequestro, alguns posseiros, cessionários ou madeireiros chegaram a ser autuados em flagrante e processados criminalmente, conforme levantamentos realizados na Vara Criminal de Chopinzinho, especificamente nos Processos n.os 80/71, 85/71, 14/72 e 45/72, mencionados anteriormente.

Os processos-crimes supracitados expõem, igualmente, que a Serraria Collet, no distrito de Vila Paraíso, serrava madeira de forma terceirizada para alguns dos grileiros (PROCESSOS n.os 80/71, 85/71, 14/72 e 45/72). No Quadro 4 constam os dados dos indivíduos que responderam criminalmente por furto de árvores, sobretudo de pinheiro, dentro da área sequestrada.

Quadro 4 – Réus por furto de pinheiros na gleba Baía

Réus no Processo-Crime n.º 80/71	
Pessoas Físicas	**Profissão; residência**
Jacinto Lopes Ferreira	Agricultor e posseiro na área sequestrada; distrito de Sulina
João Alves da Silva	Agricultor e posseiro na área sequestrada ou imediações; distrito de Sulina
Antonio Vivaldino Pereira	Operário; distrito de Sulina
Adão Chaves de Lima	Agricultor e posseiro na área sequestrada ou imediações; distrito de Sulina
Raul de Araujo	Operário; distrito de Sulina
Alcides Vieceli	Madeireiro; Pato Branco
Réus no Processo Crime n.º 85/71	
Pessoas Físicas	**Profissão; residência**
Aldoir Gessi	Motorista; São João
Antonio Inoato	Motorista; São João
Selvino Patzlaff	Pedreiro; Girau Alto, município de Dois Vizinhos
Clausio Donadussi	Motorista; São João
Réus no Processo Crime n.º 14/72	
Pessoas Físicas	**Profissão; residência**

Adelino Moreira Soares	Agricultor e cessionário de parte do lote 3 da gleba 1 da colônia Baía; Itapejara D'Oeste
Aureo de tal	Profissão e residência ignoradas
João dos Santos	Profissão e residência ignoradas
Réus no Processo Crime n.º 45/72	
Pessoas Físicas	**Profissão; residência**
Antonio Arnoldo Boch	Agricultor; distrito de Sulina

Fonte: PROCESSO n.º 80/71, 1971, p. 10–24, 36–37; PROCESSO n.º 85/71, 1970, p. 11–23; PROCESSO n.º 14/72, 1972, p. 8 e p. 56; PROCESSO n.º 45/72, 1972, p. 9–10. Organização do autor deste trabalho

Todos os réus apresentados no Quadro 4 foram absolvidos entre os anos de 1975 e 1976, pois o magistrado dos casos considerou-os inocentes quanto ao crime de furto, já que as árvores eram de suas posses. Mesmo no caso dos indiciados que não eram posseiros, o magistrado dos casos considerou que incorriam de desobediência a uma ordem judicial e não haviam praticado furtos. O hiato temporal entre as autuações e a decisão final do magistrado gerou a impunibilidade dos réus por prescrição (PROCESSO n.º 80/71, 1971, p. 174–175; PROCESSO n.º 85/71, 1970, p. 136–137; PROCESSO n.º 14/72, 1972, p. 81–82; PROCESSO n.º 45/72, 1972, p. 42).

Houve outros casos de apreensão apenas de madeira nos quais ninguém foi autuado, sendo a situação documentada e anexada ao Processo n.º 76/70 (1970, p. 401, 456, 756, 525, 526). As madeiras que ficavam apreendidas, fossem em toras ou desdobradas, em alguns casos começavam a entrar em estado de decomposição. Para viabilizar a derrubada da floresta, evitando problemas judiciais ou a perda das madeiras já serradas, os colonos e madeireiros começaram a realizar vários acordos, com o intermédio de um agrimensor chamado Apparicio Henriques, como se ilustra adiante.

4.1.1.1 Acordos extrajudiciais para a devastação ambiental da gleba 1 da colônia Baía

Vendo-se impossibilitados de explorar economicamente as florestas de suas posses e o aumento da violência na região, os colonos, com o auxílio de Apparicio Henriques, realizaram diversos acordos com os madeireiros para derrubar árvores sequestradas ou recuperar árvores serradas e apreendidas. Apparicio Henriques residia em Pato Branco, era um agrimensor experiente no sudoeste e atuou como assistente técnico na CANGO, como Inspetor de Terras do estado do Paraná e perito de juízo, desempenhando papel fundamental na união dos colonos para que buscassem os meios legais para resolver os problemas fundiários de suas posses por meio do sequestro preventivo das árvores da área. Como pagamento para os serviços que prestava para os colonos, o agrimensor recebia partes de lotes ou, no caso das atividades madeireiras, 20% dos lucros (PROCESSO n.º 76/70, 1970, p. 980–981; DSI/MF/BSB/AS/654/75, 1975, p. 134).

Um exemplo dos acordos realizados entre colonos e madeireiros, por intermédio de Apparicio, ocorreu ainda em dezembro de 1970, quando os advogados de ambas as partes solicitaram conjuntamente em uma petição a liberação de grande quantidade de madeira que estava apreendida, conforme se transcreve a seguir:

> [...] entre as coisas sequestradas, encontram-se madeiras perecíveis, já próximas do estado de putrefação, caso não seja comercializado desde logo.
>
> Assim, a fim de que a permanência do "status quo" não resulte em prejuízos e lesões, de impossível reparação aos direitos de ambas as partes, estas vêm requerer a V. Exa. que lhes seja permitido — no que estão inteiramente de acordo — que sejam liberados para comercialização as madeiras constantes da relação dos autos de sequestro ora juntos assim discriminadas:
>
> 1 – No pátio da serraria da firma Madeireira Sulinense Ltda: 480 dúzias de pinho serrado, de 5,5m, a varrer; 202 toras de pinho.
>
> 2 – No pátio da serraria Madalbosmi Indústria de Madeira Ltda: 660 dúzias de madeira de pinho de 5,5m de comprimento a varrer; 103 toras de pinho.
>
> 3 – Na firma de Florêncio Beduschi: 600 dúzias de madeira de pinho a varrer; 9 toras de pinho.
>
> 4 – Na firma de Hérculos Busquerolli Ltda: 150 dúzias de madeira de pinho de diversos comprimentos;
>
> 5 – 756 toras de pinho do Paraná e 32 pinheiros, na parte sul do imóvel sequestrado, cortados pela firma Madeireira Sulinense Ltda.
>
> 6 – Diversas árvores de pinho e de outras madeiras queimadas pelo fogo de roça e algumas já secas, que se encontram igualmente com possibilidade de apodrecimento e deverão ser imediatamente industrializadas, bem como inclusive algumas já desdobradas (PROCESSO n.º 76/70, 1970, p. 307-308).

Pedidos como esse, em sua maioria, foram deferidos pelo juiz do caso, como o fez em janeiro de 1971 atendendo, parcialmente, à solicitação transcrita, e, dessa maneira, entre furtos e acordos, a floresta seguia sendo devastada.

Em alguns acordos, foi necessária a citação do estado do Paraná para que o material apreendido fosse liberado, em virtude dos Autos de Agravo de Petição n.º 84/70, protocolado pelos colonos na Terceira Câmara Cível do Tribunal de Justiça em Curitiba contra o estado quando da desistência da desapropriação da área. Em dezembro de 1971 o estado do Paraná foi notificado, em virtude de um acordo amigável entre colonos e madeireiros, e declarou, em sua primeira participação no processo de sequestro, não ter mais interesse na gleba Baía nem nas árvores e madeiras apreendidas. Alegou o estado do Paraná, por meio de seu procurador, que já havia deixado claro o seu desinteresse por meio do Decreto n.º 6.822, de 22 de setembro de 1967, que revogou a desapropriação da área, e que essa situação só não estava inteiramente resolvida porque houve agravo de petição que dependia, ainda, de julgamento em instância superior (PROCESSO n.º 76/70, 1970, p. 435-442). Com a desistência do estado formalizada no processo, o juiz autorizou, em maio de 1972, a liberação de outra quantidade de madeira apreendida, em virtude de outro acordo realizado entre as partes.

> I – Face o pronunciamento favorável manifestado pelos contestantes do presente Sequestro preventivo, homologo a desistência formulada por Francisco Gonçalves Filho e outros, com referência a exclusão do feito, da firma contestante Madalbosmi Indústria Madeireira Limitada, que também se manifestou concorde, conforme se depreende do seu pedido destes autos. II – Em consequência, e de acordo com o pedido, determino o levantamento de madeira constante do auto de sequestro, somente com referência a 650 dúzias de madeira de pinho e 5,50m de comprimento a varrer e 103 toras de pinho. [...] III – Oficie-se o chefe do Posto de Controle do IBDF, de Pato Branco, dando ciência do presente despacho (PROCESO n.º 76/70, 1970, p. 446).

Vários acordos como os aqui evidenciados foram realizados. Com eles, os colonos resolviam parte de seus problemas no que dizia respeito à insegurança que ter árvores em suas posses representava. Nesse sentido, evocam-se, novamente, os trabalhos de Chaves (2008, p. 54) e Vannini e Kummer (2018, p. 108). Os referidos autores defendem que o desmatamento foi uma estratégia de posse no sudoeste do Paraná, sobretudo nas glebas Missões e Chopim. O caso que se analisa neste capítulo desvela a continuidade da existência dessa estratégia durante a década de 1970 na região, pois o que as fontes demonstram é que ter florestas dentro da gleba Baía causava grandes transtornos aos colonos que não conseguiam auxílio do poder público para coibir as ações das empresas madeireiras na região.

Durante o período de desapropriação da área pelo estado do Paraná, cerca de 8 mil árvores foram extraídas da área sequestrada sem autorização. O oficial de justiça, Orestes de Jesus Piano, informou em outubro de 1970 esse acontecimento e fez o levantamento parcial da população de pinheiros e demais espécies, bem como das árvores e madeiras sequestradas ou apreendidas:

> Certificamos ainda que no período de dezoito de maio a dois de junho do corrente ano, sequestramos ainda todos os pinheiros em pé num total de cerca de vinte mil árvores de pinho do paraná, estando algumas delas queimadas pelo fogo das roças e alguns já secos. Sequestramos também, todas as outras árvores industrializáveis entre cedros, canela, canjarana, angico, peroba, pau-marfim e outras, num total de quinze mil árvores (15.000). Certificamos que contamos oito mil e cem tocos de pinheiros extraídos e dois mil tocos de cedro, extraídos, tudo durante o período de desapropriação [...] (PROCESSO n.º 76/70, 1970, p. 195).

No que se refere às toras de pinheiros serrados ilegalmente e apreendidos, os que não apodreceram em depósito público foram recuperados por meio de acordos, em números aproximados de 1.916 toras de pinheiro, 1.890 dúzias de tábuas de pinheiro, além de 32 árvores da mesma espécie (PROCESSO n.º 76/70, 1970, p. 307, 308, 454, 456, 463, 524, 525, 526, 569). Não foram encontrados, nas fontes desta pesquisa, registros de apreensão de carregamentos de outras espécies de árvores além da araucária.

Como já referido anteriormente, os acordos resolviam parcialmente os problemas sociais da região. Porém, havia um ciclo de denúncias e apreensões, além dos Autos n.º 84/70 da Terceira Câmara Cível do Tribunal de Justiça em Curitiba, concomitante aos acordos amigáveis, que dava continuidade à tensão social da região. Um indício da contínua tensão foi o pedido de suspensão de instância dos Autos n.º 84/70 pelo prazo de 60 dias feito pelos colonos e madeireiros conjuntamente, no ano de 1971, na tentativa de estabelecerem acordos mais amplos com resoluções definitivas. A petição encaminhada à Terceira Câmara Cível de Curitiba explicitou que: "[...], as partes conflitantes, antevendo a eclosão de novas lutas, judiciárias ou no terreno dos fatos, resolveram elaborar acordos parciais relativos ao objeto da demanda, a fim de que, julgado o agravo, não houvessem mais conflitos a brotarem e a tumultuarem a região [...]", e apelou que: "Por tudo isso, as partes, de comum acordo, agravantes e agravados, vêm requer a V. Exa. a suspensão da instância [...] pelo prazo de 60 dias [...] a fim de conciliar-se não só o interesse das partes, mas também prevenir-se a eclosão de conflitos graves" (PROCESSO n.º 76/70, 1970, p. 348).

O pedido foi deferido pelo desembargador presidente da Terceira Câmara Cível, ainda no ano de 1971. O juiz da Comarca de Chopinzinho, em posse da decisão do desembargador, expediu ordem para que todas as árvores que se achavam apreendidas fossem contabilizadas e liberadas mediante os acordos concretizados entre colonos e madeireiros. A contagem foi realizada, por ordem do juiz, com a presença de um representante do IBDF e vendidas, em comum acordo das partes, a uma serraria de Curitiba denominada Brasileira Pinho Paraná Ltda. no mês de abril de 1972 (PROCESSO n.º 76/70, 1970, p. 351, 352, 362). O pedido, inicialmente, era apenas para a venda das madeiras apreendidas e depositadas no pátio do DGTC, mas posteriormente os advogados das partes também solicitaram o corte das araucárias do lote 1 da gleba 1 da colônia Baía, igualmente liberado pelo juiz (PROCESSO n.º 76/70, 1970, p. 439).

Outros pequenos acordos davam sequência à devastação da floresta de maneira legal, pois, uma vez apresentados ao juiz, eram deferidos e assim, de pedido em pedido, de lote em lote, os pinheiros e os cedros iam sendo abatidos de forma constante. Em vários pedidos, além de se fazer cumprir a legalidade, notam-se reiteradas citações pela paz da região. Se, por um lado, os acordos eram pautados pela violência ambiental, por outro, promoviam certa paz. O advogado do grupo, Alcides Bitencourt Pereira, assim descreveu o resultado dos pequenos acordos que foram realizados até o mês de agosto de 1972:

> Que há vários meses vem se processando normalmente o serviço de derrubada dos pinheiros e sua industrialização, provando que a paz, consequente do acordo, é o único objetivo dos titulares do domínio e dos posseiros da área e que traz, também, além da tranquilidade de todos, o fim de um tumultuado problema social, o progresso da região, a valorização das terras, oferecendo, ainda, mão de obra à dezenas e dezenas de operários e dando oportunidade para que os Municípios e Estado aumentem consideravelmente as suas arrecadações (PROCESSO n.º 76/70, 1970, p. 476).

Como parte dos acordos estabelecidos no decorrer do processo para que se devastassem as florestas, além da madeireira Brasileira Pinho Paraná Ltda., os grupos de posseiros e de madeireiros de Sulina, com a mediação de Apparicio Henriques, chegaram ao consenso de negociar com uma madeireira que não fizesse parte daquele contexto, que fosse neutra aos fatos do litígio de sequestro preventivo e que pudesse realizar a derrubada das árvores liberadas gradualmente para o corte por meio de acordos amigáveis, assim como realizasse os pagamentos corretamente e respeitasse as posses. Para isso, escolheram a Madeireira Passo Liso Ltda., do município de Irati/PR, que conquanto já atuasse na região, foi considerada competente para a demanda (PROCESSO n.º 76/70, 1970, p. 442; DSI/MF/BSB/AS/654/75, 1975, p. 98).

4.2 A CHEGADA DA MADEIREIRA PASSO LISO NA GLEBA BAÍA: O TERROR SOCIOAMBIENTAL

Por intermédio do agrimensor Apparicio Henriques, colonos e madeireiros conseguiram superar vários problemas com o objetivo de construir paz social e lucros econômicos por meio da industrialização da floresta regional. O que esses indivíduos não esperavam, ao celebrar o contrato com a Madeireira Passo Liso, é que o terror socioambiental aumentaria demasiadamente com a atuação da empresa.

Inicialmente, a Madeireira de Irati cumpriu os contratos, extraindo árvores, no segundo semestre do ano de 1972, apenas das áreas liberadas pelo juiz, como no caso das florestas dos lotes 1, 5, 9 e 23 da gleba 1 da colônia Baía (PROCESSO n.º 76/70, 1970, p. 450-462). A seguir, transcreve-se um exemplo de parte de uma petição encaminhada ao juiz solicitando a liberação de pinheiros no lote 1. O caso do lote 1 é importante porque evidencia, igualmente, a confusão fundiária da região, pois ele estava sobreposto por outro da Linha Capivara, comunidade vizinha à gleba Baía.

> Francisco Gonçalves Filho e outros e Madeireira Sulinense Ltda e outros, já qualificados, Autores e Réus constantes no pedido de sequestro preventivo [...] comparecem à presença de V. Excia. Para [...] requer o seguinte:
> [...] requer-se, respeitosamente, o levantamento ao sequestro, tão somente com referência a parte da fração 54 (cinquenta e quatro), da Linha Capivara, do imóvel Chopinzinho, no seu limite noroeste, sobreposto ao lote nº 1 da gleba 1 da colônia Baía, Distrito de Sulina [...].

> Requer-se, seja feita a devolução dos pinheiros em pé ou caídos, entregues às partes, ora Requerentes AA. e RR., fazendo-se concomitante a contagem, medição e marcação das árvores de pinheiros sequestrados — que é no que acordaram as partes do presente processo, as quais acompanharão os Senhores Depositários Judiciais "ad-hoc", no referido levantamento, já que se consideram intimadas pelo fato do acordo que realizaram mediante a presente petição (PROCESSO n.º 76/70, 1970, p. 467).

A petição foi deferida pelo juiz em junho de 1972, poucos dias após a sua solicitação (PROCESSO n.º 76/70, 1970, p. 467). Como é notável na transcrição anterior, os problemas de títulos tornavam a situação mais complexa. Houve situações em que o juiz deixou de citar posseiros no início do processo, deixando os colonos sem esclarecimentos sobre o sequestro das árvores existentes em suas posses. Um desses casos é ilustrado no Processo-Crime n.º 45/72 (1972, p. 81), em que a promotoria pública e o juizado reconheceram não haver provas de que os réus tivessem sido citados pelos autos de sequestro da gleba 1 da colônia Baía, inocentando-os da acusação de furto de araucárias.

Embora posseiros e madeireiros tenham sido inocentados dos crimes de furtos, a prática era recorrente. O juiz Dr. Celso Rotoli de Macedo, ao despachar uma decisão no decorrer do Processo-Crime n.º 80/71, instaurado por furto de pinheiros na área sequestrada, como citado anteriormente, informou que "[...] esse tipo de crime é comum na região, o que traz graves embaraços não só para a justiça, como para os moradores [...]" (PROCESSO n.º 80/71, 1971, p. 66).

Nesse contexto conturbado, houve também indivíduos que arrendaram terrenos para desenvolver atividades de agricultura e, agindo de má-fé, venderam os pinheiros da área, arrendaram-na para terceiros e, posteriormente, reivindicaram a posse do terreno. Esses casos, todavia, foram isolados e praticados por dois sujeitos, Aristides Martins de Oliveira e Setembrino Lopes Ferreira, que também prestavam serviços como pistoleiros para a força policial, inicialmente, e, posteriormente, para a Madeireira Passo Liso. Aristides Martins de Oliveira arrendou o terreno do lote 15 da gleba 1 da colônia Baía e suas benfeitorias e vendeu a área florestada para a Madeireira Passo Liso, e o juiz autorizou, com ciência do IBDF, a derrubada da floresta, pois só posteriormente se inteirou de que se tratava de grilagem (PROCESSO n.º 76/70, de 1970, p. 535-541).

O mesmo ocorreu com Setembrino Lopes Ferreira, que vendeu para a mesma Madeireira a floresta do terreno que arrendou para praticar agricultura. A Madeireira Passo Liso, entretanto, não hesitou em iniciar a derrubada de árvores nas áreas em que realizou o contrato ilegal com Setembrino Lopes Ferreira (PROCESSO n.º 76/70, de 1970, p. 498-499). Essas situações tiveram início a partir do mês de outubro do ano de 1972, período em que começou, também, o terror praticado na região pela referida madeireira, que passou a descumprir contratos e a derrubar as árvores continuamente em vários lotes, não apenas naqueles que seus pistoleiros e arrendatários de terras tinham vendido ilegalmente, conforme várias denúncias, apresentadas adiante.

No mês de maio de 1974, um indivíduo que não fazia parte da petição de sequestro preventivo da floresta da colônia Baía, o senhor João Roque Kessler, ingressou no processo reivindicando a propriedade do lote 7, sob litígio. Embora tivesse vendido partes do lote 7, o senhor João Roque Kessler o havia adquirido em 1962, tendo registrado a transação na Comarca de Palmas. Ele considerava de seu domínio o lote 7 em virtude da desistência de desapropriação do estado do Paraná e por isso passou a solicitar sua habilitação como litisconsorte no processo de sequestro preventivo. João Roque Kessler detinha a concessão de um cartório no município de Coronel Vivida e passou a utilizar-se desse fato para fazer denúncias e registrar declarações de colonos contra a Madeireira Passo Liso, pois a empresa passou a extrair madeira de tantos lotes quanto pôde (PROCESSO n.º 76/70, 1970, p. 601, 610).

João Roque Kessler acusou a Madeireira Passo Liso de derrubar todos os pinheiros do seu lote, até meados do ano de 1974, sem autorização e sem pagamentos (PROCESSO n.º 76/70, 1970, p. 609). Nesse caso, o advogado de João Roque Kessler, que denunciou os furtos, salientou que os depositários públicos haviam descumprido a ordem do juiz de informar dentro do prazo legal após as denúncias feitas contra a Madeireira Passo Liso por devastar a floresta que cobria o lote 7 entre os anos de 1972 e 1974 e, por esse motivo, reivindicou que o depositário público Arno Basilio Rauber fosse afastado da função pública atribuída pelo juiz.

> 1 – Considerando [...] o silêncio do Sr. Arno Basilio Rauber, Depositário nomeado para os bens sequestrados, que não prestou as informações solicitadas através dos Ofícios [...] vêm os suplicantes
> 2 – Solicitar seja retirado aquele cidadão para que no prazo improrrogável de quarenta e oito (48) horas informe, não

> só acerca do corte efetivo de madeiras sequestradas sobre o lote nº sete (7), já descrito, mas também sobre
> a) número aproximado de pinheiros abatidos nos sessenta e dois (62) alqueires de terras de propriedade dos Suplicantes, sitos no lote nº sete (7) em tela;
> b) a média de produção por árvore de pinheiro;
> c) o nome da empresa (serraria) que efetuou a derrubada e que é responsável pela industrialização dos mesmos pinheiros.
> 3 – Podem e requerem, afinal, considerando que o número aproximado é de vinte (20) árvores de pinheiros por alguqiere — e que a produção por pinheiro abatido é de sete (7) a quinze (15) dúzias de táboas serradas longitudinalmente (em média alcançando a quantia de dez (10) dúzias) — se digne V. Exª decretar a <u>busca e apreensão</u> de madeira resultante da industrialização dos pinheiros de propriedade dos Suplicantes [...] (PROCESSO n.º 76/70, 1970, p. 612, destaques no original).

A solicitação feita por João Roque Kessler quanto à "serraria" sem indicar um nome específico foi, possivelmente, motivada pelo fato de que, para realizar o corte das árvores na gleba Baía de maneira rápida, a Madeireira Passo Liso comprou ou terceirizou serrarias que já estavam estabelecidas na região, conforme é elucidado no Quadro 5.

Quadro 5 – Serrarias adquiridas pela Madeireira Passo Liso na região da colônia Baía e adjacências por tipo de equipamento

Tipo de serraria[77]	**Tipo de negócio**	**Ex-proprietário**	**Localidade**
Fita	Aquisição	Guerino Cella	São João
Tissot	Terceirização da produção	Primo De Carli	Distrito de Vila Paraíso (São João)
Tissot com Pery	Transferência da propriedade e posse	Frederico De Carli; Pedro Afonso Stein; Bertoldo Stein	Distrito Sede Sulina (Chopinzinho)
Tissot	Terceirização da produção	Viecelli Guerra; Luiz Guerra	Distrito Sede Sulina (Chopinzinho)
Fita	Terceirização da produção	Senhor Felber	Distrito Sede Sulina (Chopinzinho)
Fita	Terceirização da produção	Senhor Biduski	Distrito de Vila Paraíso (São João)

Fonte: PROCESSO n.º 76/70 (1970, p. 610, 631, 637). Organização do autor deste trabalho

[77] O documento não descreve o nome da pessoa jurídica das serrarias, apenas o tipo de equipamento.

Com os serviços desenvolvidos nas serrarias adquiridas pela Madeireira Passo Liso, a devastação passou a ocorrer nos lotes 1, 5, 6, 7,9, 14, 16, 17 e 23 da gleba 1 da colônia Baía, ou seja, em 9 dos 13 sequestrados. Após as toras serem desdobradas nas serrarias, as tábuas eram transportadas para os depósitos da Madeireira Passo Liso em Pinaré, distrito do município de Cruz Machado, em Irati e em Guarapuava (PROCESSO n.º 76/70, 1970, p. 610, 636, 638).

Para atender à petição feita por João Roque Kessler, o juiz expediu um novo mandado para que o Depositário Público fizesse levantamento da quantidade de tocos de pinheiros e cedros no lote 7 em 48 horas. O Depositário, por sua vez, pediu prazo maior e informou que o lote possuía mais de 200 alqueires e que se fazia necessária a medição da área reivindicada por João Roque Kessler, que era de 62 alqueires, demonstrando mais uma vez a caótica situação da área (PROCESSO n.º 76/70, 1970, p. 615, 616, 636).

Outras denúncias somaram-se ao processo, advindas de todas as partes envolvidas no litígio. João Roque Kessler, representado por seu advogado, Egidio Munaretto, enfatizou a denúncia feita anteriormente contra a Madeireira Passo Liso em junho de 1974. Dessa vez, a petição foi sucedida por outras duas, uma da Madeireira Sulinense acusando a Passo Liso de derrubar a floresta dos lotes 1, 5, 6, 7, 9, 14, 16, 17 e 23 da gleba 1 da colônia Baía quando havia realizado contrato de venda de sua serraria e das florestas que cobriam os lotes 55, 56, 57, 58, 59, 60, 61, 62, 63, e 65 da Linha Capivara do imóvel Chopinzinho, distrito de Sulina, que sobrepunham partes da colônia Baía (PROCESSO n.º 76/70, 1970, p. 622, 646, 647).

De maneira contraditória, após as várias denúncias realizadas, o advogado dos colonos, Dr. Alcides Bitencourt Pereira, enviou um documento ao juízo defendendo a Madeireira Passo Liso, descrevendo uma situação de paz e tranquilidade na região desde o início de seus serviços de devastação ambiental e acusando João Roque Kessler e a Madeireira Sulinense de tentarem ofender a imagem de seus clientes, pois a empresa detinha "idoneidade moral" (PROCESSO n.º 76/70, 1970, p. 628-629).

O advogado de João Roque Kessler acusou Alcides Bitencourt Pereira de mentir ao juízo, bem como denunciou novamente a Madeireira Passo Liso pelo furto de araucárias com a complacência do depositário público Arno Basilio Rauber (PROCESSO n.º 76/70, 1970, p. 640).

Um dos indivíduos com quem João Roque Kessler detinha sociedade no lote 7 era o senhor Apparicio Henriques, que atuava como seu procurador e tinha sociedade em parte do lote 3 e, ainda, era proprietário de todo o lote 16 da gleba 1 da colônia Baía (PROCESSO n.º 76/70, 1970, p. 690). A entrada de João no processo de sequestro se deu pelo fato de que a vida de Apparicio Henriques e, consequentemente, seus trabalhos ligados ao acesso à terra foram abreviados no ano de 1973.

O agrimensor morreu em 6 de novembro de 1973 em decorrência de um acidente automobilístico, ocorrido no dia 24 de outubro do mesmo ano, ao chocar-se com um caminhão que estava atravessado na pista próximo ao município de Imbituva/PR. Um de seus filhos, Alexandre Henriques, estava junto no veículo e faleceu no instante do acidente. Coincidentemente, Apparicio Henriques e seu filho viajavam com um carro emprestado pelo proprietário da Madeireira Passo Liso, e o caminhão com o qual se chocaram era de um dos advogados da serraria (DSI/MF/BSB/AS/654/75, 1975, p. 143). O proprietário da Madeireira, Proprietário 1, negou qualquer envolvimento no caso, informando que o caminhão com o qual o agrimensor se chocou era da Laminadora Centenário Ltda. (DSI/MF/BSB/AS/654/75, 1975, p. 147).

O falecimento de Apparicio Henriques, bem como a entrada de João Roque Kessler no processo de sequestro, causou reviravoltas e levantou suspeitas sobre as atuações dos depositários públicos e do Dr. Alcides Bitencourt Pereira, advogado dos colonos.

Os depositários passaram a ser intimados pelo juiz para esclarecerem determinadas situações. Um dos depositários, o senhor Arno Basilio Rauber, passou a ser mais protagonista perante o juizado, quando o juiz determinou que ele se esclarecesse quanto às acusações que estavam sendo feitas pelas partes litigantes em relação à sua atuação. No caso das acusações feitas pelo advogado de João Roque Kessler, o depositário defendeu-se, novamente, alegando não saber a localização exata dos 62 alqueires dentro dos 200 alqueires totais do lote 7, nos quais viviam cerca de 37 famílias de posseiros. Para realizar as medições do lote 7, Arno Basilio Rauber solicitou que fossem nomeados um agrimensor e um corpo de segurança composto por pelo menos cinco policiais e um prazo de seis meses para a realização dos trabalhos, pois nas tentativas anteriores não teria conseguido "[...] percorrer livremente e de forma aproximada, como se informou, a área, e muito menos abrir as picadas ou contar pinheiros, — tendo em vista as diversas ameaças de violência e o impedimento físico apresentado por alguns" (PROCESSO n.º 76/70, 1970, p. 660, 669).

Arno Basilio Rauber utilizou-se em várias ocasiões de argumentos iguais ou semelhantes aos supracitados para justificar o descumprimento de vários mandados expedidos pelo juiz. No final do mês de julho de 1974, João Kessler desistiu de sua habilitação como litisconsorte no processo de sequestro por constatar que a floresta do lote 7 já havia sido devastada (PROCESSO n.º 76/70, 1970, p. 670).

As denúncias feitas por João Roque Kessler e pela Madeireira Sulinense sobre a atuação do depositário público forneceram importantes indícios da relação estabelecida em Sulina entre a Madeireira Passo Liso, o advogado do grupo de colonos e Arno, que começou a ficar mais evidente em finais do ano de 1974, quando Aloysio Rodrigues Henriques, um dos filhos de Apparicio Henriques, passou a litigar pelo espólio de seu pai.

4.2.1 O espólio de Apparicio Henriques

Apparicio Henriques atuou durante décadas em atividades ligadas à legalização de posses de terras no sudoeste do Paraná, como já apontado. O agrimensor "[...] sempre viveu as voltas com problemas de terras, possuindo grande quantidade de documentos referentes aqueles problemas [...]" (DSI/MF/BSB/AS/654/75, 1975, p. 194), declarou a sua funcionária em depoimento na delegacia de Pato Branco em agosto de 1975.

Entre os bens que Apparicio Henriques deixou de herança para sua família, estavam os tais "problemas de terras" aos quais sua funcionária se referiu em seu depoimento, transcrito anteriormente. De início, a sua viúva, a senhora Francisca Rodrigues Henriques, assumiu a herança de Apparicio Henriques, entretanto, faleceu no mês de março de 1974 (PROCESSO n.º 76/70, 1970, p. 700). Com a tragédia familiar, Aloysio Rodrigues Henriques, o filho mais velho do casal, passou a cuidar da herança de Apparicio Henriques e solicitou sua habilitação como litisconsorte no Processo n.º 76/70 para reaver o espólio de seu pai (1970, p. 686).

Aloysio Rodrigues Henriques era advogado e desde o início da década de 1970 integrava o Serviço Nacional de Informações da ditadura militar como promotor da justiça militar, cargo do qual se licenciou após a perda de seus progenitores para reorganizar os negócios da família. Como promotor da justiça militar, Aloysio Rodrigues Henriques morou em diversas cidades brasileiras e, ao licenciar-se no ano de 1974, mudou-se para Pato Branco (DSI/MF/BSB/AS/654/75, 1975, p. 83). Dar continuidade às reivindicações de Apparicio Henriques, especialmente em relação aos lotes 7 e 16 da gleba Baía, significou, inevitavelmente, a continuidade e o agravamento das disputas com a Madeireira Passo Liso, o que será analisado adiante.

Durante aproximadamente dois anos, os acordos que Apparicio Henriques realizou com posseiros e madeireiras foram considerados positivos pelas partes, até o momento em que a Madeireira Passo Liso começou a descobrir contratos e começaram a ocorrer as primeiras denúncias, aludidas no subtítulo precedente.

Observa-se que o que fazia Apparicio Henriques, de certa maneira, era o que os governos estadual e federal não haviam feito em Sulina e que era de suas obrigações, ou seja, lentamente ele criou resoluções, por meio de acordos amigáveis, para entraves sociais, agrários, políticos e econômicos, atendendo, concomitantemente, aos seus interesses pessoais. Por outro lado, do ponto de vista ambiental, como no restante da região sudoeste do Paraná, as soluções sociais e judiciais, abalizadas pelas políticas oficiais, normalizavam a devastação da reserva florestal existente nos lotes litigiosos.

A dinâmica social de Apparicio Henriques, assim como o desmatamento da gleba 1 da colônia Baía, foi reconhecida por todas as partes do litígio. Os colonos que assinaram a reivindicação do processo de sequestro, Francisco Gonçalves e outros, em conjunto com o advogado Dr. Edu Potyguara Bublitz, muito respeitado por posseiros no sudoeste desde o papel que desempenhou na Revolta dos Colonos de 1957, elaboraram um documento reconhecendo o papel de Apparicio Henriques e posicionando-se favoravelmente à habilitação de Aloysio Rodrigues Henriques como litisconsorte do processo (PROCESSO n.º 76/70, p. 949).

Frisa-se que os protestos dos colonos e do Dr. Edu P. Bublitz, juntados aos autos do processo em 2 de junho de 1975, não foram assinados pelo Dr. Alcides Bitencourt Pereira, advogado dos primeiros desde o início do processo de sequestro. Isso porque as denúncias feitas por João Roque Kessler e a atuação de Aloysio Rodrigues Henriques evidenciaram aos colonos que o seu defensor inicial estava mais próximo da Madeireira Passo Liso. Assim, os colonos com seu novo defensor declararam que:

> Apparicio Henriques, que há mais de dez anos vinha sustentando uma luta em defesa dos colonos requerentes, contra grupos econômicos e políticos, no âmbito judicial, que tentavam se apropriar das valorizadas terras, e seu revestimento florestal, em detrimento do direito, nomeadamente da Gleba Baía 1, de Chopinzinho (Comarca) — sob judice — numa

> intricada questão, em que o próprio Governo do Estado não conseguiu solucionar, preferindo "desistir" da Desapropriação que fizera nessa área (PROCESSO n.º 76/70, 1970, p. 949).

Os advogados das madeireiras e da Colonizadora Dona Leopoldina, assim como os colonos, encaminharam um documento a Aloysio Rodrigues Henriques, após o falecimento de seu pai, no qual reconheceram que:

> Como procurado, na esfera administrativa de diversos colonos e posseiros, seu pai, Apparicio Henriques, através de seus advogados [...] entrou com a medida preventiva de Sequestro [...] o que veio de normalizar os interesses na região, então muito conflitada e proteger os interesses na região, então muito conflitada e proteger o direito de todas as partes, principalmente de posseiros e colonos na região;
> Efetuado os acordos entre as partes — Madeireiras, Colonizadora, posseiros, titulados (tanto pelo Estado do Paraná como os titulados pela Braviaco), seu pai, Apparicio Henriques, em comum acordo com todas as partes, selecionou e apresentou a atual Madeireira Passo Liso, com sede em Irati/PR, como a firma que deveria em caráter exclusivo, efetuar o corte e a industrialização da matéria prima da área sequestrada, após o devido levantamento judicial das áreas e sucessivamente acordadas, mediante, ou contratos particulares de compra e venda de pinheiros ou compra e venda de terras e pinheiros e demais acessórios, ou simples recibos-contratos de quitação por venda de matéria prima, conforme o volume de cada caso ali acertado [...]
> Finalmente, [...] no sentido de comprovar que Apparicio Henriques tem [...] 20% por cento em toda matéria prima "pinheiros" extraídos e industrializados na área do sequestro 76/70 da Gleba 1, Colônia Baía, Município de Chopinzinho (PROCESSO n.º 76/70, 1970, p. 713).

Sucessivas cartas escritas por posseiros, madeireiros e advogados, a exemplo do documento transcrito anteriormente, relataram a Aloysio Rodrigues Henriques a atuação e as posses de seu falecido pai. Todos os documentos encaminhados para Aloysio Rodrigues Henriques foram reconhecidos em cartório e por ele anexados, em conjunto com outras provas, aos autos do processo com o intuito de comprovar, por meio da colaboração de madeireiros e colonos, que a Madeireira Passo Liso lhe devia cerca de 20% dos valores das árvores serradas e industrializadas em vários lotes pelo espólio de Apparicio Henriques (PROCESSO n.º 76/70, 1970, p. 712, 715-760).

A porcentagem que Aloysio Rodrigues Henriques reivindicou estava prevista em cláusulas dos contratos celebrados entre posseiros, Apparicio Henriques e a Madeireira Passo Liso. Ao celebrar esses contratos, os posseiros também se comprometiam em não permitir que terceiros extraíssem árvores das propriedades em caso de venda do terreno. A Madeireira Passo Liso tinha o direito de realizar a derrubada dos pinheiros em até cinco anos, em média. Os posseiros eram obrigados a ter cuidados para que os fogos que faziam em suas roças, nas áreas já desmatadas, não adentrassem as florestas para evitar "danos" aos pinheiros, conforme várias cópias de contratos anexas ao Processo n.º 76/70 (1970, p. 762-805). A noção de "danos" aos pinheiros era econômica, pois a árvore queimada diminuía a quantidade de tábuas e, consequentemente, os lucros.

Em dezembro de 1974, um dos posseiros fez uma declaração relatando os acordos dos quais fazia parte Apparicio Henriques e compareceu no cartório de João Roque Kessler em Coronel Vivida/PR para registrar o documento com escritura pública. O posseiro João Chaves do Nascimento, vulgo Bigode, relatou que fazia parte de um dos acordos realizados — referente à floresta em uma parte do lote 3, equivalente a 22 alqueires — pelo qual o agrimensor tinha direito a 25% dos valores das árvores que a Madeireira Passo Liso derrubasse e industrializasse. No documento, João Chaves denunciou a Passo Liso por não ter lhe pagado os valores celebrados em contrato e por grilar outras partes da floresta que não estavam sob acordos (PROCESSO n.º 76/70, 1970, p. 751).

Ainda no mesmo ano que João Chaves, outros posseiros, como Reissoli Casagrande, Luiz Basso, Archimedes Raul Bartolomei, Avelino Seller Pinto de Oliveira, registraram declarações no cartório de João Kessler nas quais também denunciaram a Madeireira Passo Liso pelo corte indiscriminado das florestas nos lotes 3 e 7 (PROCESSO n.º 76/70, 1970, p. 752-756).

Até o mês de maio de 1974 a devastação das florestas foi autorizada pelo juiz, mediante acordos amigáveis, nos lotes 1, 5, 9, 23 e partes dos lotes 3 e 6 (PROCESSO n.º 76/70, 1970, p. 757). Tais denúncias eram anexadas por Aloysio Rodrigues Henriques como provas no processo para conseguir a sua habilitação como litisconsorte e para comprovar o espólio de seu pai.

Uma nova reivindicação de árvores das espécies de pinheiro, cedro, imbuia e canela foi feita por uma outra empresa do estado de Santa Catarina no mês de dezembro de 1974, evidenciando, novamente, o quão conturbada era a situação da colônia Baía. Nesse evento, o próprio juiz do caso foi até a região para realizar o levantamento dos pinheiros que haviam sido derrubados na área litigiosa e fazer um limitado inventário dos pinheiros ainda existentes e adquiridos em contratos celebrados na década de 1960, antes do sequestro, pela Indústria de Madeiras Tozzo Ltda., do município de Chapecó/SC (PROCESSO n.º 76/70, 1970, p. 813).

O juiz foi acompanhado por um oficial de justiça e pelos proprietários, gerente e supervisor de mato da Indústria de Madeiras Tozzo Ltda. Para demarcar o proprietário das árvores da região, os posseiros e os madeireiros elaboravam marcas nos troncos das árvores empregando facões ou machados. Uma vez na gleba 1 da colônia Baía, o juiz e sua equipe constataram certa dificuldade para contabilizar os pinheiros cortados porque haviam sido serrados rentes ao solo, não sendo possível identificar as marcas. Esse fato ocorreu porque as árvores foram extraídas para produção de celulose por uma quarta empresa, a Celulose Irani S.A., do município de Irani/SC, e nesse caso as árvores eram descascadas antes de serem derrubadas. Na ocasião, o juiz informou que a Indústria de Madeiras Tozzo ainda tinha direito à extração de 1.000 pinheiros na região, sem informar, no entanto, o lote e acrescentando, assim, mais uma parte no já conturbado litígio (PROCESSO n.º 76/70, 1970, p. 814).

Para a Madeireira Passo Liso, essa falta de clareza da situação era conveniente. Ainda mais conveniente para essa madeireira, eram as atuações dos depositários públicos, que com o seu desempenho confundiam o juizado. No caso das Madeiras Tozzo Ltda., citada no parágrafo precedente, os depositários públicos relataram que a gleba 1 da colônia Baía não possuía divisas de propriedades claras e, tampouco, estradas pelas quais eles pudessem transitar por todas as partes da área. Essa declaração ao juiz foi dada, no mês de março de 1975, como resposta às intimações que os depositários haviam recebido sobre as árvores da Madeiras Tozzo, nas quais também alegaram ser muito difícil entender quais eram os lotes que estavam sob acordos amigáveis, quais não estavam e que os mapas do imóvel divergiam quanto ao tamanho dos lotes e à formação do relevo. Assim, disseram os depositários,

> Uma corrida de olhos sobre a largura e voltas do rio Iguaçu, confrontando-se os mapas, justifica plenamente a impossibilidade de fazer coincidir os lotes e consequentemente, nos impede, demarcar ou distinguir as divisões do lote liberado ou não (PROCESSO n.º 76/70, 1970, p. 820).

Mesmo afirmando não ser possível ter clareza de quais eram os lotes liberados pela justiça em virtude de acordos amigáveis realizados previamente, os depositários públicos, contraditoriamente, asseguravam em seguida que não haviam sido derrubados os pinheiros dos lotes de n.os 7, 15, 16 e 17, isso porque tais áreas se sobrepunham a lotes da linha Ouro, adjacente à colônia Baía. A contradição da afirmação aumentou quando eles afirmaram que "Com respeito à madeira de lei, temos a informar que esta só foi extraída em pequena quantidade em áreas liberadas, principalmente aquelas ocupadas por colonos" (PROCESSO n.º 76/70, 1970, p. 820). Não obstante, já havia sido anexada ao processo a prova de que o lote 7, reivindicado por João Roque Kessler, estava completamente desmatado, como já evidenciado (PROCESSO n.º 76/70, 1970, p. 670).

Outra questão que coloca dúvida quanto aos argumentos dos depositários é que dificilmente os colonos posseiros que habitam a região não conheciam os lotes e as divisas, mesmo que fosse de forma apalavrada. O diálogo com esses colonos que, certamente, não desejavam ter suas posses invadidas levaria, pelo menos, a dados importantes das divisões dos lotes da gleba 1 da colônia Baía, como evidencia-se adiante.

Essa foi a situação encontrada por Aloysio Rodrigues Henriques ao chegar ao sudoeste do Paraná para reivindicar o espólio de seus falecidos pais. A atuação de Aloysio Rodrigues Henriques começou a desvelar, ainda mais, o duplo papel que desenvolvia um dos depositários públicos na região, da existência de jagunços assalariados pela Madeireira Passo Liso praticando terror na colônia Baía e do desempenho dos advogados dos colonos e das madeireiras que passaram a atuar em favor da Passo Liso.

4.2.1.1 "O silêncio e o terror do homem anônimo da mata": terror socioambiental na colônia Baía

Porque o objetivo, a sangue e suborno, é permitir a ganância dos representantes dessa firma, em cortar e retirar do imóvel sequestradoa madeira que, nesta data, ainda estão a industrializar.
(DSI/MJ/BSB/AS/654/75, 1975, p. 24)

Por meio de denúncias feitas por Aloysio Rodrigues Henriques, foi instaurado um inquérito policial na delegacia de Pato Branco em fevereiro de 1975 para investigar uma denúncia contra os proprietários da Madeireira Passo Liso, Proprietário 1 e Proprietário 2, e contra os seus jagunços, João Jorge Nascimento, Setembrino Lopes Ferreira, Nelson Cesca e Arno Basilio Rauber, esse último depositário público, acusados de extorquir o serventuário da justiça que atuava na região, chamado Claudino Chiminelli. Após receber cópias desses interrogatórios, todavia, o juiz do caso do sequestro determinou que o delegado de Pato Branco fizesse uma diligência em Sulina para conduzir João Jorge Nascimento, Setembrino Lopes Ferreira e Arno Basilio Rauber para a delegacia para prestarem novos esclarecimentos. Uma vez na colônia Baía, o delegado descobriu que Setembrino Lopes Ferreira e Arno Basilio Rauber tinham viajado para Irati/PR com um dos proprietários da Madeireira Passo Liso e relatou que, em Sulina, Setembrino Lopes Ferreira era tido como uma pessoa extremamente perigosa e que atuava como pistoleiro de aluguel da Madeireira Passo Liso, além de ser guarda-costas dos proprietários da empresa. Quanto a João Jorge, ao avistar a viatura da polícia, fugiu para lugar desconhecido (PROCESSO n.º 76/70, 1970, p. 836-837).

Outra situação que aumentou as evidências de um conluio formado entre a Madeireira Passo Liso e o depositário Arno Basilio Rauber, entre outros jagunços, foi que o outro depositário público, o senhor Armindo Scheid, tomou consciência do que estava acontecendo e resolveu denunciar a situação. Armindo fez uma declaração com transcrição pública em abril de 1975 apontando que a devastação florestal na gleba 1 da colônia Baía seguia intensa e contínua e que ele havia sido quase obrigado por um dos proprietários da Madeireira Passo Liso, conjuntamente ao seu advogado e a Arno Basilio Rauber, a assinar uma declaração enviada ao juízo pouco tempo antes, citada anteriormente, a qual afirmava não ser possível realizar as medições de lotes e a contabilização de pinheiros em virtude das superposições de lotes. Segundo Armindo Scheid, após o falecimento de Apparicio Henriques, a Madeireira Passo Liso

> [...] continuou derrubando e retirando pinheiros, dilapidando desenfreadamente todo o pinhal, sem mais o requisito de levantamento parcial do sequestro, como antes se fazia; que tendo ido várias vezes no escritório da firma, situada em Ouro Verde, São João, para se informar [...] sobre essas retiradas de pinheiros sem levantamento de sequestro, eles [os proprietários] informavam que não tinha problema, que estava tudo certo e davam risada, nem ligavam; [...] que indo a Pato Branco no Escritório do Dr. Alcides Bittencourt, saber como vinham sendo retirados pinheiros da área sob sequestro, já que o mesmo era advogado da causa, o mesmo respondia que estava tudo certo, que não se preocupasse; que há poucos dias foram a sua casa de residência os senhores Arno Basilio Rauber, também depositário judicial no mesmo sequestro, na parte Sul, da gleba Baía um (1), juntamente

> com o Dr. Beno Frederico Hubert e [Proprietário 2], levado uma declaração escrita, para que assinasse alegando que era para informar o Juiz sobre os lotes sequestrados levantados; [Armindo] levantou dúvidas, porém, o seu colega Arno Basilio Rauber, falou que assinava primeiro, pois fazendo coro com o Dr. Beno e [Proprietário 2], afirmou estar tudo certo, ao que também assinou, apesar de ter ficado na dúvida, porém pronto para esclarecer em Juízo, podendo adiantar pela presente declaração, que a superposição entre os mapas da "Braviaco", e os do Estado do Paraná, nunca foram problema para localizar facilmente a área sob sequestro judicial. [...] o pinhal foi todo contado e marcado, tendo cada posseiro uma folha de contagem, que foi assinada pelos contadores e testemunhas [...] (PROCESSO, n.º 76/70, 1970, p. 853).

Com essa declaração, reconhecida no cartório de João Roque Kessler, Armindo Sheid se distanciou de seu colega de função de depositário público e criou um relevante testemunho contra os criminosos. Igualmente, cunhou um certo movimento no qual outros personagens, que sofriam com a violenta situação socioambiental de Sulina, tomaram a decisão de realizarem declarações com escrituras públicas denunciando a Madeireira Passo Liso para o juiz do caso. No mês de abril de 1975, Manoel Custódio de Souza, que havia ocupado o cargo de "chefe da turma de corte do mato" da madeireira em questão, realizou outra contundente declaração e a registrou no cartório de João Roque Kessler. Esse senhor foi responsável por coordenar as atividades dos demais funcionários para derrubar, descascar, estaleirar e carregar todas as árvores que a Madeireira Passo Liso serrou na área sequestrada durante três anos, aproximadamente (PROCESSO n.º 76/70, 1970, p. 861).

A Madeireira Passo Liso foi serrando todos os pinheiros, cedros e outras árvores de madeira de lei, como canela, canjarana, angico, peroba, pau-marfim, em quase todos os lotes da região, estivessem as árvores sequestradas ou não. Segundo Manoel Custódio de Souza, antes e durante o processo de derrubada das florestas praticado pela turma de corte, sempre estiveram presentes Arno Basilio Rauber, Setembrino Lopes Ferreira, Proprietário 2, um dos proprietários da Madeireira Passo Liso, com "folhas de contagem", e outros pistoleiros que os acompanhavam, todos fortemente armados. Nas ocasiões de furto e devastação florestal, o depositário público anteriormente citado afirmava para a equipe de mato da serraria que a justiça havia liberado as árvores nas áreas onde estavam atuando. Segundo o chefe da turma de corte, Arno Basilio Rauber recebia CR$ 2.000 mensalmente pelos serviços que prestava à Madeireira Passo Liso (PROCESSO n.º 76/70, 1970, p. 863).

Como depôs seu ex-funcionário, a Madeireira Passo Liso agiu de forma violenta social e ambientalmente. Devastou a floresta que detinha pelo menos 20 mil pinheiros considerados adultos e aproximadamente 15 mil árvores de espécies de madeira de lei coagindo os colonos, por questões econômicas (PROCESSO n.º 70/76, 1970, p. 928). Esse processo violento era guiado por mapas com suficientes informações para a localização das árvores a serem serradas legal ou ilegalmente. Os mapas eram elaborados pelo próprio depositário público Arno Basilio Rauber, que havia declarado ao juiz, como apontado anteriormente, não ser possível localizar as propriedades e as árvores devido à falta de informações sobre o território da gleba 1 da colônia Baía, conforme denunciou Manoel Custódio de Souza:

> [...] sempre que houve corte de pinheiros e madeiras de lei na área sequestrada e corte feito pela Madeireira Passo Liso Ltda, as áreas de corte sempre foram muito bem localizadas inclusive o declarante recebia de Arno Basilio Rauber e [Proprietário 2], um mapa com desenhos certos da localização das árvores (pinho e lei) dentro dos lotes da colônia Baía, gleba 1, não havendo, conforme Arno Basilio Rauber diz para outras pessoas, dificuldade em se saber nos mapas quais são as áreas dos posseiros, porque existem rios, algumas divisas secas e pontos de referência no terreno, bem como, os posseiros sabem quais são os seus confrontantes [...] (PROCESSO n.º 76/70, 1970, p. 863).

A Madeireira Passo Liso derrubou pelo menos 8 mil árvores de pinheiros entre os meses de dezembro de 1974 e abril de 1975 sem autorização do juiz, além de milhares de outras árvores de madeira de lei (PROCESSO n.º 76/70, 1970, p. 926). Manoel Custódio de Souza esteve à frente da turma de corte na extração de mais de 5 mil pinheiros, dos 8 mil serrados no período, conforme os dados da Tabela 8.

Tabela 8 – Araucárias furtadas pela Madeireira Passo Liso, segundo Manoel Custódio de Souza

Araucárias serradas pela Madeireira Passo Liso sob o comando de Manoel Custódio de Souza, "chefe da turma de corte de mato", ao longo do ano de 1974 até janeiro de 1975	
Posseiro furtado	**Quantidade aproximada de árvores**
Avelino Seller Pinto de Oliveira	500
Eledovino Basseto	1.500

Ari Ambrósio	1.500
Valdecir Sandrini	900
Irineu Julio Ribeiro	250
Dorvilio Chenet	250
Arthur Maciel	100
João Ferreira	500
Amâncio Zimermann	70
Antonio de Paduva	50
Artidor Ferreira	30
Atilio Ramos	50
Petrônio Ferreira	20
Total	5.720

Fonte: PROCESSO n.º 76/70 (1970, p. 926–927). Organização do autor deste trabalho

Manoel Custódio de Souza declarou que, em alguns casos, a retirada dos pinheiros foi antecedida por tiroteios entre os invasores e os posseiros e que ele foi obrigado a assinar documentos cujo teor desconhecia, por ser analfabeto. As circunstâncias que levaram Manoel Custódio de Souza a fazer as denúncias estavam ligadas à falta de pagamentos pelos seus serviços e às ameaças que começou a sofrer da Madeireira Passo Liso de expulsá-lo da posse de 8 alqueires que ocupava desde o ano de 1973, por cobrar os seus vencimentos (PROCESSO n.º 76/70, 1970, p. 863).

Todos esses fatores faziam com que a situação em Sulina ficasse cada vez mais insustentável. A Madeireira Passo Liso, percebendo a mudança de atitudes de alguns aliados, como o caso de Manoel Custódio de Souza, e que a justiça estava mais atenta aos crimes, começou a se preparar para sair de Sulina, no ano de 1975, demitindo funcionários sem indenizações. O mesmo ocorria em relação aos funcionários acidentados nas dependências das serrarias, que não eram indenizados e pagavam pela própria assistência médica decorrente de acidentes de trabalho[78], pois os proprietários da madeireira não recolhiam as devidas taxas ao Instituto Nacional de Previdência Social (INPS)[79] (PROCESSO n.º 76/70, 1970, p. 862).

As informações prestadas por Manoel Custódio de Souza em sua declaração foram confirmadas por depoimentos de colonos intimados a depor como testemunhas de acusação no inquérito aberto em Pato Branco em fevereiro de 1975 contra os proprietários da Madeireira Passo Liso e seus jagunços, como ilustra-se em seguida.

A primeira testemunha ouvida pela polícia civil de Pato Branco foi o colono Ari Ambrosio, posseiro dos lotes 4 e 6 da gleba 1 da colônia Baía desde 1961, onde praticava atividades agropastoris. Em 1970, quando foi expedido o sequestro preventivo, ainda existiam cerca de 1.666 pinheiros em sua propriedade. Desse quantitativo, havia comprometido 280 araucárias para Apparicio Henriques, como forma de pagamento pelos serviços. A Madeireira Passo Liso passou a derrubar as árvores das posses de Ari Ambrosio sem a sua autorização e, tampouco, do juiz a partir do mês de dezembro de 1974 e a transportar as toras para a serraria Ouro Verde (PROCESSO n.º 76/70, 1970, p. 912).

Os furtos relatados por Ari Ambrosio eram feitos com a cobertura dos jagunços Setembrino Lopes Ferreira, Aristides Martins de Oliveira e de Arno Basilio Rauber, em diversas áreas, naquelas que havia autorização judicial e naquelas que não havia. Ari Ambrosio confirmou que Arno Basilio Rauber e Setembrino Lopes Ferreira eram responsáveis por realizar a marcação das árvores que seriam serradas utilizando os mesmos mapas que o depositário alegava serem infiéis quanto à realidade topográfica da região. Não obstante, usavam sistema de rádios para a comunicação com os proprietários da Madeireira Passo Liso, mesmo quando esses últimos estavam em Irati/PR. Relatou, ainda, que a Madeireira furtou os pinheiros do lote de João Chaves do Nascimento, que eram pelo menos

[78] Houve, inclusive, um falecimento dentro da sede da empresa em Sulina de uma senhora que deixou vários órfãos sem assistência, conforme Aloysio Rodrigues Henriques denunciou à Secretaria de Segurança Pública do Paraná no ano de 1975. Segundo Aloysio Rodrigues Henriques, a senhora: Florentina Folmann Decoll, quando trabalhava para a Madeireira Passo Liso, na antiga serraria "do Beduschi" (sita na estrada que segue da localidade de Ouro Verde para Sede Sulina), teve seus cabelos aprisionados numa correia ou engrenagem da indústria, vindo a falecer. Deixou sete filhos menores. Alvicio Folmann, viúvo dela, reside atualmente em Ouro Verde. O Dr. Xavier Penha, do Hospital de São João, foi quem atendeu a citada vítima. Não houve procedimento legal até a presente data. Morreu em 25 de novembro de 1974 (DSI/MJ/BSB/AS/654/75, 1975, p. 20).

[79] O INPS foi extinto em 1990 pela Lei n.º 8.029, de 12 de abril de 1990, que criou o Instituto Nacional de Segurança Social (INSS) (CPDOC). Disponível em http://www.fgv.br/cpdoc/acervo/dicionarios/verbete-tematico/instituto-nacional-de-previdencia-social-inps). Acesso em: jul. 2022.

500 árvores, no mesmo mês de dezembro de 1974 (PROCESSO n.º 76/70, 1970, p. 913-914).

A segunda testemunha do inquérito em Pato Branco foi Dorival José Vanasio, posseiro em partes dos lotes 3 e 4. Segundo a testemunha os furtos ocorriam em diversos lotes com a cobertura de Arno Basilio Rauber e que após tentativa de furto de araucárias por parte da Madeireira em sua propriedade "a situação ficou feia" (PROCESSO n.º 76/70, 1970, p. 914).

Artur Maciel, posseiro no lote 1, também testemunhou na delegacia de Pato Branco. O posseiro acusou a Passo Liso e Arno Basilio Rauber de expulsá-lo de sua posse conjuntamente com a sua família em 1974, para onde ainda não tinha retornado em abril de 1975. De sua posse foram furtadas 105 araucárias adultas, assim como inúmeras árvores de madeira de lei. De acordo com Artur Maciel, a Madeireira Passo Liso havia furtado pelo menos 7.000 árvores de pinheiro nos demais lotes da gleba 1, não tendo uma estimativa quanto às árvores das demais espécies (PROCESSO n.º 76/70, 1970, p. 919).

Segundo Artur Maciel, os posseiros não conseguiam impedir o corte ilegal das florestas porque a Madeireira detinha muitas armas e porque Arno Basilio Rauber comandava os jagunços Donoto G. e Jorge G. em perseguições a posseiros que faziam resistência à devastação florestal, sobretudo os economicamente mais pobres, fazendo tocaias para causar terror entre a população. As seguidas denúncias desses atos na Delegacia de Polícia de Sulina não tinham efeito para os posseiros, pois o delegado, Aparecido de Oliveira, também atuava como jagunço da Madeireira Passo Liso (PROCESSO n.º 76/70, 1970, p. 919-920).

O taxista Frederico Guilherme Carlos Kaghofer, que presenciou o corte de árvores da posse de Avelino Seller Pinto de Oliveira no lote 3 da gleba 1, também testemunhou contra a Passo Liso. Em determinada ocasião, ele se dirigiu até o lote 3 por possuir pinheiros na área para averiguar se o seu patrimônio não estava sendo furtado. Na oportunidade, descobriu que 122 pinheiros, que haviam sido reservados ao falecido Apparicio Henriques em virtude de seus negócios com Avelino Seller, estavam sendo cortados pela Passo Liso (PROCESSO n.º 76/70, 1970, p. 922).

Como as demais testemunhas, Frederico G. C. Kaghofer reafirmou que a comunicação entre os proprietários e os funcionários da Madeireira Passo Liso para organizar o furto de árvores era realizada por meio de rádios e que o depositário Arno Basilio Rauber mentia ao dizer que não era possível localizar os lotes, pois utilizava mapas precisos constantemente para chegar às áreas com florestas. O taxista acompanhava a situação da gleba 1 da colônia Baía desde 1963, por possuir negócios com posseiros, apesar de não possuir nenhum lote. Segundo ele, a Madeireira Passo Liso

> [...] sempre usou da cobertura do depositário Arno Basilio Rauber, que além de localizar os pinheiros, tanto no terreno quanto nos mapas sempre falou a todos que a Madeireira Passo Liso era firma muito forte, tinha cobertura política e gente pra quebrar qualquer galho, tanto na polícia quanto na justiça; Que além disso [...] sempre usou de grupos de homens armados, chefiados pelo Setembrino Lopes Ferreira e pelo Arno Basilio Rauber; que junto com [Proprietário 1], sempre andou e anda um espanhol ou argentino de nome Jose Molina Martinez, especialista em rolo de terra e grilo de pinheiro e que Jose Molina Martinez é motorista e guarda costas de [Proprietário 1]; que [Proprietário 2] é o chefe das broncas no mato; [...] que nos anos de 1974 e 1975 a [Madeireira Passo Liso] corou na área sob sequestro da Comarca de Chopinzinho, mais ou menos, no mínimo, uns 12.000 pinheiros, um por um, pinheiros esses, cada um, capazes de dar de 12 a 15 dúzias. [...] Que o [Proprietário 1] tem um esquema muito grande e muito forte para grilar os pinheiros que grilou na área sob sequestro [...]; que as informações escritas que Arno Basilio Rauber e o outro depositário dá em juízo são datilografadas pelos advogados da [Madeireira Passo Liso] e não conferem com a verdade; que qualquer perícia pode provar o corte ilegal da madeira, pinheiro e de lei na área sequestrada porque o que existe de tocos não é brincadeira [...] (PROCESSO n.º 76/70, 1970, p. 923-924).

Frederico Guilherme Carlos Kaghofer ainda afirmou que os mais graves problemas relacionados à posse de terras e às disputas por pinheiros na gleba Baía tinham sido resolvidos por Apparicio Henriques, fato que o levou a escrever uma carta para Aloysio Rodrigues Henriques, no mês de dezembro de 1974, para denunciar o furto dos pinheiros que havia herdado de seu falecido pai no lote 3:

> Dr. Aluizio [sic]
> Quero lhe avisar que, como fui testemunha nos registros públicos das escrituras dos negócios entre Antonio Taborda Garcia, e Avelino Oliveira Pinto, numa troca de terras com pinheiros e madeiras de lei, onde seu falecido pai, ficou com o direito de 25% vinte e cinco por cento na metade dos

> pinheiros junto com Sr. [Proprietário 1], conforme a escritura no lote nº 4 em posse de Avelino Oliveira Pinto, posse que na realidade está no lote de nº 3 da mencionada gleba, que a Madeireira Passo Liso Ltda, que havia acertado há uns 2 meses atrás dela com Avelino Pinto e já tinha cortado tudo, agora desde sexta-feira passada começaram a cortar e já cortou conforme fui verificar todos os pinheiros, esses que estavam reservados pelo próprio Avelino Oliveira Pinti para o sr. E seu irmão, como herdeiros do Dr. Apparicio Henriques. Se o senhor quer, eu posso levar o sr. Ao local para o sr. Ver o que a madeireira fez com seus pinheiros. Os colonos que moram ao lado, sabem e viram tudo isso. [...] Acho bom o sr. Tomar providências com urgência
> Um forte abraço
> Frederico G. C. Kaghofer (PROCESSO n.º 76/70, 1970, p. 750).

O panorama denunciado por Frederico Guilherme Carlos Kaghofer foi confirmado pelo colono Avelino Seller Pinto de Oliveira, posseiro de outra fração do lote 3 e um dos requerentes do processo de sequestro. Avelino denunciou, tanto para o inquérito na delegacia de Pato Branco quanto no processo de sequestro, que teve árvores furtadas de sua posse. A princípio, ele vendeu 242 pinheiros para a Madeireira Passo Liso e reservou 122 para pagar os serviços de Apparicio Henriques. Em dezembro de 1974, entretanto, a Madeireira Passo Liso serrou todas as árvores do lote 3 (PROCESSO n.º 76/70, 1970, p. 934-936).

Manoel Custódio de Souza, ex-"chefe da turma de corte de mato" da Passo Liso, além da declaração voluntária que já havia encaminhado para os autos do sequestro, foi intimado a depor como testemunha de acusação no inquérito policial que investigava os crimes dos madeireiros em Pato Branco, já mencionados. Ele foi a quinta testemunha e confirmou as declarações que havia registrado em cartório em 11 de abril de 1975 (PROCESSO n.º 76/70, 1970, p. 928).

No dia 17 de abril, três dias antes de depor como testemunha na Delegacia de Polícia de Pato Branco, Manoel Custódio de Souza sofreu ameaças do depositário público. Segundo ele, quando se deslocava para trabalhar em sua roça

> [...] parou para conversar com seu compadre de nome José Frido dos Santos, eis que desembarca de um automóvel Volkswagen, Arno Basilio Rauber, armado com um revólver avançando para agredir o depoente e na presença do referido

> José Frido dos Santos, de Sebastião (Boiadeiro) e Romando de tal, ameaçou ao depoente em seu próprio nome e em nome da [Madeireira Passo Liso] se o depoente não parasse de dar depoimentos contra eles e, ainda se o depoente não fosse modificar a declaração pública que deu no Tabelionato Roque Kessler, em Coronel Vivida; [...] que por ocasião do fato acima narrado, Arno Basilio Rauber falou ao depoente ia acabar se dando mal porque ia se dar com o Sargento Aparecido, porque o Sargento é solteiro, não tem família e não tem nada a perder; que, em data de ontem, dia 19 do corrente [abril] durante o dia todo e parte da noite, diversos caminhões carregados de madeira saíram da Serraria Ouro Verde [...] (PROCESSO n.º 76/70, 1970, p. 927-928).

Outros colonos foram testemunhas da situação que ocorria na gleba Baía, reafirmando que a Madeireira Passo Liso ameaçava e violentava os posseiros que faziam oposição aos cortes de pinheiros da área sequestrada. O madeireiro de São João, o senhor José Osmar Casagrande, que conhecia a área e muitos posseiros, relatou ao juízo que as araucárias da gleba Baía eram conhecidas por serem muito grandes e de qualidade e que a Madeireira Passo Liso havia feito o corte indiscriminado de quase 20 mil árvores em lotes sequestrados. De acordo com José O. Casagrande,

> [...] os pinheiros da Gleba 1, Colônia Baía, sempre foram conhecidos pelos madeireiros da região como excelentes, isto é, árvores grandes (altas), dando normalmente de quatro a cinco ou mesmo seis toras por pinheiro, que industrializadas, sempre cada pinheiro, dessa área produzia em média mínima, de doze (12) a quinze (15) dúzias, sendo que alguns pinheiros, para ter uma idéia, alcançaram até mesmo cerca de quarenta dúzias (40); que, o sequestro sequestrou cerca de vinte (20) mil pinheiros em 1970 e que hoje, não restam mais de dois (2) mil pinheiros em toda a área sequestrada; [...] que depois da morte do Sr. Apparicio Henriques, ou seja, depois de dezembro de 1973, não houve nenhuma outra liberação judicial e a Madeireira Passo Liso passou a cortar em toda a extensão da área sob sequestro, cortando, não só pinheiros como também, enormes quantias de madeira de lei; [...]; durante o ano de 1974 e no corrente ano de 1975 a Madeireira Passo Liso cortou, no mínimo, mais ou menos, cerca de 6.000 (seis mil) pinheiros na área sequestrada [...] (PROCESSO n.º 76/70, 1970, p. 932).

Embora não fosse morador da gleba Baía, o senhor José O. Casagrande tinha negócios com vários posseiros e, por ser madeireiro e ter interesse nos pinheiros da região, havia levantado dados sobre as araucárias em Sulina (PROCESSO n.º 76/70, 1970, p. 934). Todas essas denúncias passaram a ocorrer em virtude dos esforços de Aloysio Rodrigues Henriques para reaver o espólio de seu pai. Dessa forma, o herdeiro de Apparicio Henriques não apenas trabalhou para a instauração do inquérito policial contra a Madeireira Passo Liso em Pato Branco, como também realizou um intercâmbio de informações entre os casos, levando cópias autenticadas dos depoimentos dos colonos que testemunharam contra a Passo Liso em Pato Branco para os autos de sequestro em Chopinzinho.

Com os depoimentos anexados à peça que sequestrou a gleba 1 da colônia Baía, no dia 11 de abril de 1975, o juiz José Amoriti Trinco Ribeiro expediu mandado para que o oficial de justiça Juvelino M. Dalmutt fosse mais uma vez até a gleba 1 da colônia Baía para proibir o corte de árvores nos lotes sequestrados. O oficial de justiça, após cumprir o mandado, reportou-se ao juiz informando que não havia intimado a Madeireira Passo Liso porque a empresa havia parado de serrar árvores naquele período pelo fato de os seus bens terem sido penhorados pela justiça em virtude de outro processo que a empresa respondia na Comarca de Irati (PROCESSO n.º 76/70, 1970, p. 940-942).

Embora a justiça tenha obtido elementos categóricos contra a atuação ilegal da Madeireira Passo Liso, durante o mês de abril de 1975, ela não conseguiu paralisar a empresa, que havia escondido as toras e madeiras beneficiadas que tinha nas serrarias da região, especialmente na Serraria Ouro Verde. No mês seguinte a Madeireira deu continuidade às suas atividades, conforme novas denúncias feitas em maio de 1975 (PROCESSO n.º 76/70, 1970, p. 947).

Apenas uma semana depois de depor na Delegacia de Polícia de Pato Branco o depositário público Arno Basilio Rauber foi intimado e interrogado na Delegacia de Polícia de Chopinzinho, em 18 de abril de 1975. Em seu novo depoimento, Arno Basilio Rauber apresentou informações novas que, de certa forma, contradiziam suas declarações anteriores. Manteve-se coerente ao sustentar, novamente, que não era possível localizar com exatidão os lotes da gleba 1 da colônia Baía e utilizou esse argumento como justificativa para, contraditoriamente, admitir que "[...] é provável que tenha sido cortada madeira de pinheiro de alguma área sequestrada e não liberada pelo Judiciário de Chopinzinho, cujas madeiras foram cortadas pela Madeireira Passo Liso ultimamente [...]", admitindo, ainda, que "provavelmente" a Madeireira já havia cortado "mais ou menos 12.000 pinheiros" na área, 5.000 depois do falecimento de Apparicio Henriques, e que ainda deveriam cortar outros 2.500 (PROCESSO n.º 76/70, 1970, p. 908).

A questão das terras e dos pinheiros da gleba Baía conheceu um novo ritmo após a chegada de Aloysio Rodrigues Henriques à região. Tanto ao inquérito policial na Delegacia de Pato Branco, instaurado por sua iniciativa, como ao processo de sequestro da gleba Baía, provas eram juntadas a partir da atuação de Aloysio, que passou a elaborar, também, uma contundente denúncia para encaminhar ao Ministério Público Federal em Curitiba, como se demonstrará adiante.

Com o objetivo de recuperar o que era de seu direito, ou seja, o espólio de seu pai, Apparicio Henriques, o advogado Aloysio Rodrigues Henriques fez várias ofensivas contra a Passo Liso. A partir das provas e testemunhas que tinha reunido, solicitou a impugnação dos três advogados da Madeireira Passo Liso, em junho de 1975, acusando o Dr. Beno Frederico Hubert, inicialmente advogado da Colonizadora Dona Leopoldina e da Madeireira Sulinense, de chantagear o juiz em uma petição em que solicitava o indeferimento de litisconsorte a Aloysio Rodrigues Henriques. Segundo a acusação, a petição do Dr. Beno Frederico Hubert:

> [...] em redação escandalosa, com malícia e ofensivamente, vem a concluir que — *por via de consequência cae por terra toda a chantagem imobiliária que infestava o município de Chopinzinho.*
>
> Extrapolando os limites de simples lotes rurais em número de oito, ou sejam: 12, 13, 14, 18, 19, 20, 21 e 22 (da Gleba 1, Colônia Baía), deste Município e Comarca — com área total de 1.469,78 alqueires, como se essa área geográfica desses oito lotes rurais compreendesse ou fosse a área do Município de Chopinzinho.
> Chantagem, MM. Dr. Juiz, data vênia, é a impugnação do bacharel Beno Frederico Hubert.
> Tanto que, ele mesmo, em 12/06/74 (fls. 620/625) Denuncia e pede severas providências no tocante ao corte ilegal de madeira na área sequestrada, acusando violentamente à MADEIREIRA PASSO LISO de autoria de tais ilícitos (PROCESSO n.º 76/70, 1970, p. 958, destaques no original).

Aloysio Rodrigues Henriques referiu-se, nessa situação, a uma petição redigida pelo Dr. Beno Frederico Hubert protocolada e juntada ao

Processo no dia 12 de junho de 1974. Na ocasião, defendendo os interesses da Madeireira Sulinense, o Dr. Beno Frederico Hubert delatou "uma série de irregularidades que vem ocorrendo nos lotes objeto da Medida de Sequestro" (PROCESSO n.º 76/70, 1970, p. 620). As irregularidades eram praticadas pela Madeireira Passo Liso, que estava cortando quantidades de árvores maiores do que as negociadas nos acordos amigáveis dentro dos lotes de números 1, 5, 6, 9 e parte do 3, além da derrubada ilegal em outros lotes. Segundo o advogado:

> [...] como responsável pelo abate e extração de pinheiros da área desapropriada, e não incluídos no despacho liberatório, constitui mais uma das muitas arbitrariedades postas em prática pela Madeireira Passo Liso. Essa subtração criminosa, segundo os termos da denúncia junta aos autos teriam ocorrido no lote n. 7, da Gleba 1, da Colônia Baía. Em verdade, porém, não só naquele terreno foram subtraídos pinheiros sequestrados, como, também, dos lotes 12, 15, 17, 14 e 16 da citada Gleba (PROCESSO n.º 76/70, 1970, p. 624).

O dr. Alcides Bitencourt Pereira, na ocasião da denúncia anteriormente mencionada, no mês de junho de 1974, enviou ao juízo uma petição, quando ainda era procurador dos colonos requerentes da medida de sequestro, defendendo a Madeireira Passo Liso, alegando que o reclame feito pela Madeireira Sulinense era descabido, pois, segundo o advogado,

> A Madeireira Passo Liso nunca agiu de forma 'altamente danosa às partes', e, bem pelo contrário, a firma que é composta de cidadãos da mais alta idoneidade moral, sempre cumpria, religiosamente, com as suas obrigações trazendo, com seu trabalho honesto, a paz e a harmonia, colaborando para que felizmente, somente faça parte da história dessa região o tempo dos pistoleiros assassinos de aluguel e do grilo de pinheiros. E a prova disso é que desde que a referida firma iniciou o trabalho de industrialização de pinheiros que adquiriu nunca mais se ouviu falar de assassinatos ou tumultos que tivessem por motivo a discussão da propriedade e posse de pinheiros (PROCESSO n.º 76/70, 1970, p. 628).

Na petição supracitada, protocolada no dia 16 de junho de 1974, o Dr. Alcides Bitencourt Pereira acusou o senhor João Kessler de convencer a Madeireira Sulinense a fazer a denúncia contra a Madeireira Passo Liso para atender a interesses individuais (PROCESSO n.º 76/70, 1970, p. 629). É possível deduzir, com a análise do Processo n.º 76/70, que há a possibilidade de o Dr. Alcides Bitencourt Pereira ter se utilizado do poder de procurador dos colonos para encaminhar a petição anteriormente transcrita, pois o advogado passou a atuar em favor da Passo Liso, assim como o Dr. Beno Frederico Hubert (PROCESSO n.º 76/70, 1970, p. 824).

Essas atuações foram utilizadas como provas no pedido de impugnação feito por Aloysio Rodrigues Henriques contra os advogados Beno Frederico Hubert, Alcides Bitencourt Pereira e seu auxiliar Eduardo Virmond. Os referidos advogados, que, inicialmente, foram favoráveis à habilitação de Aloysio Rodrigues Henriques como litisconsorte do processo de sequestro em virtude do espólio de seu falecido pai, posteriormente, como representantes da Passo Liso, mudaram de posição pedindo o indeferimento da habilitação e em abril 1975 solicitaram o fim da medida preventiva de sequestro (PROCESSO n.º 76/70, 1970, p. 888-895).

O pedido para o encerramento do processo foi a tentativa de uma manobra jurídica, pois, se atendido, a Madeireira Passo Liso estaria livre de todas as acusações que sofria quanto ao furto das árvores das posses dos colonos. Essa mudança de atitude dos advogados foi o que levou Aloysio Rodrigues Henriques a realizar o pedido de impugnação. Argumentou o seguinte em sua petição ao juízo:

> Esforçam-se em argumentar os Bacharéis que não há legitimidade em se reclamar contra o desmatamento efetuado na área sob sequestro pela Madeireira Passo Liso. [...]
> E força maior fazem agora, depois que a Madeireira Passo Liso cortou quase todos os milhares de pinheiros da área sob sequestro, os mesmos Bacharéis que sempre procuraram manter a medida preventiva em vigor, a pedir a sua extinção (?!). [...]
> E agora, depois de tudo, [Alcides Bitencourt Pereira e Eduardo Virmond] investirem em conjunto com Beno Frederico Hubert, contra a pretensão do espólio, justa e legítima, e mais ainda — paradoxalmente — pedirem a extinção desta medida preventiva que solucionou em grande parte os graves conflitos no imóvel Baía 1 — com o intuito, sem dúvida alguma — tão-somente, como vimos, de atender os escusos interesses da Madeireira Passo Liso, é tentar violentar a Justiça (PROCESSO n.º 76/70 1970, p. 963-965, destaques no original).

Ademais, Aloysio Rodrigues Henriques acusou o advogado Alcides Bitencourt Pereira de furtar documentos do espólio de seu pai (PROCESSO n.º 76/70, 1970, p. 824-831; DSI/MF/BSB/AS/654/75, 1975, p. 97). O pedido de impugnação contra os advogados Beno Frederico Hubert, Alcides

Bitencourt Pereira e Eduardo Virmond, assim como as provas protocoladas contra a Madeireira Passo Liso, entretanto, não foram suficientes para que o Poder Judiciário apresentasse uma resolução. Aloysio Rodrigues Henriques começou a sofrer ameaças, que acabaram por ser cumpridas contra a sua pessoa.

4.3 UM PROMOTOR MILITAR NO SUDOESTE: UMA MORTE ANUNCIADA

A disputa pelas araucárias, assim como de árvores de outras espécies, manteve a gleba 1 da colônia Baía sob constante tensão, dando continuidade a elementos da constituição violenta do sudoeste do Paraná. Aloysio Rodrigues Henriques, ao se inserir nesse contexto, movido por motivos pessoais, fez um enfrentamento forte aos indivíduos que julgava terem comprometido a vida de Apparicio Henriques e que dificultavam o seu acesso ao espólio de seu falecido pai.

Com isso, o promotor militar elaborou uma denúncia embasada em provas que reuniu no sudoeste contra os proprietários da Madeireira Passo Liso, seus advogados e seus jagunços. Na denúncia, encaminhada ao procurador-geral do Ministério Público do Estado do Paraná, em 17 de julho de 1975, e ao Ministério da Justiça, em 22 de julho de 1975, constavam crimes graves, como homicídios e tentativas de homicídios, entre outros, contra posseiros de lotes com árvores sequestradas pelo Processo n.º 76/70 e posseiros de lotes fora da área de sequestro, oferecendo vários elementos para que a justiça compreendesse a atuação da Passo Liso em Sulina (DSI/MF/BSB/AS/654/75, 1975, p. 13-14).

Segundo as acusações de Aloysio Rodrigues Henriques, os jagunços Setembrino Lopes Ferreira, Aristides Martins de Oliveira, José Molina Martinez, Arno Brasílio Rauber (depositário público), Aparecido de Oliveira (sargento da polícia militar do Paraná e delegado de polícia do distrito de Sulina), sob ordens do Proprietário 1 e do Proprietário 2 da Madeireira, atacaram vários colonos que não permitiram amigavelmente a retirada de pinheiros de suas posses. Também fizeram parte dos esquemas da Madeireira Antonio Arnaldo Bock (delegado de polícia do distrito de Vila Paraíso) e Olimpio Benin (delegado de polícia em São João) (DSI/MF/BSB/AS/654/75, 1975, p. 14).

Os indivíduos mencionados teriam atacado duas famílias com oito menores de idade, efetuando diversos tiros contra as vítimas, e em seguida furtado dez pinheiros do lote dos posseiros. Em outra ocasião, outro grupo de jagunços da Passo Liso atacou duas senhoras viúvas em suas posses com golpes de foice, deixando-as gravemente feridas, antes de subtrair outra quantidade de araucárias. Tais crimes ocorreram no ano de 1974 (DSI/MF/BSB/AS/654/75, 1975, p. 15-16).

No mês de junho de 1975, o posseiro João Chaves do Nascimento, que, como já mencionado, havia testemunhado no inquérito que investigava o Proprietário 1, o Proprietário 2 e Arno Basilio Rauber na Delegacia de Pato Branco foi assassinado pelo jagunço Aristides Martins de Oliveira a mando, segundo Aloysio Rodrigues Henriques, dos proprietários da Madeireira Passo Liso (DSI/MF/BSB/AS/654/75, 1975, p. 18-20). Além desses, outros crimes de ameaças e coações realizadas por jagunços sob as ordens da Passo Liso foram denunciados pelo promotor militar, que destacou em sua acusação que "[...] o silêncio e o terror do homem anônimo da mata é mantido constantemente pelo 'esquema' de polícia e pistoleiros da organização criminosa retro mencionada" (DSI/MF/BSB/AS/654/75, 1975, p. 24).

Para que a situação fosse resolvida, na concepção de Aloysio Rodrigues Henriques, a Secretaria de Segurança Pública do Paraná (SSP/PR) deveria designar um delegado especial com a incumbência de investigar os furtos e roubos de pinheiros e os atentados contra as posses e posseiros na gleba 1 da colônia Baía. O delegado especial deveria ser acompanhado de uma equipe própria, pois o promotor militar considerava que os delegados dos distritos de Sulina e Vila Paraíso e do município de São João, que atuavam naquela área, trabalhavam em favor da Madeireira Passo Liso (DSI/MF/BSB/AS/654/75, 1975, p. 25-26).

Na referida denúncia, também foi anexada uma petição despachada pelo promotor de justiça do Ministério Público de Pato Branco, de 13 de maio de 1975, que solicitava ao juiz da Comarca de Pato Branco a aplicação de uma medida de segurança contra o Proprietário 1 e outros três indivíduos que teriam negociado o seu assassinato. De acordo com a petição,

> Em dias do mês de novembro de 1974, no recinto de uma churrascaria localizada na saída da cidade de Guarapuava, RAVILSON, JOSÉ MOLINA MARTINEZ e HERCÍLIO FERNANDES DA SILVA ajustaram a MORTE de Aloysio Rodrigues Henriques, sendo Hercílio seria o executor,

> mediante o pagamento de Cr$ 200.000,00 mais um automóvel "Ford Maverick".
> Posteriormente, Hercílio Fernandes da Silva contratou SEBASTIÃO MOREIRA LEITE para praticar o crime de homicídio de Aloysio Rodrigues Henriques tendo Sebastião, nos meses de novembro e dezembro de 1974, penetrado no pátio da residência de Aloysio, nesta cidade, forçando portas e janelas com o intuito de adentrar a casa e praticar o delito sendo repelido pelo vigia da casa (DSI/MF/BSB/AS/654/75, 1975, p. 29).

Para elaborar o documento com as diversas denúncias, o promotor militar fez vários levantamentos no local e constatou que a área objeto do sequestro preventivo era habitada por pelo menos 600 famílias de posseiros e que a Madeireira havia serrado pinheiros da maioria das posses, legal ou ilegalmente, restando, na região, apenas cerca de 1.400 das 20 mil araucárias estimadas no ano de 1970 (DSI/MF/BSB/AS/654/75, 1975, p. 62, 72).

Outro importante documento que Aloysio Rodrigues Henriques produziu junto aos posseiros da gleba 1 da colônia Baía foi um abaixo-assinado para encaminhar ao Incra um pedido de desapropriação do imóvel para solucionar os problemas socioambientais que lá ocorriam. O abaixo-assinado foi remetido ao Incra em 8 de julho de 1975, contou com a assinatura de 184 posseiros e uma cópia autenticada foi anexada à denúncia (DSI/MF/BSB/AS/654/75, 1975, p. 34-56).

Todos esses esforços do promotor, em que pese o fato de ser um promotor militar, não foram suficientes para salvá-lo. No dia 12 de agosto de 1975, um indivíduo bateu na porta de sua casa na cidade de Pato Branco. Imaginando ser um "posseiro lá do mato", Aloysio Rodrigues Henriques abriu a porta para atendê-lo, momento em que foi assassinado. Tratava-se de um jagunço (DSI/MF/BSB/AS/654/75, 1975, p. 192).

De imediato, o único sobrevivente da família, Afonso Celso Rodrigues Henriques, irmão da vítima, e a viúva de Aloysio, Mercedes de Navarro Henriques, em conjunto com o Dr. René Dotti, que havia assinado as denúncias e advogava para o falecido, passaram a acusar os proprietários da Madeireira Passo Liso pelo homicídio (DSI/MF/BSB/AS/654/75, 1975, p. 160-248).

Os processos que investigaram os desdobramentos dos homicídios e de outros crimes que ocorreram na região, pelos quais os proprietários da Madeireira foram acusados, não foram analisados nesta pesquisa. Como argumentado no capítulo 3, os crimes que ocorreram contra inúmeras pessoas em virtude de conflitos agrários e ambientais não são analisados ou detalhados nesta pesquisa, apenas contextualizados para corroborar os principais argumentos da tese de que grande parte dos conflitos sociais assistidos no sudoeste do Paraná durante a sua constituição estiveram ligados à ambição humana em industrializar a natureza da região.

No mês de setembro de 1976, cerca de um ano após o assassinato de Aloysio Rodrigues Henriques, o Incra, em cumprimento do Decreto n.º 78.423, de 16 de setembro de 1976[80], iniciou a desapropriação do imóvel Chopinzinho, que inclui as colônias Baía, Dória e Barra Grande.

4.3.1 A desapropriação do imóvel Chopinzinho

O Processo n.º 76/70, que sequestrou as árvores da maior parte da gleba 1 da colônia Baía, foi paralisado durante quatro anos, porém continuou legalmente vigente, causando obstáculos ao decurso da desapropriação. Com isso, no primeiro semestre do ano de 1977, o Incra, autarquia responsável pela desapropriação,

> [...] ingressou no juízo da 3ª Vara Federal com a competente ação de desapropriação por interesse social (Autos n. 2.575/75) da denominada Gleba Chopinzinho, composta das colônias Baia, Barra Grande e Dória, com área aproximada de 49.334.330ha imitindo-se na sua posse e matriculando-a em seu nome nessa Comarca, respectivamente nos dias 4 e 5 de maio de 1977, conforme se constata na carta precatória, em anexo, oriunda desse Juízo (PROCESSO n.º 76/70, 1970, p. 1.032-1.033).

A transcriação anterior, redigida pelos procuradores do Incra, doutores Germano de Rezende Forster, Geraldo Castellano Biscaia e Luiz Carlos Taulois, é de um trecho da petição encaminhada ao Processo n.º 76/70 no dia 11 de junho de 1979, três anos após a promulgação da desapropriação, solicitando ao juiz da Comarca de Chopinzinho a extinção dos autos de sequestro, que inviabilizava as atividades da autarquia. Ou seja, embora o Incra tivesse ingressado com pedido de cancelamento de todos os títulos das colônias Baía, Barra Grande e Dória na 3ª Vara Federal de Primeira Instância de Curitiba, por meio do Processo n.º 2.575/77, a vigência do

[80] Disponível em: https://www2.camara.leg.br/legin/fed/decret/1970-1979/decreto-78423-15-setembro--1976-427326-publicacaooriginal-1-pe.html. Acesso em: 1 jan. 2022.

Processo n.º 76/70 impedia a continuidade da desapropriação. Assim, o juiz da 3ª Vara Federal de Primeira Instância de Curitiba encaminhou uma Carta Precatória à Comarca de Chopinzinho com mandado de cancelamento de todas as transcrições de posses existentes sobre o imóvel Chopinzinho, instaurando-se, na Comarca local, o Processo n.º 32/77 para o cumprimento dos despachos de Curitiba (PROCESSO n.º 76/70, 1970, p. 1.036-1.037).

Atento às demandas que chegavam de Curitiba, o então juiz da Comarca de Chopinzinho, o Dr. José Amoriti Trinco Ribeiro, expediu mandados aos oficias de justiça Juvelino M. Dalmutt e Sebastião Ribeiro da Cruz para que fossem até a área litigiosa e procedessem à imissão expropriante em nome do Incra. A área total correspondia a 49.334,23 hectares de terras (PROCESSO n.º 76/70, 1970, p. 1.038).

O Decreto n.º 78.423, de 15 de setembro de 1976, desapropriou por interesse social para fins de reforma agrária todo o imóvel Chopinzinho, com exceção das áreas que haviam sido constituídos núcleos urbanos. O pedido de desapropriação do Incra, protocolado na 3ª Vara Federal de Primeira Instância de Curitiba, não fez observações quanto às florestas na área desapropriada, possivelmente porque a área já havia sido completamente devastada. O objeto da desapropriação foi definido pelos procuradores do Incra da seguinte maneira:

> Do objeto desta ação excluem-se as áreas ocupadas por vilas, povoados e demais adensamentos urbanos situados dentro do perímetro da área expropriada e a serem demarcados, bem como benfeitorias, os semoventes, as máquinas e implementos agrícolas pertencentes aos ocupantes da área de terras acima anunciada, inclusive a terceiros, ocupantes da área de terras acima citadas, consoante disposição consignada no art. 2º do Decreto expropriatório. [...]
>
> Vale dizer, neste momento, que a exclusão de benfeitorias se deve ao fato do Poder Público se empenhar, somente por esta medida, na precisa regularização fundiária da região ora sujeita ao presente procedimento, tendo em vista a constatação, pela via administrativa, de diversos fatores de distúrbio na ordem político-social em que contendo diversos possuidores de terras na área em apreço, quer perante o Poder Judiciário, quer perante autoridades constituídas desta República (PROCESSO n.º 76/70, 1970, p. 1.055-1.056).

Com a presença do Incra na região, o novo juiz da Comarca de Chopinzinho, Dr. José Simões Teixeira, fundamentando-se no art. 267, inciso VI, do Código de Processo Civil, julgou o Processo n.º 76/70 extinto por "faltar-lhe possibilidade jurídica" no dia 9 de setembro de 1980. Ao longo desse Processo, vários juízes substitutos ocuparam a Comarca e o grupo de colonos que buscou resguardo na justiça assistiu à dilapidação de seu patrimônio e, em alguns casos, de suas próprias vidas. Quanto à natureza da região, não houve nenhuma manifestação em prol da conservação ambiental das espécies vegetais, animais ou das águas da gleba 1 da colônia Baía, tendo os autos analisados neste capítulo, bem como as partes interessadas, apenas preocupações econômicas e sociais.

O Processo n.º 76/70 demonstra que os apelos pela conservação ambiental feitos no Paraná não foram respeitados na região e a devastação foi normalizada, servindo, inclusive, como base dos argumentos das madeireiras para comprovarem supostas legalidade e moralidade em suas condutas. Os acontecimentos após a desapropriação do imóvel Chopinzinho, promulgada pelo Decreto n.º 78.423, de 16 de setembro de 1976, não fazem parte das análises desta pesquisa, pois, no período em que o Incra adentra a causa, as florestas primitivas já estavam devastadas, havendo, nos lotes sequestrados, apenas 1.400 exemplares dos 20.000 pinheiros que existiam na gleba 1 da colônia Baía, conforme se demonstrou anteriormente (DSI/MF/BSB/AS/654/75, 1975, p. 62, 72). Outras espécies, como cedro e madeiras de lei, igualmente, foram derrubadas em grande parte na região.

Nota-se, com isso, que o Incra adentrou a área apenas quando já não havia mais violências socioambientais oriundas de conflitos entre madeireiros e colonos, ou seja, quando as reservas florestais estavam praticamente extintas.

CONCLUSÃO

O objetivo central desta obra foi demonstrar que o fluxo de migrações estabelecido no sudoeste do Paraná a partir do ano de 1935, intensificado nas décadas de 1940 e 1950, causou impactos ambientais severos à região, simbolizados pela quase extinção da FOM e da FES, até o ano de 1975. A araucária foi a espécie vegetal que mais destacou as ambições de madeireiros e companhias colonizadoras, devido ao seu alto valor de mercado. A natureza foi transformada em uma mercadoria e o estabelecimento da sociedade de colonizadores se caracterizou pelas violências sociais e ambientais. Centenas de serrarias se instalaram na região e, por meio de contratos ou do uso da violência, avançaram predatoriamente sobre as florestas. Com isso, muitos migrantes, que se estabeleceram como colonos, vislumbraram no desmatamento uma maneira de manter as suas posses, a fim de evitar conflitos por araucárias com madeireiros, com companhias colonizadoras ou mesmo como recurso econômico.

Para alcançar o objetivo anteriormente descrito, demonstrou-se que as migrações e o crescimento populacional ocorridos na região ao longo do século XX são fenômenos globais que inserem o sudoeste em contexto amplo. A migração, bem como o crescimento populacional, expulsou as sociedades indígenas e caboclas da região, que necessitaram se realocar e tiveram as suas histórias invisibilizadas.

Com as migrações e o crescimento populacional, as florestas foram ressignificadas. Para os povos indígenas Kaingang e Guarani, a FOM e a FES possuem relações com o sagrado, com o transcendental, sem existir em suas culturas separações entre os seres humanos e a natureza. A sociedade estabelecida a partir de 1935, por outro lado, representou a vegetação do sudoeste como recurso econômico industrializável, sobretudo as araucárias.

Alguns intelectuais colaboraram para que a floresta fosse percebida dessa maneira ao considerar que a região era um sertão pobre, com vazio demográfico. O geógrafo Nilo Bernardes (1952, p. 429), por exemplo, argumentou que o sudoeste não poderia ser considerado uma região povoada por não deter uma organização econômica integrada à sociedade nacional. Consequentemente, as sociedades que habitavam o local imemorialmente foram ignoradas e afastadas dali.

Dessa forma, o povo Guarani, em sua maioria, desapareceu da região. Os indivíduos que resistiram contaram com a solidariedade do povo Kaingang de Mangueirinha, que lhes cedeu parte da Reserva Indígena Mangueirinha. Nessa reserva, aliás, encontra-se a maior área de FOM conservada do sudoeste, devido aos esforços dos Kaingang, pois o ex-governador do Paraná, Moysés Lupion, em associação aos grupos econômicos Forte-Khury e Irmãos Slaviero, grilou metade do território indígena. Os Kaingang reagiram a essa grilagem e evitaram que a tragédia de seu povo e da floresta fosse maior, retomando parte do território grilado e mantendo a natureza conservada.

A colonização do sudoeste teve como traço marcante a violência ambiental com implicações físicas e como uma forma de normalizar ou de justificar a devastação ambiental. Concomitantemente, importantes alertas sobre os riscos de extinção da FOM foram produzidos desde o final da década de 1940, destacadamente das araucárias, em decorrências das práticas predatórias do ramo madeireiro instalado em todo o estado do Paraná.

A predação da natureza regional por serrarias teve seu início regularizado em Palmas no ano de 1935 e desde esse município foi disseminada por todo o sudoeste. Os madeireiros avançaram para Palmas a partir de União da Vitória/PR, local considerado por Carvalho (2010) como o epicentro da devastação da FOM por ser o local onde se instalou a *Southern Brazil Lumber and Colonization*. Até a década de 1950, como se demonstrou, o meio mais estruturado para a instalação de serrarias, para o escoamento de suas produções e para a chegada de migrantes, era a estrada entre Palmas e os municípios de União da Vitória/PR e Porto União/SC. É importante destacar que, embora o caminho Palmas-União da Vitória fosse mais estruturado, milhares de migrantes chegaram à região transitando por outras vias antes da década de 1950, incluindo trilhas em meio às florestas.

A análise da Revolta dos Colonos de 1957, sob o olhar da história ambiental global, elucidou que a natureza foi transformada em uma mercadoria desde as dações de imóveis feitas pelo Estado brasileiro no final do século XIX. Como uma mercadoria, a natureza foi um elemento fundamental para que conflitos socioambientais violentos ocorressem recorrentemente.

Nesse aspecto, a CITLA desempenhou papel singular, desde o ano de 1950. A companhia, que adquiriu os imóveis Missões e Chopim de maneira ilegal em conluio com Moysés Lupion, interessava-se em desenvolver nas Águas do Verê, no munícipio de Verê, o projeto celulose, que consistia em um parque industrial com capacidade de produção de 20 mil toneladas de celulose mensalmente. Para suprir essa produção, a matéria-prima de excelência seriam as araucárias, estimadas, no período, em cerca de 3 milhões de árvores adultas.

Por isso, a CITLA, ao mesmo tempo em que grilou as terras de Missões e Chopim, vendeu lotes rurais para colonos excluindo as araucárias dos contratos, ou seja, o comprador se comprometia em não serrar os pinheiros existentes na posse adquirida. Por outro lado, milhares de colonos chegaram espontaneamente ao sudoeste paranaense, sem auxílio de nenhuma companhia colonizadora, e passaram a ser confrontados pela CITLA, pela Comercial e pela Apucarana a partir do ano de 1956. Essas últimas duas companhias agiram com violência extrema e praticaram terror entre os colonos. A conjunção desses fatores levou os posseiros, que de certa maneira se organizavam desde o ano de 1951, a se levantarem contra as companhias e expulsá-las da região no mês de outubro de 1957, no movimento que ficou conhecido como Revolta dos Colonos.

Após a Revolta de 1957, o governo federal desapropriou as glebas Missões e Chopim e criou o GETSOP para resolver os conflitos socioambientais lá recorrentes. O Grupo logrou resolver os problemas fundiários nos imóveis em referência expedindo mais de 43 mil títulos de lotes urbanos e rurais. Do ponto de vista ambiental, o grupo foi nocivo às florestas, na medida em que regularizou 202 serrarias clandestinas em vez de coibir as suas atividades ilegais.

Foi possível demonstrar que, embora a historiografia regional apresente determinada tendência em considerar que o GETSOP resolveu os problemas fundiários do sudoeste, conflitos socioambientais advindos de grilagens de terras e de pinheiros persistiram na região durante e após a atuação do Grupo. Pela própria área de sua jurisdição, o GETSOP não poderia resolver todas as questões fundiárias, já que atuou apenas em Missões e Chopim e a região é mais ampla que esses imóveis.

Os problemas sociais, econômicos e agrários resolvidos com as titulações expedidas pelo GETSOP continuaram persistindo na gleba Chopinzinho. O imóvel, assim como Missões e Chopim, foi doado à Estrada de Ferro São Paulo-Rio Grande (EFSPRG) no início do século XX, que sub-rogou seus direitos para a Braviaco, que, por sua vez, fracionou e negociou partes do imóvel com a companhia colonizadora e madeireira Pinho e Terras Ltda. Como suposta proprietária, a Pinho e Terras vendeu parte do imóvel para a Colonizadora Dona Leopoldina. Para validar os documentos das empresas colonizadoras e consagrar as grilagens das terras, o ex-governador Moysés Lupion fracionou e sobrepôs três novos títulos no imóvel Chopinzinho denominando-os de colônias Baía, Barra Grande e Dória, no ano de 1959.

Como o restante do sudoeste, o imóvel Chopinzinho foi ocupado espontaneamente por milhares de migrantes que se estabeleceram como colonos. Enquanto colonos, tornaram-se posseiros, devido à complexidade dos litígios entre a União, o estado do Paraná e as companhias colonizadoras Braviaco, Pinho e Terras e Colonizadora Dona Leopoldina que impedia que os títulos das terras fossem emitidos de forma segura para os que de fato as ocupavam e as manejavam.

Essa conjuntura desencadeou tensão, terror e conflitos sociais. Assim como a CITLA em Missões e Chopim, as companhias colonizadoras em Chopinzinho desejavam explorar as reservas de FOM existentes no imóvel. Muitos posseiros reagiram contra esses interesses. Dessa maneira, os colonos que tinham posses na gleba 1 da colônia Baía buscaram subsídios judiciais para evitar a dilapidação das araucárias, dos cedros e de espécies de madeira de lei de suas posses. A preocupação dos colonos não teve aspectos ecológicos, apenas econômicos.

Com o auxílio do agrimensor Apparicio Henriques, os colonos denunciaram as atividades da Colonizadora Dona Leopoldina, bem como das serrarias que atuavam de maneira associada à companhia, na Vara Civil da Comarca de Chopinzinho, e obtiveram uma medida acauteladora de sequestro judicial de todas as árvores de suas posses, no ano de 1970.

As demandas econômicas dos posseiros e da Colonizadora, contudo, superaram a tensão existente na gleba Baía e levaram as partes a celebrarem acordos amigáveis para solicitar autorização do juiz e vender as madeiras beneficiadas, porém sequestradas, assim como para serrar árvores. Com Apparicio Henriques subsidiando os acordos, colonos e madeireiros concluíram que selecionar uma serraria de outra região poderia dar-lhes resultados mais transparentes e beneficiar ambos os lados. Para isso, o agrimensor sugeriu a Madeireira Passo Liso, que foi bem recebida na área com árvores sequestradas, após celebrar acordo com os posseiros e com a Colonizadora Dona Leopoldina.

Quando a Madeireira Passo Liso entrou no caso, estimou-se a existência de aproximadamente 20 mil pinheiros e 15 mil árvores de cedros, canela, canjarana, angico, peroba, pau-marfim, entre outras espécies de madeira de lei, na gleba 1 da colônia Baía. A Madeireira Passo Liso, incialmente, cumpriu os contratos que havia celebrado. Porém, posteriormente, passou a serrar árvores indiscriminadamente sem autorizações judiciais ou dos posseiros em toda a área abrangida pelo processo de sequestro. Os furtos foram acompanhados da prática de terror e outros crimes. O Poder Judiciário agiu lentamente e várias pessoas envolvidas no processo morreram, incluindo o promotor militar Aloysio Rodrigues Henriques, filho de Apparicio Henriques, também falecido durante o litígio.

A morosidade da justiça foi, igualmente, acompanhada por outros órgãos. O Incra, por exemplo, promoveu a desapropriação do imóvel Chopinzinho, no ano de 1976, quando os pinheiros já estavam quase extintos e várias pessoas haviam perdido suas vidas ou sido coagidas em virtude das disputas que ocorreram na gleba 1 da colônia Baía.

As atividades madeireiras que devastaram o sudoeste foram normalizadas e justificadas pelos discursos de progresso econômico que incluíram a região no mercado nacional. Isso se pode comprovar a partir de fontes como processos civis, criminais e comissões de investigações do Senado Federal e do governo militar analisadas ao longo do livro.

Interesses políticos e econômicos promoveram a aceitação social da devastação ambiental no sudoeste. Essa aceitação, entretanto, não se restringiu à região estudada, já que os aspectos econômicos e políticos são de níveis nacional e transnacional. Analisar o processo histórico aqui em questão sob a ótica da história ambiental global tornou inevitável fazer comparações com a atual e contínua dilapidação da Amazônia, onde indígenas, indigenistas e ambientalistas têm sido assassinados em virtude da ação violenta de madeireiros, garimpeiros e grileiros de terras que encontram amparo para as suas atuações nas políticas do atual presidente da república, bem como se justificam pelos seus discursos ecocidas.

Destaca-se, ainda, que o sudoeste é atingido, frequentemente, por tempestades com vendavais e chuvas de granizo severos. A relação dessas tempestades com a devastação das florestas e implementação de monoculturas agrícolas é uma das possibilidades de pesquisa sobre os impactos ambientais na região a serem exploradas por novos estudos.

REFERÊNCIAS

ANDRÉ, V. In memoriam Araucária. *In*: PEGORARO, I. (org.). **11º concurso Francisco Beltrão de literatura**. Francisco Beltrão: Jornal de Beltrão, 2018.

ABRAMOVAY, R. **Transformações na vida camponesa**: o sudoeste do Paraná. Dissertação (Mestrado em Sociologia) – Faculdade de Filosofia Letras e Ciências Humanas, Universidade de São Paulo, São Paulo, 1981.

BARBOSA, A. S. *et al.* **O Piar da Juriti Pepena**: narrativa ecológica da ocupação humana do cerrado. Goiânia: PUC Goiás, 2014.

BARBOSA, A. S. Cerrado: extinção e agrotóxicos. **Xapuri Socioambiental**, v. 48, p. 28-31, 2018.

BAUER, A. C. L. **Palmas nas vivências de um campeiro**. Palmas: Kaygangue, 2017.

BAUER, J. de A. **Reminiscências, Histórias de Palmas**. Palmas: Kaygangue, 2002.

BAURMANN, S. G.; BEHLING, H. Dinâmica paleovegetacional da floresta com araucária a partir do final do pleistoceno: o que mostra a palinologia. *In*: FONSECA, C. R. (ed.). **Floresta com araucária**: ecologia, conservação e desenvolvimento sustentável. Ribeirão Preto: Holos, 2009.

BECKER, V. O. Insetos que danificam o cedro: cedrela fissilis vell. (meliaceae). **Floresta**, Curitiba, v. 2, n. 3, p. 69-74, 1970.

BERNARDES, L. M. C. O problema das frentes pioneiras no estado do Paraná. **Revista Brasileira de Geografia**, Rio de Janeiro, ano XV, n. 3, p. 335-384, jul./set. 1953.

BERNARDES, N. Expansão do povoamento no estado do Paraná. **Revista Brasileira de Geografia**, Rio de Janeiro, ano XIV, n. 4, p. 427-456, out./dez. 1952.

BERTOLDO, E.; PAISANI, J. C.; OLIVEIRA, P. E. Registro de Floresta Ombrófila Mista nas regiões sudoeste e sul do Estado do Paraná, Brasil, durante o Pleistoceno/Holoceno. **Hoehnea**, Instituto de Pesquisas Ambientais, São Paulo, v. 41, n. 1, p. 1-8, 2014

BONETI, L. W. A Exclusão Social dos Caboclos do sudoeste do Paraná. *In*: ZARTH, P. (org.). **Os caminhos da Exclusão Social**. Ijuí: Editora Unijuí, 1998. p. 81-119.

BRANDÃO, A. E. Um curuquerê do pinheiro. **Floresta**, Curitiba, v. 1, n. 1, p. 103-104, 1969.

BRANDT, M.; NODARI, E. Comunidades tradicionais da Floresta de Araucária de Santa Catarina: territorialidade e memória. **História Unisinos**, v. 15, n. 1, p. 80-90, jan./abr. 2011. (doi: 10.4013/htu.2011.151.09). Disponível em: http://revistas.unisinos.br/index.php/historia/article/view/964/0. Acesso em: 1 nov. 2020.

CARDOZO, R. L. **El Guairá, historia de la antigua pronvincia**: 1554-1676. Buenos Aires: Librería y Casa Editora de Jesús Menéndez, 1938.

CARRIJO, B. R. **Uma análise geográfica da área de relevante interesse ecológico Buriti, Pato Branco/PR, a partir dos conceitos geossistema-território-paisagem**. Tese (Doutorado em Geografia) – UFPR, Curitiba, 2013.

CARLIN, J. C. **Entre campos e florestas**: transformações da paisagem no município de Palmas/PR: 1950-1980. Dissertação (Mestrado em História) – Universidade Federal da Fronteira Sul, Chapecó, 2019.

CARVALHO, E. B. **A modernização do sertão**: terras, florestas, estado e lavradores na colonização de Campo Mourão/PR: 1939–1964. Tese (Doutorado em História) – Programa de Pós-Graduação em História, Universidade Federal de Santa Catarina, Florianópolis, 2008.

CARVALHO, M. M. X. O Instituto Nacional do Pinho e a questão do reflorestamento. *In*: NODARI, E. S.; CARVALHO, M. M. X.; ZARTH, P. A. (org.). **Fronteiras fluídas**: florestas com araucárias na América Meridional. São Leopoldo: Oikos, 2018.

CARVALHO, M. M. X. **Uma grande empresa em meio à floresta**: a história da devastação da floresta com araucária e a Southern Brazil Lumber and Colonization: 1870–1970. Tese (Doutorado em História) – UFSC, Florianópolis, 2010.

CARVALHO, M. M. X. **O desmatamento das florestas de araucária e o Médio Vale do Iguaçu**: uma história de riqueza madeireira e colonizações. Dissertação (Mestrado em História) – UFSC, Florianópolis, 2006.

CARVALHO, P. E. R. **Espécies arbóreas brasileiras**. Brasília, DF: Embrapa Informação Tecnológica; Colombo: Embrapa Florestas, 2008. v. 1.

CARVALHO, P. E. R. **Pinheiro-do-Paraná**. Colombo: Embrapa, 2002. Disponível em: www.infoteca.cnptia.emprapa.br/infoteca/handle/doc/304455. Acesso em: 1 dez. 2020.

CASTRO, P. A. S. **Angelo Cretã e a retomada das terras indígenas no sul do Brasil**. Dissertação (Mestrado em Antropologia Social) – Universidade Federal do Paraná, Curitiba, 2011.

CHAGAS, M. F. **Narrativas de colonos e posseiros na luta pela terra**: a (re) criação da memória da Revolta de Três Barras do Paraná: 1964–2014. Dissertação (Mestrado em História) – UNIOESTE, Marechal Cândido Rondon, 2015.

CHAVES, P. R. L. **Direitos de propriedade e desmatamento na velha e na nova fronteira agrícola**: o caso dos estados do Paraná e do Pará. Dissertação (Mestrado em Desenvolvimento Econômico) – UFPR, Curitiba, 2008.

COLNAGHI, M. C. **Colonos e poder**: a luta pela terra no sudoeste do Paraná. Dissertação (Mestrado em História) – UFPR, Curitiba, 1984.

COMISSÃO ESTADUAL DA VERDADE DO PARANÁ TERESA URBAN. **Relatório final da Comissão Estadual da Verdade do Paraná Teresa Urban**. Florianópolis: Acervo da Memória e Direitos Humanos da Universidade Federal de Santa Catarina (UFSC). Disponível em: https://www.memoriaedireitoshumanos.ufsc.br/items/show/765. Acesso em: 21 jan. 2022.

CUNHA, M. C. Política indigenista no século XIX. *In*: CUNHA, M. C. (org.). **História dos índios no Brasil**. São Paulo: Companhia das Letras: Secretaria Municipal de Cultura: FAPESP, 1992.

CONSELHO NACIONAL DO MEIO AMBIENTE (CONAMA). Resolução CONAMA n.º 249, de 29 de janeiro de 1999. Brasília: **Diário Oficial da União**, Seção 1, p. 60, 1º fev. 1999.

CONSELHO INDIGENISTA MISSIONÁRIO. Situação das Reservas Indígenas do Paraná. Xanxerê: CIMI Regional Sul, 1979.

CORRÊA, R. L. O sudoeste paranaense antes da colonização. **Revista Brasileira de Geografia**, Rio de Janeiro, n. 1, p. 87-98, jan./mar. 1970a.

CORTESÃO, J. **Jesuítas e bandeirantes no Guairá**: 1594–1640: manuscritos da Coleção de Angelis. Rio de Janeiro: Biblioteca Nacional, 1951. Disponível em: http://objdigital.bn.br/acervo_digital/div_manuscritos/mss1019228/mss1019228.pdf. Acesso em: 1 jan. 2022.

DAMBROS, V. **A revolta dos colonos**: de olho no passado e pés no futuro. Francisco Beltrão: Grafit, 1997.

D'ANGELIS, W. da R. Kaingang: questões de língua e identidade. **Liames**, Campinas: Unicamp, n. 2, p. 105-28, 2002.

D'ANGELIS, W. da R. A língua Kaingang, a formação de professores e o ensino escolar. *In*: ALBANO, E. C. *et al.* (org.). **Saudades da língua**: a Linguística nos 25 anos do IEL-UNICAMP. Campinas: DL-IEL; Mercado de Letras, 2003. p. 373-391.

DILLEWJIN, F. **Inventário do Pinheiro no Paraná**. Curitiba: CERENA/ CODEPAR, 1966.

DILLEWJIN, F. **Inventário do Pinheiro do Paraná**: Extrato do Relatório da Coordenação do Projeto de Recursos Florestais à Comissão de Estudos dos Recursos Naturais Renováveis do Estado do Paraná. Curitiba: CERENA/ CODEPAR, 1966.

DUSSEL, E. **1492**: o encobrimento do outro: a origem do mito da modernidade. Petrópolis: Vozes, 1993.

FASSHEBER, J. R. **Etno-Desporto indígena**: contribuições da antropologia social a partir da experiência entre os Kaingang. Tese (Doutorado em Educação Física) –Unicamp, Campinas, 2006.

FÉDER, E. **200.000 alqueires por uma caixinha de fósforo**: verdadeira história do colonizador do sudoeste do Paraná. Curitiba: Viera e Nickel, 2001.

FERNANDES, R. C.; PIOVEZANA, L. The kaingang perspectives on land and environmental rights in the South of Brazil. **Ambiente e Sociedade**, v. 18, p. 111-128, 2015.

FICO, C. **O regime militar no Brasil**: 1964–1985. São Paulo: Saraiva, 1999.

FLAVIO, L. C. **Memórias e territórios**: elementos para o entendimento da constituição de Francisco Beltrão/PR. Tese (Doutorado em Geografia) – Unesp, Presidente Prudente, 2011.

FOWERAKER, J. **A luta pela terra**: a economia política da fronteira pioneira no Brasil de 1930 até os dias atuais. Rio de Janeiro: Zahar Editores S.A., 1982.

FLORES, E. L. **Industrialização e desenvolvimento do sudoeste do Paraná**. Dissertação (Mestrado em Geografia) – Unioeste, Francisco Beltrão, 2009a.

FLORES, E. L. Natureza e Industrialização no sudoeste do Paraná. **Faz Ciência**, v. 11, p. 231-248, 2009b.

FREITAG, L. da C. **As fronteiras perigosas**: migrações internas e a ocupação de um espaço vital: o extremo-oeste paranaense: 1937–1954. Dissertação (Mestrado PPGH) –Universidade do Vale do Rio dos Sinos (UNISINOS), São Leopoldo, 1997.

FUNDAÇÃO NACIONAL DO ÍNDIO. Planejamento visitas de coletas de informações setoriais de áreas (VISA). Brasília: FUNAI, 1989.

GASPARI, E. **A ditadura escancarada**. Rio de Janeiro: Intrínseca, 2014.

GERHARDT, M.; NODARI, E. Patrimônio Ambiental, História e Biodiversidade. **Fronteiras**: Journal of Social, Technological and Environmental Science, Anápolis, v. 5, n. 3, 2016. Disponível em: http://revistas.unievangelica.com.br/index.php/fronteiras/article/view/1902. Acesso em: 1 nov. 2020.

GOMES, I. Z. **1957**: a revolta dos posseiros. Curitiba: Criar Edições, 1986.

GOULART, M. H. H. S. Família Slaviero: uma história de grandes conquistas. **Revista NEP**, Curitiba, v. 2. n. 2, p. 720-735, 2016.

GREGORY, V. Colônia. *In*: MOTTA, M. (org.). **Dicionário da terra**. Rio de Janeiro: Civilização Brasileira, 2010. p. 96-98.

GREGORY, V. Colono. *In*: MOTTA, M. (org.). **Dicionário da terra**. Rio de Janeiro: Civilização Brasileira, 2010. p. 102-103.

GRYSNSZPAN, M. Posseiros. *In*: MOTTA, M. (org.). **Dicionário da terra**. Rio de Janeiro: Civilização Brasileira, 2010. p. 373-376.

HEINSFELD, A. **Fronteira e ocupação do espaço**: a questão de Palmas com a Argentina e a colonização do Vale do Rio do Peixe/SC. São Paulo: Perse, 2014.

HELM, C. A terra, a usina e os índios do P. I. Mangueirinha. *In*: SANTOS, S. C. (org.). **O índio perante o direito**: ensaios. Florianópolis: Editora da UFSC, 1982. p. 129-142.

HELM, C. Corte ilegal de madeira *e* perseguições no Posto Indígena Mangueirinha, Paraná. **Boletim** *da* **ABA**, Brasília, n. 9, p. 4-5, 1990.

HELM, C. A justiça é lenta, a FUNAI devagar, e a paciência dos índios está se esgotando: perícia antropológica na área indígena de Mangueirinha/PR. **NUER**, Florianópolis, ano 2, n. 4, p. 22-38, 1996.

HELM, C. **Direitos territoriais indígenas**: disputa judicial entre Kaingang, Guarani e madeireiros pela Terra Indígena Mangueirinha, Paraná, Brasil. Curitiba: Design Estúdio Gráfico, 1997.

HOBSBAWM, E. **A era dos extremos**: o breve século XX. São Paulo: Companhia das Letras, 1994.

INSTITUTO PARANAENSE DE DESENVOLVIMENTO ECONÔMICO E SOCIAL (IPARDES). **Leituras regionais**: Mesorregião Geográfica Sudoeste Paranaense. Curitiba: BRDE, 2004.

INSTITUTO PARANAENSE DE DESENVOLVIMENTO ECONÔMICO E SOCIAL (IPARDES). **Sudoeste paranaense**: especificidades e diversidades. Curitiba: Ipardes, 2009.

INSTITUTO PARANAENSE DE DESENVOLVIMENTO ECONÔMICO E SOCIAL (IPARDES). **Indicadores de desenvolvimento sustentável por bacias hidrográficas do estado do Paraná**. Curitiba: Ipardes, 2017.

LANGER, P. P. Toldos Guarani na Gleba Missões na década de 1950: os indígenas na memória dos colonos. **Tellus**, Campo Grande, ano 9, n. 17, p. 33-60, jul./dez. 2009.

LANGER, P. P. Símbolos e discursos acadêmicos na construção de uma identidade eurocêntrica: o encobrimento dos indígenas e caboclos. *In*: LANGER, P. P.; MARQUES, S. S; MARSCHNER, W. R. (org.). **Sudoeste do Paraná**: diversidade étnica e ocupação territorial. Dourados: UFGD, 2010. p. 13-42.

LAZIER, H. **Estrutura agrária no sudoeste do Paraná**. Dissertação (Mestrado em História) – Universidade Federal do Paraná, Curitiba, 1983.

LAZIER, H. **Análise histórica da posse da terra no sudoeste paranaense**. Francisco Beltrão: Grafit, 1997.

LAZIER, H. **Paraná**: terra de todas as gentes e de muita história. Francisco Beltrão: Grafit, 2003.

LENHARO, A. **A Sacralização da política**. Campinas: Editora Papirus, 1986.

LIMA, I. M.; RESENDE, L. M. Terras indígenas: uma análise dos critérios constitucionais estabelecidos para a sua caracterização. **Anais do Congresso Nacional do CONPEDI, Uberlândia/MG**. 2012. p. 14.342-14.364. Disponível em: http://www.publicadireito.com.br/artigos/?cod=f1981e4bd8a0d6d8. Acesso em: 1 jul. 2020.

LIMA, J. G. G.; BIFFI, V. H. R.; PONTELLI, M. E. Análise estrutural do relevo do sudoeste do Paraná e oeste de Santa Catarina: Planalto das Araucárias. **Boletim Goiano de Geografia**, Goiânia, UFG, v. 39, p. 1-18, 2019.

LITTLE, P. E. Espaço, memória e migração: por uma teoria da reterritorialização. **Textos de História**, Brasília, v. 2, n. 4, p. 5-25, 1994.

MAACK, R. **Geografia física do estado do Paraná**. 4. ed. Ponta Grossa: UEPG, 2017.

MACHADO, B. P. Sinopse da história regional do Paraná. **Boletim do Instituto Histórico, Geográfico e Etnográfico Paranaense**. Curitiba: IHGEP, 1951.

MACHADO, P. P. **Um estudo sobre as origens sociais e a formação política das lideranças sertanejas do Contestado**: 1912-1916. Tese (Doutorado em História) –Unicamp, Campinas, 2001.

MARTINS, A. R. **Bandeiras e bandeirantes em terras do Paraná**: 1523–1839. Curitiba, Guaíra, 1940.

MARTINS, A. R. **Terra e gente do Paraná**. Curitiba: Prefeitura Municipal de Curitiba, 1995.

MARX, K. Mercadoria e dinheiro. *In*: MARX, K. **O capital**: crítica da economia política. Livro 1: O processo de produção do capital. Boitempo Editorial: São Paulo, 2011. p. 97-164.

MAUREL, C. La World/Global History. **Vingtiéme Siécle D'Histoire**, n. 104, p. 153-166, out./dez. 2009. Disponível em: https://www.cairn.info/revue-vingtieme-siecle-revue-d-histoire-2009-4-page-153.htm. Acesso em: 1 jul. 2017.

McNEILL, J. R. **Algo nuevo bajo el sol**: historia medioambiental del mundo en el siglo XX. Madrid: Alianza Editorial, 2003.

McNEILL, J. R. Future Research Needs in Environmental History: Regions, Eras, and Themes. *In*: COULTER, K.; MAUCH, C. **The Future of Environmental History**: Needs and Opportunities. RCC Perspectives, 2011. p. 13-16.

McNEILL, J. R.; ENGELKE, P. **The great acceleration**: an environmental history of the anthropocene since 1945. Cambridge: Harvard University Press, 2014.

MINISTÉRIO DO DESENVOLVIMENTO AGRÁRIO (MDA). **Caderno Territorial 88**: sudoeste paranaense/PR. Sistema de Informações Territoriais (SIT). Brasília: MDA, 2015. Disponível em: http://mda.gov.br/. Acesso em: 8 mar. 2022.

MYSKIW, A. M. **Colonos, posseiros e grileiros**: conflitos de terra no Oeste paranaense: 1961/66. Dissertação (Mestrado em História) - UFF/Unioeste, Niterói, 2002.

MONDARO, M. L. **Os períodos das migrações**: territórios e identidades em Francisco Beltrão/PR. Dissertação (Mestrado em Geografia) – UFGD, Dourados, 2009.

MONDARO, M. L. Raízes da migração cabocla para o sudoeste paranaense: lugares de origem, trajetórias e territorialização. *In*: LANGER, P. P.; MARQUES, S. S; MARSCHNER, W. R. (org.). **Sudoeste do Paraná**: diversidade étnica e ocupação territorial. Dourados: UFGD, 2010. p. 13-42.

MONDARO, M. L. **Territórios migrantes**: transterritorialização e identidades em Francisco Beltrão/PR. Dourados: UFGD, 2012.

MOTA, L. T. **As guerras dos índios Kaingang**: a história épica dos índios Kaingang no Paraná: 1769–1924. Maringá: Eduem, 2009.

NASCIMENTO, D. **Pela fronteira**. Curitiba: [*s. n.*], 1903.

NETTO, S. P. Recursos florestais do sul do país. **Floresta**, Curitiba, v. 3, n. 2, p. 68-74, 1971.

NERY, S. **A eleição da reeleição**: histórias, estado por estado. São Paulo: Geração Editorial, 1999.

NODARI, E. S. Crossing borders: Immigration and Transformation of Landscapes in Misiones Province, Argentina, and Southern Brazil. *In*: BLANC, J.; FREITAS, F. (ed.). **Big Water**: the Making of the Borderlands between Brazil, Argentina and Paraguay. Tucson: The University of Arizona Press, 2018a.

NODARI, E. S. Florestas com araucária: uma história do antropoceno. *In*: NODARI, E. S.; CARVALHO, M. M. X.; ZARTH, P. A. (org.). **Fronteiras fluídas**: florestas com araucárias na América Meridional. São Leopoldo: Oikos, 2018b.

NODARI, E. S. Historia de la devastación del Bosque de Araucaria en el sur del Brasil. **Areas**, n. 35, p. 75-85, 2016.

NODARI, E. S. Um olhar sobre o processo histórico de violências ambientais no oeste de Santa Catarina. *In*: BONAMIGO, I. S.; CHAVES, L. C. (org.). **Violências e segurança pública na contemporaneidade**: um desafio às tecnologias e inovações sociais. Chapecó: Argos, 2013. p. 225-272.

NODARI, E. S. **Etnicidades renegociadas**: práticas socioculturais no Oeste de Santa Catarina. Florianópolis: EdUFSC, 2009.

NODARI, R.; NODARI, E.; FRANCO, J. Uso e conservação da biodiversidade: as duas faces da moeda. **Fronteiras**: Journal of Social, Technological and Environmental Science, v. 5, n. 3, p. 11-16. Disponível em: https://doi.org/10.21664/2238-8869.2016v5i3. Acesso em: 1 nov. 2020.

OLINGER, G. **Aspectos históricos da extensão rural no Brasil e em Santa Catarina**. Florianópolis: Epagri, 2020. Disponível em: https://www.faser.org.br/uploads/files/2020/41319_aspectos_historicos_da_extensao_rural_no_brasil_e_santa_catarina.pdf. Acesso em: 1 abr. 2022.

PAISANI, J. C. *et al.* Dinâmica de rampa de colúvio na superfície de Palmas/Água Doce durante o quaternário tardio: bases para compreender a evolução das encostas no Planalto das Araucárias. **Revista Brasileira de Geomorfologia**, São Paulo, v. 18, n. 4, p. 783-799, 2017a.

PAISANI, J. C. *et al.* Pedogênese e morfogênese no médio vale do Rio Marrecas durante o quaternário tardio no sul do Brasil. **RA'E GA** (UFPR), Curitiba, v. 41, p. 49-64, 2017b.

PARELLADA, C. I. **Um tesouro herdado**: os vestígios arqueológicos da cidade colonial espanhola de Villa Rica Del Espiritu Santo/Fênix/PR. Dissertação (Mestrado em Antropologia Social) – UFPR, Curitiba, 1997.

PASSOS, A. A. **História de sangue e dor**: crimes passionais no sudoeste do Paraná: 1909-1939. Dissertação (Mestrado em História) – UFPR, Curitiba, 2009.

PEGORARO, E. **Dizeres em confronto**: a Revolta dos Posseiros de 1957 na imprensa paranaense. Dissertação (Mestrado em História) – UFF, Niterói, 2007.

PEREIRA, L. F. L. **Movimentos sociais, terra e cidadania nos tempos de JK**: estudos sobre a Revolta dos Posseiros no sudoeste paranaense: 1957. Porto Alegre: Editora Fi, 2020.

PERGHER, N. S. **São João**: uma história de trabalho e progresso. Francisco Beltrão: Jornal de Beltrão, 2010.

PILETTI, L. M. **Revolta dos posseiros**: direito administrativo e modernização entre enxadas e winchesters. Dissertação (Mestrado em Direito) – UFPR, Curitiba, 2019.

PIN, A. E. Moysés Lupion e as transformações na cultura faxinalense em Pinhão/PR. *In*: BONAMIGO, C. A. (org.). **História**: tradições e memórias. Francisco Beltrão: Jornal de Beltrão, 2011. p. 65-79.

PIN, A. E. **História do povo Javaé (Iny) e sua relação com as políticas indigenistas**: da colonização ao Estado brasileiro: 1775–1960. Dissertação (Mestrado em História) –UFG, Goiânia, 2014.

PRIORI, A. A Guerra de Porecatu. **Diálogos**, Maringá, v. 14, n. 2, p. 367-379, 2010.

PRIORI, A. *et al.* **História do Paraná**: séculos XIX e XX. Maringá: Eduem, 2012.

RAMOS, A. A. Situação atual das Reservas Florestais do Paraná. **Floresta**, Curitiba, v. 1, n. 1, p. 71-98, 1969.

SANTOS, A. P. **Lago de memórias**: a submersão das Sete Quedas. Dissertação (Mestrado em História) – UEM, Maringá, 2006.

SANTOS, E. G. **"Em cima da mula, debaixo de Deus, na frente do inferno"**: os missionários franciscanos no Sudoeste do Paraná (1903-1936). Dissertação (Mestrado em História) – UFPR, Curitiba, 2005.

SANTOS, R. A. **O processo de modernização da agricultura do sudoeste do Paraná**. Tese (Doutorado em Geografia) – Unesp, Presidente Prudente, 2008.

SCHMITZ, P. I. Povos indígenas associados à floresta com araucária. *In*: FONSECA, C. R. (ed.). **Floresta com araucária**: ecologia, conservação e desenvolvimento sustentável. Ribeirão Preto: Holos, 2009.

SCHOLZ, J. M. **Elites locais e experiências plebiscitarias no sudoeste do Paraná**: 1960-1968. Curitiba: CVR, 2015.

SGANZERLA, E. (ed.). **Projeto Paraná biodiversidade**: verde que te quero verde. Curitiba: SEMA, 2009.

SILVA, C. M.; BRANDT, M.; CARVALHO, M. M. X. Uma história ambiental da fronteira sul: campos, florestas e agroecossistemas. *In*: RADIN, J. C.; VALENTINI, D. J.; ZARTH, P. A. (org.). **História da fronteira sul**. Chapecó: UFSC, 2016.

SILVA, C. M. Nelson Rockefeller e a atuação da American International Association for Economic and Social Development: debates sobre missão e imperialismo no Brasil, 1946–1961. **História, Ciências, Saúde**: Manguinhos, Rio de Janeiro, v. 20, n. 4, p. 1.695-1.711, out./dez. 2013.

SILVA, S. D.; BARBOSA, A. P. O Cerrado: complexidades biogeográficas para uma análise histórico-ambiental. *In*: SCHUCH, C. F. *et al.* **Biomas, historicidades e suas temporalidades**: uma visão histórico-ambiental. São Leopoldo: Oikos, 2021.

SMITH, N. **Desenvolvimento desigual**. Rio de Janeiro: Bertrand Brasil, 1988.

STRAUBE, K. V. K. **A estruturação sócio-espacial do sistema tropeiro**: o caso do caminho das tropas entre Palmas e União da Vitória, PR. Dissertação (Mestrado em Geografia) – UFPR, Curitiba, 2007.

SZESZ, C. M. **A invenção do Paraná**: o discurso regional e a definição das fronteiras cartográficas (1889-1920). Dissertação (Mestrado em História) – UFPR, Curitiba, 1997.

UEKOETTER, F. Globalizing Environmental History: Again. *In*: COULTER, K.; MAUCH, C. **The Future of Environmental History**: Needs and Opportunities. RCC Perspectives, 2011. p. 24-26.

UNIVERSIDADE FEDERAL DE SANTA CATARINA. BIBLIOTECA UNIVERSITÁRIA. BIBLIOTECA CENTRAL. **Tutorial de formatação de trabalhos acadêmicos A4 utilizando o WORD**. Florianópolis: BU/UFSC, 2021. Disponível em: https://repositorio.ufsc.br/handle/123456789/198045. Acesso em: 13 mar. 2022.

VANNINI, I. A.; KUMMER, R. Sudoeste paranaense: desmatamento como estratégia de posse da terra (1940–1690). **Halac**, v. 8, n. 1, p. 92-113, 2018.

VELOSO, H. P. **Classificação da vegetação brasileira, adaptada a um sistema universal**. Rio de Janeiro: IBGE, 1991.

VIANI, R. A. G. *et al.* Caracterização florística e estrutural de remanescentes florestais de Quedas do Iguaçu, sudoeste do Paraná. **Biota Neotropica**, São Paulo, v. 11, n. 1, p. 115-128, 2011.

VIETTA, K. Os homens e os deuses: a construção Mbyá do conceito de sociedade. **Multitemas**, Campo Grande, v. 3, p. 76-98, 1995.

VOLTOLINI, P. **Retorno 3**: ciclo da madeira em Pato Branco. Pato Branco: Imprebel, 2000.

WACHOWICZ, R. C. **Paraná, sudoeste**: ocupação e colonização. Curitiba: Líteřo-Técnica, 1985.

WACHOWICZ, R. C. **História do Paraná**. Curitiba: Imprensa Oficial do Paraná, 2001.

WAIBEL, L. Princípios da Colonização Européia no Sul do Brasil. **Revista Brasileira de Geografia**, Rio de Janeiro, ano XI, n. 2, p. 159-222, abr./jun. 1949.

WESTPHALEN, C. M. Historiografia paranaense. **Revista do Instituto Histórico e Geográfico Brasileiro**, Brasília/Rio de Janeiro, n. 343, p. 105-126, abr./jun. 1984.

WESTPHALEN, C. M. Momentos da historiografia paranaense. Sociedade Brasileira de Pesquisa História (SBPH). **Anais...** São Paulo: SBPH, 1985. p. 59-61.

WENDLING, I.; ZANETTE, F. Particularidades e biologia reprodutiva de Araucária angustifólia. *In*: WENDLING, I.; ZANETTE, F. (ed.). **Araucária**: particularidades, propagação e manejo de plantios. Brasília: Embrapa, 2017. p. 15-39.

WHITE, L. The historical roots of our ecological crisis. **Science**, v. 155, n. 3.767, p. 1.203-1.207, 1967. Disponível em: https://www.cmu.ca/faculty/gmatties/lynnwhiterootsofcrisis.pdf. Acesso em: 1 dez. 2021.

WORSTER, D. What is Global Environmental History? Conversation wtih Piero Bevilacqua, Guillermo Castro, Ranjan Chakrabarti, Kobus du Pisani, John R. McNeill, Donald Worster. **Global Environment**, n. 2, p. 228-249, 2008. Disponível em: https://www.environmentandsociety.org/mml/what-global-environmental-history. Acesso em: 1 ago. 2017.

ZATTA, R. **Sentinelas do sudoeste**: o Exército brasileiro na fronteira paranaense. Dissertação (Mestrado em História) – UPF, Passo Fundo, 2009.

FONTES

GARCEZ, J. M. Expansão econômica do Paraná. *In*: **Cincoentenário da estrada de ferro do Paraná**: 1835–1935. Curitiba: Rêde de Viação Paraná-Santa Catarina, 1935, p. 133-173.

GOULIN, A. Planos viário e ferroviário do Paraná. *In*: **Cincoentenário da estrada de ferro do Paraná**: 1835–1935. Curitiba: Rêde de Viação Paraná-Santa Catarina, 1935, p. 211–234.

Acervo do Museu do Índio

Microfilme 271 e Microfilme 272.

Arquivo da Câmara Municipal de Chopinzinho

BUSATO, A. **Discurso na Câmara de Deputados**. 1971. Cópia.

Arquivo de Palmas

Livros n.º 2 e n.º 4 – Alvarás de Licença 1935–1948.

Livro de Contratos da Prefeitura de Palmas, 1936–1950.

CÂMARA MUNICPAL DE PALMAS. Lei n.º 16, de 18 de outubro de 1948.

Arquivo Nacional do Ministério da Justiça e Cidadania

ACORDO QUE ENTRE SI FAZEM A UNIÃO FEDERAL E O ESTADO DO PARANÁ, 1962. Disponível em: Arquivo Nacional (an.gov.br). Acesso em: 1 jul. 2021.

AVISO nº 76-Ch/P de 26 de julho de 1968. Documento confidencial encaminhado pelo chefe do Serviço Nacional de Informações para o secretário-geral do Conselho de Segurança Nacional. 1968. Disponível em: Arquivo Nacional (an.gov.br). Acesso em: 1 jul. 2021.

BRASIL, COMISSÃO NACIONAL DA VERDADE. Relatório: textos temáticos. Brasília: CNV, 2014. Disponível em: Arquivo Nacional (an.gov.br). Acesso em: 1 jul. 2021.

COMISSÃO PRÓPRIA DE INVESTIGAÇÃO SOBRE AS TERRAS DO SUDOESTE DO SENADO FEDERAL. Brasília: Diário Oficial do Congresso Nacional, 11 de abril de 1959. p. 1.350–1.381. Disponível em: Arquivo Nacional (an.gov.br). Acesso em: 1 jul. 2021.

ENCAMINHAMENTO n.º 54/117/ACT/82. Of. Sigiloso Incra/DFZ, 1/4/71, Problemas de Faixa de Fronteiras dos estados do Paraná e Santa Catarina encaminhado pelo Incra ao chefe do SNI Agência de Curitiba. 1982. Disponível em: Arquivo Nacional (an.gov.br). Acesso em: 1 jul. 2021.

BRASIL, Decreto n.º 51.431, de 19 de março de 1962. Disponível em: Arquivo Nacional (an.gov.br). Acesso em: 1 jul. 2021.

INFORMAÇÃO n.º 079/SNI/AMA/71, 1971. Disponível em: Arquivo Nacional (an.gov.br). Acesso em: 1 jul. 2021.

INFORMAÇÃO n.º 480/SNI/ACT/68, de 17 de julho de 1968. Documento confidencial encaminhado pelo chefe do Serviço Nacional de Informações para o secretário-geral do Conselho de Segurança Nacional. 1968. Disponível em: Arquivo Nacional (an.gov.br). Acesso em: 1 jul. 2021.

COMISSÃO GERAL DE INVESTIGAÇÃO. Processo n.º 51, de 1969. Brasília: Ministério da Justiça, 1969. Disponível em: Arquivo Nacional (an.gov.br). Acesso em: 1 jul. 2021.

CORREIO DE NOTÍCIAS. Curitiba: edição dos dias 26 e 27 de junho de 1985. Disponível em: Arquivo Nacional (an.gov.br). Acesso em: 1 jul. 2021.

DSI/MF/BSB/AS/654/75. Encaminhado pelo diretor do chefe da Divisão de Segurança e Informação do Ministério da Justiça para o ministro da Justiça em 28 de julho de 1975. Disponível em: Arquivo Nacional (an.gov.br). Acesso em: 1 jul. 2021.

MEMORANDO n.º 07-AJ/SG/CSN, de 6 de setembro de 1973. Documento encaminhado pelo Dr. Philadelpho Pinto da Silveira, assessor jurídico do secretário-geral do Conselho de Segurança Nacional para a 5ª Subchefia. 1972. Disponível em: Arquivo Nacional (an.gov.br). Acesso em: 1 jul. 2021.

OF. n.º 35/GAB. DA SECRETARIA GERAL DO EXÉRCITO. Remessa de documentação básica sobre o caso das glebas Chopim e Missões do secretário-geral do Exército para o chefe do Estado-Maior das Forças Armadas. 1956. Disponível em: Arquivo Nacional (an.gov.br). Acesso em: 1 jul. 2021.

OF. n.º 255/15/73. Encaminhado pelo chefe da Agência do SNI de Curitiba para o presidente do GETSOP. 1973. Disponível em: Arquivo Nacional (an.gov.br). Acesso em: 1 jul. 2021.

RELATÓRIO APRESENTADO À COMISSÃO DE ESTUDO DE FAIXA DE FRONTEIRAS DO PARANÁ E SANTA CATARINA PELO DGTC. Curitiba: DGTC, 1966. Disponível em: Arquivo Nacional (an.gov.br). Acesso em: 1 jul. 2021.

RELATÓRIO DO INSTITUTO NACIONAL DE IMIGRAÇÃO E COLONIZAÇÃO SOBRE AS TERRAS DO SUDOESTE DO PARANÁ. Encaminhado pelo chefe de Divisão Patrimonial, Nilton Ronchini Lima, para o presidente da República. 1958. Disponível em: Arquivo Nacional (an.gov.br). Acesso em: 1 jul. 2021.

Acervo pessoal

Correio da Notícia, São João: 1985.

Arquivo Público do Paraná

ASSEMBLEIA LEGISLATIVA DO ESTADO. **Mensagem e Relatório**, 1950.

DEPARTAMENTO ADMINISTRATIVO DO OESTE DO PARANÁ. **Relatório**, 1951. DEPARTAMENTO DE ESTRADAS E RODAGEM DO ESTADO DO PARANÁ. **Relatório de 1949**.

DEPARTAMENTO DE ESTRADAS E RODAGEM DO ESTADO DO PARANÁ. **Relatório de 1965.**

DEPARTAMENTO DE ESTRADAS E RODAGEM DO ESTADO DO PARANÁ. **Relatório de 1966.**

ESTADO DO PARANÁ. **Concretização do Plano de Obras do Governador Moysés Lupion 1947–1950 (CPOGML)**. 1950.

ESTADO DO PARANÁ. **Comissão de Coordenação do Plano de Desenvolvimento Econômico do Estado**. 1956.

ESTADO DO PARANÁ. **Mensagem apresentada ao Congresso Nacional**. Rio de Janeiro, 1951.

ESTADO DO PARANÁ. **Regulamento da Divisão de Metrologia**. 1947.

REDE DE VIAÇÃO PARANÁ-SANTA CATARINA. **Relatório referente ao ano de 1956 apresentado pelo Exmo. Sr. ministro da Viação e Obras Públicas.**

TRIBUNAL DE CONTAS DO ESTADO DO PARANÁ. **Relatório de 1948.**

SÍMBOLOS DO ESTADO DO PARANÁ. **Decreto n.º 2.457, de 31 de março de 1947.**

Biblioteca Nacional

JORNAL A NOITE. Rio de Janeiro, edição 14.326, 12 de fevereiro de 1953. Disponível em: [DocPro] (bn.br). Acesso em: 1 jul. 2022.

Center of Research Libraries

ABRANCHES, F. J. C. A. **Relatório com que o senhor doutor Frederico José Cardoso de Araujo Abranches abriu a 1ª sessão da 11ª legislatura da Assembleia Legislativa Provincial no dia 15 de fevereiro de 1874**. Curitiba: Assembleia Legislativa, 1874. Disponível em: http://ddsnext.crl.edu/titles/179#?c=0&m=55&s=0&cv=0&r=0&xywh=-354%2C187%2C1802%2C1271. Acesso em: 1 jan. 2021.

LINS, D. L. **Relatório apresentado à Assembleia Legislativa do Paraná no dia 15 de fevereiro de 1877 pelo presidente da província, o Excelentíssimo Senhor Doutor Adolpho Lamenha Lins**. Curitiba: Assembleia Legislativa, 1877. Disponível em: http://ddsnext.crl.edu/titles/179#?c=0&m=55&s=0&cv=0&r=0&xywh=-354%2C187%2C1802%2C1271. Acesso em: 1 jan. 2021.

SOBRINHO, D. F. **Relatório da Província do Paraná**. Curitiba: Palácio da Presidência, 1888. Disponível em: http://ddsnext.crl.edu/titles/179#?c=0&m=55&s=0&cv=0&r=0&xywh=-354%2C187%2C1802%2C1271. Acesso em: 1 jan. 2021.

VASCONCELLOS, Z. G. **Relatório do presidente da província do Paraná na abertura da Assembleia Legislativa Provincial de 15 de julho de 1854**. Curitiba: Assembleia Legislativa, 1984. Disponível em: http://ddsnext.crl.edu/titles/179#?c=0&m=55&s=0&cv=0&r=0&xywh=-354%2C187%2C1802%2C1271. Acesso em: 1 jan. 2021.

Instituto Brasileiro de Geografia e Estatística

INSTITUTO BRASILEIRO DE GEOGRAFIA E ESTATÍSTICA. Anuário estatístico do Brasil. Rio de Janeiro: IBGE, 1953. Disponível em: aeb_1953.pdf (ibge.gov.br). Acesso em: 1 jun. 2021.

INSTITUTO BRASILEIRO DE GEOGRAFIA E ESTATÍSTICA. Anuário estatístico do Brasil. Rio de Janeiro: IBGE, 1962. Disponível em: aeb_1962.pdf (ibge.gov.br). Acesso em: 1 jun. 2021.

INSTITUTO BRASILEIRO DE GEOGRAFIA E ESTATÍSTICA. Cadastro Industrial de 1965: Paraná. Rio de Janeiro: IBGE, 1965. v. 8. Disponível em: https://

biblioteca.ibge.gov.br/index.php/biblioteca-catalogo?view=detalhes&id=214489. Acesso em: 1 jun. 2021.

Instituto de Água e Terra do Paraná

ESTADO DO PARANÁ. Obras executadas no governo Manoel Ribas 1932–1938. Mapa de estradas conservadas sem revestimento. 1938. Disponível em: Figura1 (iat.pr.gov.br).

PLANO DE MANEJO DO PARQUE ESTADUAL DE PALMAS. Governo do Estado do Paraná. Secretaria de Estado da Agricultura e do Abastecimento. Instituto de Terras, Cartografia e Florestas. Curitiba, 1988.

Vara Cível da Comarca de Chopinzinho/PR

PROCESSO n.º 76/70, 1970.

Vara Criminal de Chopinzinho/PR

PROCESSO n.º 85/71, 1971.

PROCESSO n.º 85/71, 1971.

PROCESSO n.º 14/72, 1972.

PROCESSO n.º 45/72, 1972.

Vara Criminal de Pato Branco/PR

INQUÉRITO POLICIAL n.º 23/53, 1953.

PROCESSO n.º 19/55, 1955.

PROCESSO n.º 22/55, 1955.

PROCESSO n.º 24/55, 1955.

PROCESSO n.º 92/57, 1957.

PROCESSO n.º 27/58, 1958.

SENTENÇA n.º 509, de 14 de dezembro de 1959.